高等学校规划教材 | 畜牧兽医类

饲草生产学

主编 ● 曾兵 单贵莲 陈超 闫艳红

SICAO SHENGCHANXUE (ANLI BAN)

案例版

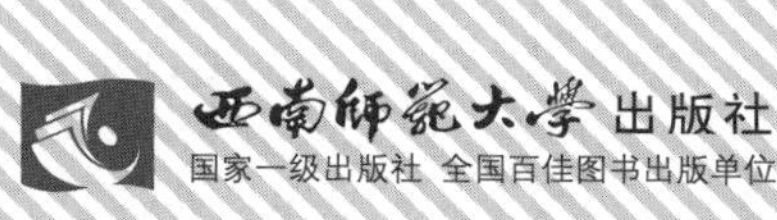

图书在版编目(CIP)数据

饲草生产学:案例版 / 曾兵等主编. —重庆:西南师范大学出版社, 2019.4
ISBN 978-7-5621-9730-0

Ⅰ. ①饲… Ⅱ. ①曾… Ⅲ. ①牧草-栽培技术-案例 Ⅳ. ①S54

中国版本图书馆CIP数据核字(2019)第064385号

饲草生产学(案例版)

SICAO SHENGCHANXUE(ANLI BAN)

主 编 曾 兵 单贵莲 陈 超 闫艳红

责任编辑: 杜珍辉 魏烨昕
责任校对: 赵 洁
封面设计: 魏显锋 熊艳红
排 版: 重庆共点科技有限公司· 刘 伟
出版发行: 西南师范大学出版社
网址:www.xscbs.com
地址: 重庆市北碚区天生路1号
经 销: 新华书店
印 刷: 重庆市正前方彩色印刷有限公司
幅面尺寸: 185 mm×260 mm
印 张: 19
字 数: 400千字
版 次: 2019年7月 第1版
印 次: 2019年7月 第1次印刷
书 号: ISBN 978-7-5621-9730-0

定 价: 45.00元

高等学校规划教材·畜牧兽医类

编委会 / BIANWEIHUI

主　编：曾　兵（西南大学）

单贵莲（云南农业大学）

陈　超（贵州大学）

闫艳红（四川农业大学）

副主编：黄琳凯（四川农业大学）

任　健（云南农业大学）

李世丹（西南民族大学）

叶　华（西南大学）

王华平（重庆市农业学校）

张志飞（湖南农业大学）

吴佳海（贵州省农业科学院草业研究所）

参　编：罗　辉（西南大学）

兰　英（西南大学）

王宝全（西南大学）

韩玉竹（西南大学）

牟　琼（贵州省农业科学院草业研究所）

任小明（重庆市涪陵区畜牧技术推广站）

罗　登（重庆市涪陵区畜牧技术推广站）

王胤晨（贵州省农业科学院畜牧兽医研究所）

梁　欢（江西农业大学）

袁　扬（贵州省农业科学院畜牧兽医研究所）

前 言

本书由来自重庆、四川、贵州、云南、湖南等地的多个教学科研及技术推广单位组成的编写组完成编写。所有参编人员均为从事草业科学、动物科学及饲草生产相关行业教学、科研及技术推广和生产实践工作的一线工作者。他们主持或参与国家自然科学基金及国家科技重大研发计划等国家和省部级科研项目多项,并开展教学科研和生产技术指导服务多年,具有丰富的饲草生产学相关实践经验。

本书可作为草业科学、动物科学、农学及饲草生产相关学科高等院校、职业技术学校学生教学用教材,也可作为相关行业科学研究参考用书,还能作为饲草生产相关产业生产实践和职业技术培训指导用书。

本书涵盖内容较广,结合案例分析,多角度涉及饲草生产学的相关内容,衷心希望本书的编写出版,对相关单位的教学、科研以及技术推广与培训等有一定的参考和借鉴作用。

本书在编写过程中,得到了西南大学左福元教授、四川农业大学张新全教授等老师的指导以及西南大学动物科学学院王少青、李健、张磊鑫、杨叶梅、李恒宽、周浩翔等同学的大力支持,在此对老师和同学们的无私帮助致以诚挚的谢意。本书的顺利出版,也要特别感谢西南师范大学出版社以及有关领导的支持和关怀。

限于编者水平有限,不当之处敬请专家和读者批评指正。

编者

2019年1月20日

目 录

第一章 饲草作物的生物学基础与生长发育

第一节　饲草作物的生物学基础

一、饲草作物的生物学特性

(一)饲草作物的生活型

生活型指植物长期适应外界环境而表现出的外貌特征,即生活型是与一定生境相联系的,主要依据外貌特征区分的生物类型。生活型一致的植物,通常具有相同的形态特征和相似的生活习性,并对外界环境条件也有类似要求。生活型是植物生态学中的基本分类单位,其划分方法很多,本教材采用德国学者克涅尔的划分方法,即乔木、灌木、半灌木、多年生草本、一年生草本、苔藓、地衣。

1. 乔木

多年生木本植物,主干明显,且高超过5 m,树叶每年部分或全部死亡,树干和枝条在生命结束之前均不死亡。气候湿润的地区分布广泛,是热带以及温带森林植被的基础,在干旱荒漠、半荒漠地区分布较少。

2. 灌木

多年生木本植物,主干不明显,基部分枝呈丛生状,株高5 m以下,寿命一般为20~30年。枝干和枝上的芽冬季不死亡。灌木分布广泛,遍布各类草地。如小叶锦鸡儿(*Caragana microphylla* Lam.)等。多数灌木营养价值高且适口性好,是草地植被中重要的饲用植物。但有些灌木家畜不食,甚至有些是有毒植物,如沙冬青(*Ammopiptanthus mongolicus*)、麻黄(*Ephedra*)等。

根据植株的高矮,还可将灌木分出一类小灌木。小灌木株高20~30 cm,主要分布在荒漠草原区,具有饲用价值高、耐干旱等特性,在荒漠植被中起着十分重要的作用。如松叶猪毛菜(*Salsola laricifolia*)等。

3. 半灌木

多年生植物,茎基部木质化,高为20~30 cm,如珍珠猪毛菜(*Salsola passerina* Bunge)、木地肤(*Kochia prostrata*)等。半灌木是典型的草原、荒漠和半荒漠草原区秋冬季羊和马等家畜的主要饲用植物。

4. 多年生草本

多年生草本指寿命在两年以上的草本植物,它们的地上部分每年都在开花结实或者在生长季节结束后枯黄死亡,而地下部分则不会死亡,每年春季形成新的枝条。

多年生草本是天然草地和栽培牧草中种类最多、饲用价值最高的一类植物,如羊草(*Leymus chinensis*)、草地早熟禾(*Poa pratensis*)、紫花苜蓿(*Medicago sativa*)、白三叶(*Trifolium repens*)等。

5. 一年生草本

寿命仅有一年的草本植物,根据其萌发期不同可分为春性一年生草本和冬性一年生草本两类。春性一年生草本在一个生长季内完成整个生活史,即早春种子萌发生长,并于开花结实后整个植株枯黄死亡;冬性一年生草本,也叫越年生草本,在两个生长季完成整个生活史,即夏秋冬种子萌发生长,次年开花结实之后整个植株枯黄死亡。在天然草地中,一年生草本主要分布于荒漠、半荒漠地区。在栽培牧草中,一年生草本是重要的短期轮作草种。

6. 苔藓

高等孢子植物,多生于阴湿的环境中,基本上没有饲用价值。

7. 地衣

地衣是由真菌和藻类组成的一类共生植物,能生活在各种环境中,特别能耐干旱和寒冷。

(二)饲草作物的株丛类型

根据植株枝条的分布位置及利用方式,可将牧草与饲料作物分3种类型,即上繁草、下繁草和莲座叶丛草。

1. 上繁草

株高大于1 m,植株以生殖枝和长营养枝为主,是适宜刈割利用的草本植物。上繁草耐牧性较差,通常用来建植刈割草地。如紫花苜蓿、红三叶(*Trifolium pratense*)、多年生黑麦草(*Lolium perenne*)、多花黑麦草(*Lolium multiflorum*)等。

2. 下繁草

株高40~50 cm,植株以短营养枝为主,叶片较集中分布于株体中下部,是一种适宜放牧利用的草本植物。如白三叶、狗牙根(*Cynodon dactylon*)等。

3. 莲座叶丛草

叶子通常密集呈辐射状排列在地面或近地面上,呈莲座状。如菊苣(*Cichorium intybus*)、蒲公英(*Taraxacum mongolicum*)、车前(*Plantago asiatica*)等。

(三)饲草作物的寿命

饲草生产中,为了便于利用,按牧草的植物学特征、生物学特性、利用特点及寿命,将牧草分为以下几类:

1.一年生牧草

当年即可完成整个发育过程,即开花结实后死亡。如苏丹草(*Sorghum sudanense*)等。

2.越年生牧草

当年不能开花结实,第2年才开花结实,之后死亡。如白花草木犀(*Melilotus albus* Medic.)、多花黑麦草等。

3.多年生牧草

寿命两年以上。根据寿命长短又可分为短寿命牧草、中寿命牧草和长寿命牧草。

(1)短寿命牧草:平均寿命为3~4年。其特点是生长发育速度快,当年萌发,可形成生殖枝,第2年发育完全,产量达到最高峰,第3年产量逐渐下降。如红三叶、多年生黑麦草、披碱草(*Elymus dahuricus* Turcz.)等。

(2)中寿命牧草:平均寿命为5~6年。其特点是发育速度较慢,2~3年后发育完全,在第2~3年产量最高,生长第4年产量开始下降。如白三叶、鸭茅(*Dactylis glomerata*)等。

(3)长寿命牧草:平均寿命10年或更长。其特点是发育速度慢,3~4年后发育完全。长寿命牧草一般利用6~8年,在其生长的第3~5年产草量最高。如紫花苜蓿、羊草、无芒雀麦(*Bromus inermis*)等。

(四)饲草作物的分蘖类型

分蘖是指枝条自地表或地下茎节、根颈、根蘖上形成枝条的过程。牧草与饲料作物的分蘖类型主要有如下几种:

1.根茎型

这类植物有两种枝条,即直立茎和地下横走的根状茎。如无芒雀麦、羊草、芦苇(*Phragmites australis*)等。其根茎生长特点有:

(1)根茎分布在距地表5~10 cm处;

(2)根茎自母株长出,形成节和节间;

(3)在根茎的节上长出垂直的更新芽,并可形成枝条。

2.疏丛型

分蘖节位于地表以下1~5 cm处,枝条自分蘖节上的母枝呈锐角形式伸出,形成株丛。如多年生黑麦草、鸭茅、老芒麦(*Elymus sibiricus*)等。疏丛型牧草的特点是可形成草皮,但丛与丛之间缺乏联系,因此草皮不结实,易破裂、易起丘。

3.密丛型

分蘖节位于地表或地表附近,形成的侧枝彼此紧贴,并和主枝平行向上生长,形成密集的丘状株丛。如芨芨草(*Achnatherum splendens*)、羊茅(*Festuca ovina*)、针茅(*Stipa capillata*)

等。密丛型牧草生长缓慢,耐牧性强,产草量低,饲用价值较低。随着生长年限的延长可形成高大株丛,株丛的直径随年龄而增加,成年株丛中心在衰老的同时往往发生死亡,只有株丛外围才保持着有活力的枝条,因而往往形成“秃顶”的株丛。

4. 根茎疏丛型

分蘖节位于地表以下,是根茎型和疏丛型相混合的类型,有短根和许多疏丛型株丛连在一起。如草地早熟禾等。根茎疏丛型牧草可形成富有弹性的草皮,坚韧、耐踏,不易起丘,是最理想的放牧地。

5. 根颈型

也称轴根型,其特点是具有垂直地面的粗壮的主根,主根与茎下部较粗部分相融合的地方称为颈,根颈上生有更新芽,可形成新枝条。如红三叶、紫花苜蓿、白花草木犀、红豆草(*Onobrychis viciifolia*)等豆科牧草均属于这类型牧草。这类植物在越冬时,主要保护根颈,根颈受冻整个植株便会死亡。

6. 匍匐型

具有匍匐地表的匍匐茎,在匍匐茎上形成叶、芽和不定根,形成新植物。如白三叶(*Trifolium repens*)、狗牙根(*Cynodon dactylon*)、马唐(*Digitaria sanguinalis*)等。此类型牧草常见于潮湿地区,产草量低,营养繁殖能力强,故适宜放牧。

7. 根蘖型

具垂直根且在地面以下5~30 cm处生出水平根,在其上形成更新芽,向上生长到地面形成枝条。如绣球小冠花(*Coronilla varia*)、山野豌豆(*Vicia amoena*)等。

8. 粗壮须根型

无明显向下生长的主根,具有短的根茎或强的分枝侧根,其根系在形态上类似于禾本科,但较粗壮。如车前、酸模(*Rumex acetosa*)等。

9. 鳞茎或块茎型

鳞茎或块茎是一种特殊的营养更新及繁殖器官,同时也是贮藏器官。这类植物多在土壤中5~20 cm处形成鳞茎或块茎,植株靠这些营养器官在早春萌发,并且能够忍受干旱和低温。如马铃薯(*Solanum tuberosum*)、洋葱(*Allium cepa*)等。

二、饲草作物的再生性

再生性是指被利用后的饲草作物再次恢复绿色株丛的特性。再生性的好坏,通常用再生速度、再生次数和再生强度表示。再生速度是指利用后单位时间内的生长高度。再生次数是指在生长期内牧草可利用的次数。再生强度指利用后单位时间内干物质的增长量。饲草作物再生性的好坏和强弱是其生活力的一种表现,也是衡量其经济特性的一项重要指标。若一种牧草的再生速度快,再生次数多,再生强度高则该草再生性强,反之,再生性差。

饲草的再生主要靠刈割或放牧刺激分蘖节、根颈或叶腋处休眠芽的生长来实现,其次是靠未损枝条的继续生长和未受损茎叶的继续生长等方式来实现的。

第二节　饲草作物的生长发育

一、生长发育的概念及物质基础

植物的生长发育是指植物从种子萌发到新种子产生，所经历的一系列形态结构和生理上的复杂变化。植物生长发育是植物生命过程中量变和质变的过程，是植物生命活动的表现，是植物生存和发展的基础，也是植物与其生存环境矛盾统一的结果。

（一）光合作用

光合作用，即光能合成作用，是绿色植物在可见光的照射下，经过光反应和暗反应，利用光合色素，将CO_2和H_2O转化为有机物，并释放出O_2的过程。

（二）呼吸作用

呼吸作用是生物体将有机物氧化分解并产生能量的过程。因此，生命活动不止，呼吸不停。呼吸作用包括有氧和无氧两大类型。有氧呼吸是指植物细胞在有氧条件下，通过多种酶的催化作用，将有机物彻底氧化分解为CO_2和H_2O，释放能量，生成大量ATP的过程。无氧呼吸一般指在无氧条件下，植物把某些有机物分解成为不彻底的氧化产物，同时释放少量能量的过程。

（三）有机物的积累

光合作用是指绿色植物利用光照将CO_2和H_2O转变为有机物质的过程。呼吸作用是将有机物质分解的过程，且呼吸作用白天黑夜都在进行，是生命活动所不可缺少的。因此，在植株的生长发育过程中，当有机物的积累大于有机物的消耗，即光合作用大于呼吸作用时，植株才能正常生长发育。光合作用速度高于呼吸作用速度越多，植株的生长发育就越快、越好。若光合作用与呼吸作用速度相等，有机物的生产与分解达到平衡，没有多余的有机物用于植物的生长发育或贮存，植株生长发育停滞。若光合作用速度小于呼吸作用速度，则有机物的消耗大于生产，植株逐渐趋于老化、死亡。

二、生长发育的特点

根据瑞典植物学家林奈（Carl von Linné，1707—1778年）确立的双名法植物分类系统进行划分，栽培牧草可划分为3类。

豆科牧草：栽培牧草中最重要的一类牧草，因富含氮素和钙质而在农牧业生产中占据重要地位。目前生产上应用最多的豆科牧草有紫花苜蓿、白花草木犀、红豆草、白三叶、红三叶等。

禾本科牧草：占栽培牧草的70%以上，是建立放牧、刈割兼用的人工草地和改良草地的主要牧草。目前利用较多的禾本科牧草有无芒雀麦、披碱草、老芒麦、冰草、羊草、多年生黑麦草、苇状羊茅(*Festuca arundinacea*)、苏丹草及玉米(*Zea mays*)、高粱(*Sorghum bicolor*)等。

其他科牧草：如菊科的苦荬菜(*Ixeris denticulata*)和串叶松香草(*Silphium perfoliatum*)、苋科的籽粒苋(*Amaranthus polycephala*)、紫草科的聚合草(*Symphytum officinale*)、藜科的甜菜(*Beta vulgaris*)等。以下主要介绍豆科和禾本科牧草的生长发育情况。

(一)豆科牧草生长发育的特点

1. 豆科牧草种子的萌发

豆科牧草种子种皮结构致密，质地坚硬，能阻碍水分和空气的进入，使种子长期处于硬实状态，很难萌发。因此，通常借助外力或自然环境的变化对其种子进行硬实处理。一般经过一个冬季，气温下降之后，发芽率便有所提高。播前用石碾拌粗砂擦伤种皮可使其容易吸水，发芽快而整齐。

豆科牧草种子只有在适宜的水分、温度和空气等环境条件下才能萌发。一般土壤水分含量在10%以上，豆科牧草种子才能萌发。暖季型牧草发芽的最低温度为5~10 ℃，最高温度为40 ℃，最适温度为30~35 ℃；冷季型牧草发芽的最低温度为0~5 ℃，最高温度为35 ℃，最适温度为15~25 ℃。

豆科牧草种子发芽时，需要吸收大量的水分使种子膨胀，首先胚根突破种皮向下生长，而后是胚芽向上生长，由于下胚轴的伸长使子叶保护着的胚芽伸出地面，子叶展开后胚芽的第一片真叶出现，随后是第二片真叶，豆科牧草种子萌发完成。

2. 豆科牧草的营养生长

豆科牧草出苗后形成莲座叶丛，由于下胚轴和初生根的收缩生长，使之与子叶相连的第一节逐渐收缩于土壤中，下胚轴和初生根上部变粗变短，根和地上部分交接处形成膨大的根颈。根颈上有许多更新芽，可发育为新生枝条，并以斜角方向向上生长，形成多枝的稀疏株丛，这种牧草称为轴根型牧草。轴根型牧草枝条上叶腋处具有潜在芽，能发育为侧枝，侧枝可继续分枝。轴根型牧草在通气良好、土层较厚的土壤上发育最好，适于刈割或放牧利用。刈割或放牧后根颈上的更新芽萌发使牧草返青。优质牧草中轴根型牧草有紫花苜蓿、草木犀、红豆草、红三叶等。

一些豆科牧草由母株根颈或枝条的叶腋处向各个方向生出平铺于地面的匍匐茎。匍匐茎的节向下产生不定根，腋芽向上产生新生枝条，株丛或匍匐茎继续产生新的匍匐茎。匍匐茎死亡后，节上产生的枝条或株丛可形成独立的新个体，这种牧草被称为匍匐茎型牧草。匍匐茎在地面上纵横交错形成致密的草层。匍匐茎的繁殖能力强，带节的匍匐茎片段可进行营养繁殖形成新个体。匍匐茎型牧草耐践踏性强，适于放牧利用。优质牧草中匍匐茎型牧草有白三叶等。

豆科牧草种子萌发时胚根向下突破种皮形成初生根，随着幼株的生长逐渐伸长，发育为

主根，主根上长出许多粗细不一的侧根，形成直根系。豆科牧草根系入土深度随着草种不同而不同，一般入土深1.5~2.5 m，紫花苜蓿可达2~6 m，白三叶根系主要分布在10~20 cm的土层中。

3. 豆科牧草的生殖生长

豆科牧草从营养生长到生殖生长在形态上的第一个变化是第一叶原基的叶腋处出现了类似腋芽原基的突起，与第一叶原基构成了“双峰结构”，此突起就是花序原基，花序原基发育为花序。花序进行小花分化，进而进行花萼、雄蕊、花冠、雌蕊的发育。当雄蕊的花药或雌蕊的胚囊发育成熟时，开始开花，进行传粉、授精和种子发育。

豆科牧草的营养生长和生殖生长之间存在着对光合产物的竞争，这也成为影响开花和种子产量的基本因素。当环境条件(光照、温度、降水等)有利于营养生长时，产生的花少，种子产量也低；相反，当环境条件有利于花的发育时，营养生长受到抑制，种子的生产潜力就会发挥出来。

豆科牧草种子成熟可划分为3个阶段。

(1)绿熟期：植株、荚果及种子均呈鲜绿色，种子体积已达本品种(种)固有大小，含水量很高，内含物带甜味，容易用手指挤破。

(2)黄熟期：植株中、下部叶子变黄，荚果变黄色，种皮呈黄绿色，后期呈固有色泽，种子体积缩小，后期不易用指甲刻破。

(3)完熟期：大部分叶片脱落(有些种或品种为无限花序，植株叶片不落)，荚果干缩，呈现固有色泽，种子很硬。

(二)禾本科牧草生长发育的特点

1. 禾本科牧草种子的萌发

禾本科牧草的种子萌发时，首先吸水膨胀，随后胚根突破种皮穿出胚根鞘向下生长形成初生根，初生根的数量根据牧草的种类，一般为3~4条。初生根不久便停止生长，次生根开始发育。在初生根突破种皮向下生长时，胚芽和胚芽鞘接着向上伸长生长，露出土面后，第一胚芽突破胚芽鞘形成第一营养叶，与此同时，幼茎的生长点周围依次产生新的叶原基，相继出现第二叶、第三叶的发育与生长。

2. 禾本科牧草的营养生长

禾本科牧草的叶和枝来自由胚芽发育成的主枝的基部叶鞘圈里的顶端生长点，在种子萌发过程中或苗期，生长点按互生的顺序有规则地长出叶原基，随后这些叶原基逐渐伸长，形成叶鞘和叶片。当外围的一个叶鞘和叶片完全伸长之后，便停止生长，而内部的叶继续伸长，在生长点和完全伸长的叶之间，通常有3~4片正在伸长的幼叶，它们从外到内按顺序发育。

当禾本科牧草母枝长出3~4片叶时，主枝上第一个接近地面的节(分蘖节)上形成一个新芽，由它分蘖产生第一个侧枝。由芽形成的枝条在叶鞘内出现2~3 d后开始生根，侧枝长出自己的新根以后，它可以从土壤中吸收水分和养分，而自己的叶也能进行光合作用，制造养

分,此时它已成为一个可独立生活的枝条,但它与母枝的联系并未中断。

3. 禾本科牧草的生殖生长

禾本科牧草的生殖生长与其阶段发育相联系。在春化阶段完成之前,茎尖顶端的生长锥主要分化茎节、茎节间、茎叶鞘和叶片。在光周期阶段内,主要是茎顶端生长锥强烈分节和伸长阶段。光周期阶段结束后,植物便转向生殖生长,进而抽穗开花结实。

当禾本科牧草感受到环境的成花刺激之后,茎尖便转入幼穗分化阶段。分化开始时,茎尖顶端的半球形显著伸长,扩大成圆锥体,在下部两侧相继出现苞叶原基;接着从下部开始,由下向上在苞叶原基的叶腋处分化出小穗原基;随后在小穗原基基部分化出颖片,并自下而上进行小花的分化。小花的分化依次为外稃、内稃、雄蕊、雌蕊和浆片,当雄蕊的花药或雌蕊的胚囊发育成熟后,花器展开,使雄蕊或雌蕊暴露出来,称为开花。开花后的植株进入传粉、授精和种子发育的过程。

禾本科牧草种子成熟可划分为3个阶段。

(1)乳熟期:茎秆下部的叶子转变为黄色,茎的大部分和中上部叶子仍保持绿色,节依然有弹性、多汁,茎基部的节开始皱缩,内外稃和籽粒都是绿色,内含物乳汁状,此时籽粒休眠已达最大限度,绝对含水量较高,胚已经发育完整。种子尚不具有发芽能力。

(2)蜡熟期:植株大部分变黄,仅上部数节还保持绿色,茎秆还具有一定的弹性,基部节已皱缩,中部节开始皱缩,顶部节尚多汁液,并保持绿色,叶片大都枯黄,护颖和内外稃都开始退黄,籽粒呈固有的色泽,内含物呈蜡质,以指甲压之易破碎,养分积累趋向缓慢,到蜡熟后期,籽粒逐渐硬化,稃壳呈品种固有色泽,为机械收获适宜期。

(3)完熟期:籽粒干燥强韧,体积缩小,内含物呈粉质或角质,指甲不易使其破碎,容易落粒,茎叶大部分干枯,光合作用已趋停止。

第三节　饲草作物的生长发育和环境的关系

植物在生长发育过程中受环境因素的影响。环境适宜,植物生长良好;反之则生长发育不良,甚至死亡。

光、温、水、气和土壤是影响饲草作物生长发育的5大因素。研究并掌握饲草作物和这五大因素的生态关系,具有如下重要意义:

(1)是制订饲草作物栽培措施的理论依据之一;

(2)生产中应设法改善环境条件,以满足饲草作物生长发育的需要,使饲草作物高产稳产;

(3)充分发挥饲草作物的生态适应潜力,提高对环境资源的利用率,最大限度地发挥饲草作物高产、优质和高效的潜力。

一、光照

光照是植物进行光合作用的基础，影响着植物在光合作用过程中的同化力形成、酶活化、气孔开放等。光照不足会影响光合同化力，从而限制碳同化，最终影响到植物光合产物的形成。

植物的生长是通过光合作用储存有机物来实现的，因此光照强度对植物的生长发育影响很大，它直接影响植物光合作用的强弱。光照强度与植物光合作用没有固定的比例关系，但是在一定光照强度范围内，在其他条件满足的情况下，随着光照强度的增加，光合作用的强度也相应地增加。但当光照强度超出这一范围后，光合作用强度便不随光照强度的增加而增大，只维持在一定的水平上，这种现象称为光饱和现象（见图1–1）。光照强度过强时，会破坏原生质，引起叶绿素分解，或者使细胞失水过多而使气孔关闭，造成光合作用减弱，甚至停止。光照强度较弱时，植物光合作用制造的有机物质比呼吸作用消耗的还少，植物就会停止生长。只有当光照强度能够满足光合作用的要求时，植物才能正常生长发育。

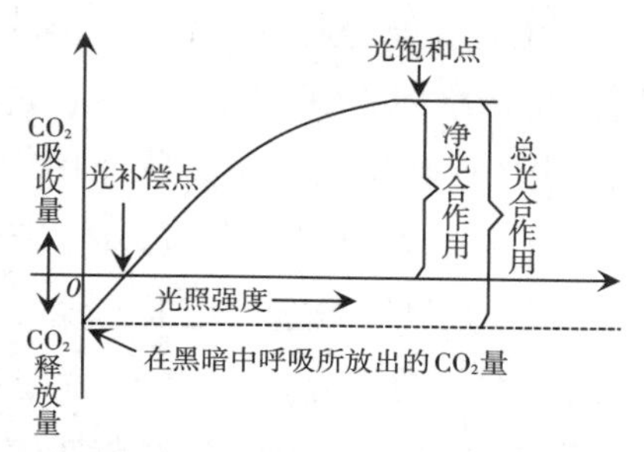

图1–1　光照强度与光合速率的关系
（引自《植物生理学》第三版，潘瑞炽、董愚得编著，1995）

在一定的光强范围内，植物的光合速率随光照强度的上升而增大，当光照强度上升到某一数值之后，光合速率不再继续提高，这时的光照强度值即光饱和点。光照强度在光饱和点以下时，光合速率随光照强度的降低而减小。当光照强度小到某一值时，光合作用吸收的CO_2与呼吸作用释放的CO_2达到动态平衡，有机物的生成和消耗相等，有机物的积累为零，此时的光照强度称为光补偿点（见图1–1）。由于夜间呼吸作用需要消耗有机物质，所以，植物必须在光照强度值高于光补偿点的环境里才能正常生长发育。

二、温度

适宜的温度是生命活动的必要条件之一。任何植物都生活在具有一定温度的外界环境中并受温度变化的影响。首先，植物的生理活动、生化反应，都必须在一定的温度条件下才能进行。一般而言，温度升高，生理生化反应加快，生长发育加速；温度下降，生理生化反应变慢,生长发育迟缓。当温度低于或高于植物所能承受的范围时,生长逐渐缓慢、停止,发育受阻,植物开始受害甚至死亡。其次,温度的变化能引起环境中其他因子如湿度、降水量、风、水中氧的溶解度等的变化,而环境诸因子的综合作用,又能影响植物的生长发育、作物的产量和质量。

温度的时间变化可分为季节变化和昼夜变化,正常的日夜或季节性温度变化对当地植物生长是有利的。在正常的植物生长发育温度范围内,一般较大的昼夜温差,有利于植物生长发育和品质的提高。温度的季节变化和水分变化的综合作用,使植物产生了物候这一适应方式。例如,大多数植物在春季温度开始升高时发芽、生长,继之出现花蕾;夏秋季高温下开花、结实和果实成熟;秋末低温条件下落叶,随即进入休眠。这种发芽、生长、现蕾、开花、结实、果实成熟、落叶、休眠等生长发育阶段,称为物候期。物候期是各年综合气候条件(特别是温度)如实、准确地反映。

三、水分

水是植物的重要组成成分,也是植物进行光合作用的原料,同时还是维持植株体内物质分配、代谢和运输的重要因素。植物的生长发育离不开水,如果缺水,会影响种子发芽、插条生根、幼苗生长,植物的光合作用、呼吸作用以及蒸腾作用均不能正常进行,更不能正常抽梢、开花结实,导致落叶、休眠,严重缺水会使植株萎蔫甚至死亡。农谚“有收无收在于水”就是这个道理。当然,水分过多又会造成植株徒长、烂根、落蕾,甚至死亡。

饲草作物生长发育需要消耗大量的水分,且不同生育期对水分需要量也不同。一般种子的萌芽期需充足水分,有利于胚根和胚芽的萌发;幼苗期植物根系弱小,在土壤中分布浅,抗旱力弱,须经常保持土壤湿润;旺盛生长期需充足的水分,但水分过多往往会使植株叶片出现发黄或徒长等现象;开花结果期要求较低的空气湿度和较高的土壤含水量,一方面满足开花与传粉所需空气湿度,另一方面充足的水分又有利于果实发育;果实和种子成熟期要求水分较少,空气干燥,以提高果品和种子质量;休眠期需控制浇水,以防烂根。

四、空气

与牧草和饲料作物生产相关的主要空气成分是CO_2、O_2和N_2。

(一)CO_2对植物生长发育的影响

CO_2是植物光合作用的主要原料。CO_2对植物生长发育有着极其重要的作用。在一定光照强度下,CO_2浓度降低到某一值时,光合作用吸收的CO_2量与呼吸作用放出的CO_2量达到动态平衡,此时的CO_2浓度称为CO_2补偿点,植物光合作用产生的干物质量与呼吸作用分解的干物质量正好相等,净光合作用产物积累量为零。

栽培的高产饲草作物,播种密度大、植株繁茂,光合作用需要吸收更多的CO_2,特别是在中午前后,CO_2往往成为限制饲草作物增产的因子之一。在饲草作物生产上,常常通过增施

有机肥来促进土壤中好气性微生物活动，提高土壤释放CO_2的量，部分满足饲草作物光合作用的需要。

(二)O_2对植物生长发育的影响

O_2是植物正常呼吸氧化有机物，释放能量供植物生长发育所不可缺少的。O_2不足，植物呼吸速率和呼吸性质发生变化，将严重影响生长发育。在生产实践中，饲草作物地上部器官通常不会缺乏O_2，地下根系由于土壤孔隙小，土壤空气与地上空气交换慢等原因常处于缺O_2的环境，尤其在土壤渍水时，往往会因缺O_2，根系窒息死亡、腐烂。

(三)N_2对植物生长发育的影响

空气中含有大量N_2(占空气体积的78%左右)，但不能被绝大多数植物直接利用。豆科植物根系或茎上具有共生固氮菌(根瘤菌)，可将空气中游离态的氮转化为结合态的氮而被吸收利用。

豆科牧草的生物固氮作用在施肥较少的地区对改善饲草作物的氮素营养有重要作用。固氮菌的固氮能力因植物种类不同而不同，每公顷紫花苜蓿每年可从空气中固定氮素约200 kg，而大豆只有50 kg左右。

案例1-1:苜蓿栽培中氮肥的使用

小王大学毕业后自己创建了一个奶牛场，奶牛场地处某县某山区。学畜牧出身的小王知道种植牧草饲养奶牛，不仅可以节约饲养成本，增加奶牛产奶量，还可以降低奶牛疫病的发生。于是，小王决定依靠包租土地种植紫花苜蓿来饲养奶牛。小王在种植紫花苜蓿时，施肥配方为磷肥和复合肥，未使用有机肥，紫花苜蓿生长的关键时期也没有追施氮肥。几年下来，小王种植的紫花苜蓿长势一直不是很好，产草量较低。通过查找原因，小王发现他所租种的土地较为贫瘠，尤其是氮素营养，根本满足不了紫花苜蓿生长发育和根瘤形成的需要，也因此影响到紫花苜蓿的生长和固氮能力的发挥。通过这件事，小王意识到自己对紫花苜蓿生物固氮作用存在片面理解，没有结合紫花苜蓿生长发育的阶段和土壤的养分供应能力进行合理分析。可见在紫花苜蓿生长过程中氮的供应并不能完全依赖生物固氮，必须根据紫花苜蓿的营养需求，结合土壤养分测定结果、紫花苜蓿的生育阶段和环境条件综合考虑，以制订合理的氮肥施用计划，从而最大限度地发挥紫花苜蓿的生物固氮效率，最终达到改善紫花苜蓿生长状况，实现紫花苜蓿高产、优质的目的。

提问:你认为哪些情况下应对紫花苜蓿人工草地施用氮肥?

五、土壤

土壤是地球陆地上能够使植物生长的疏松表层。植物的生长发育需要光、热、水、空气

和肥料5种因素。其中水分和肥料主要由土壤供给，所以土壤对植物生长发育具有重要的影响。土壤质地、结构、水分、通气性、微生物、pH、肥力等均对植物的生长发育有影响。

(一)土壤质地对植物生长发育的影响

土壤的气、液、固三相中，固相土粒占全部土壤的85%以上，是组成土壤的骨干。根据国际制，土粒按直径可分为：粗沙(0.2~2.0 mm)、细沙(0.02~0.20 mm)、粉沙(0.002~0.020 mm)和黏粒(<0.002 mm)4类。土粒越小，黏结性及团聚力越强，容水量越大，保水力越强，毛管吸附力越强，但排水性、通气性越差。在自然界，不同土壤的颗粒组成比例差异很大，我们把土壤中各粒级土粒的配合比例或各粒级土粒占土壤质量的百分数叫作土壤质地。按照土壤质地，一般将土壤分为沙土、黏土、壤土等。沙土颗粒含沙粒多、黏粒少，土壤结构疏松，透气性好，但保水力很差，植物根系生长发育良好。黏土中黏粒和粉沙较多，质地黏重、致密，保水保肥能力强，但通气透水能力差，因而只适合浅根系植物生长。壤土是沙粒、黏粒和粉沙大致等量的混合物，物理性质良好，最适于农业耕种。

(二)土壤结构对植物生长发育的影响

土壤结构是指土壤固相颗粒的排列方式、孔隙度及团聚体的大小、多少和稳定度。土壤中水、肥、气、热的协调，主要决定于土壤结构。土壤结构通常分为：微团结构、团粒结构、块状结构、核状结构、柱状结构和片状结构。具有团粒结构的土壤是结构良好的土壤。所谓团粒结构是指土壤中的腐殖质把矿质土粒互相黏结成直径为0.25~10.00 mm的小团块，具有泡水不散的水稳性特点，常称为水稳性团粒。由于团粒内部经常充满水分，缺乏空气，有机质分解缓慢，有利于有机质的积累，而团粒之间空气充足，有利于好气性微生物将土壤有机物分解，转化为能被植物吸收利用的无机养分，所以团粒结构的土壤既解决了水和空气的矛盾，也协调解决了保肥和供肥的矛盾。另外，水的比热容较大，使得土壤温度相对稳定。因此，团粒结构土壤的水、肥、气、热状况常处于最好的协调状态，是植物生长的良好基质。

(三)土壤水分对植物生长发育的影响

土壤水分主要来源于降水和灌水，土壤水分主要有如下几方面意义。

(1)被植物根系直接吸收。

(2)与可溶性盐类一起构成土壤溶液，作为向植物供给养分的介质。

(3)参与土壤中的物质转化过程，如土壤有机物的分解、合成等过程，都必须在水分参与下才能进行。

(4)土壤水分与养分的有效性有关，如水分利于磷酸盐的水解，适宜的水分状况利于有机磷的矿化，从而增加植物的磷素营养。

(5)土壤水分可以调节土壤温度，影响根系的生命活动。原因是水的比热容较大，在气温急剧变化时能对土温的变化起缓冲作用，防止温度骤变对根系造成伤害。如灌溉防霜冻就是这个原理。

(四)土壤通气性对植物生长发育的影响

土壤通气性是指土壤空气与大气之间不断进行气体分子交换的性能。土壤空气基本来自大气,还有一部分是由土壤中的生化过程产生的。由于土壤生物(包括微生物、动物、植物根系)的呼吸作用和有机物的分解,消耗O_2并释放出CO_2,所以土壤空气中的O_2和CO_2的含量与大气相比有很大差别,O_2含量为10%~12%,低于大气,CO_2含量比大气高几十倍到几百倍。土壤通气使土壤中消耗的O_2得到补充,并放出积累的CO_2。所以,维持土壤适当的通气性是保证土壤空气质量、维持土壤肥力、使植物良好生长的必要条件。土壤通气性对土壤肥力和植物生长的影响主要表现在以下4个方面。

(1)大多数植物只有在通气良好的土壤中根系才能生长良好,O_2的浓度低于9%~10%,CO_2浓度积累达10%~15%,就会抑制根系生长;当O_2的浓度低于5%时,大部分根系会停止发育,CO_2的浓度再增加,就会产生毒害作用。

(2)土壤通气性的程度影响土壤微生物的种类、数量和活动情况,并进而影响植物的营养状况。

(3)土壤通气不良,还原性气体H_2S、CH_4产生过多,会对植物产生毒害作用。

(4)土壤通气不良,O_2不足,CO_2过多,土壤酸度增加,适于致病霉菌的发育,易使植物感染病害。

(五)土壤微生物对植物生长发育的影响

土壤中种类繁多、数量庞大的微生物起着分解和合成有机物的作用,它们的活动在影响土壤温度和养分的同时,还会分泌一些对作物生长有益或有害的物质,从而影响植物的生长发育。土壤微生物对植物生长发育的作用主要表现在以下方面。

(1)直接参与土壤中的物质转化,能分解动植物残体,使土壤中的有机质矿质化和腐殖化。腐殖化作用和矿质化作用是一个对立统一的过程,在土壤温度和水分适当、通气良好的条件下,好气性微生物活动旺盛,以矿质化过程为主;相反,如土壤湿度大、温度低、通气不良,则嫌气性微生物活动旺盛,以腐殖化过程为主。

(2)土壤微生物的分泌物和对有机质的分解产物,如CO_2、有机酸等,可直接对岩石矿物进行分解,硅酸盐菌能分解土壤中的硅酸盐,并分离出高等植物所能吸收的钾。微生物生命活动中产生的生长激素和维生素类物质,可对种子萌发和植物正常生长发育起良好作用。

(3)土壤微生物还具有硝化作用、固氮作用、分泌抗生素以及与植物根系形成菌根的作用,这些都对提高土壤肥力和植物营养水平起着极其重要的作用。

(六)土壤pH对植物生长发育的影响

植物都有适宜其生长发育的pH范围。一般禾本科牧草喜中性偏酸性土壤,而豆科牧草喜石灰性土壤。土壤pH对植物生长发育的影响主要表现在直接影响和间接影响两个方面。直接影响主要表现在植物外观形态、物质代谢、生长发育以及品质和产量等方面;间接影响主要是通过影响土壤中的微生物活动(影响养分有效性)、有机物质的合成和分解、营养元素的转化与释放而影响植物生长。

土壤pH对矿质盐的溶解有重要影响。pH不同,土壤中P、K、Ca、Mg、Fe等矿质元素的有效性亦不同。一般,土壤呈中性、微酸性或微碱性时,土壤养分的有效性最高,对植物生长发育最有利。

土壤的酸碱性极易受耕作、施肥等农业技术的影响。因此,在植物生产过程中,可以采取适当的改良措施来调节土壤酸碱性。如在酸性土壤上施用石灰,碱性土壤上少量多次施用N、P、K肥等便可调节土壤pH,均是提高养分利用率的有效措施。

(七)土壤肥力对植物生长发育的影响

植物生长期间,土壤不断地为其提供生长发育所需的热量、水分、养分、氧气的综合能力称为土壤肥力。

土壤肥力是土壤的基本特征,土壤肥力越高,植物生长越茂盛。提高土壤肥力是实施农业技术措施的中心任务之一。比如在黏土土壤上多施有机肥,可使土壤疏松,提高土壤通透性,增加土壤中氧含量,提高土壤温度,最终提高土壤肥力。在盐碱地上通过不断泡田洗盐、种耐盐碱植物等,使土壤结构、盐分含量、pH等逐渐向有利于植物生产的方向转化,从而不断提高土壤肥力。

思考题

1. 饲草作物株丛类型有哪些？在利用上，各类型的饲草需注意哪些问题？

2. 考虑到饲草的寿命及生长发育特点，生产中如何根据草地的利用方式、年限等问题来确定饲草的组合及比例？

3. 简述研究和掌握饲草作物与环境之间生态关系的意义。

4. 影响植物生长发育的因素有哪些？请用“饲草作物与环境是辩证的统一体”的观点分析它们与环境因素的关系。

参考文献

1. 董宽虎，沈益新. 饲草生产学[M]. 北京：中国农业出版社，2003.

2. 谷大英，刘大林. 巧用优质牧草[M]. 北京：中国农业出版社，2004.

3. 云南省草地学会. 南方牧草及饲料作物栽培学[M]. 昆明：云南科技出版社，2001.

4. 西村修一（日），等. 饲料作物学[M]. 东京：文永堂出版社，1984.

5. 南京农学院. 饲料生产学[M]. 北京：农业出版社，1980.

第二章　饲草栽培管理

第一节　土壤耕作

表土层在机械、理化和生物等因素的作用下，容易出现板结，且杂草种子、虫蛹、虫卵遗留较多，不利于饲草的生长，所以在播种前有必要进行土壤耕作。土壤耕作是指在饲草生产的过程中，利用机具调节土壤耕作层和表层的土壤状况，改善土壤的水、肥、气、热状况，为饲草种子的出苗和生长发育提供适宜土壤环境的农业技术措施。

一、土壤耕作的作用

在饲草播种前及生长期间需进行多次土壤耕作，土壤耕作在种子萌发及后期植株的生长中发挥着重要的作用。

（一）改善土壤的耕层结构

在降水、灌溉以及机械碾轧等作用下，耕层土壤会逐渐变得紧实，对饲草生长不利。因而，在生产中需要疏松土壤，改善毛管孔隙状况，提高土壤通透性、持水性和保肥供肥性能，创造适合饲草种子萌发和根系生长的耕层结构，常用深松铲等将耕层切割翻转、破碎。

（二）清除杂草，消灭病虫害，保持田间清洁

深耕可以将地面上遗留的枯枝落叶、残茬、病虫残体、杂草种子翻埋到耕层中，不仅可以改善土壤有机质状况，而且可以消灭杂草种子及害虫的卵、蛹等。

（三）促进有机质的分解，改善土壤的养分状况

耕作将表土上的绿肥、枯枝落叶和肥料翻入地下，使土肥相融，加速绿肥和枯枝落叶分解，减少肥料的流失、挥发，同时混合肥、瘦土，使耕层环境的养分均匀一致。

(四)改善土壤的通透性,加速风化

通过翻耕,土壤变得疏松平整、通透性提高,加速了岩石风化,提高了矿物质含量,进而促进微生物活动。

(五)蓄水保墒,改善土壤环境,提高播种质量

通过土壤耕作,土壤固相、液相、气相之间的比例发生了改变,土壤中的水、肥、气、热等因素的关系得到了调整,使坚实的土壤耕作层变得疏松,促进蓄水保墒,增温释肥,从而为植株生长创造良好的环境。

二、土壤耕作措施

根据土壤受到的影响,可将耕作分为基本耕作、表土耕作以及少耕和免耕3类。

(一)基本耕作

基本耕作是影响土壤全耕作层的措施,主要耕作方式有3种。

1.深耕法

深耕又叫犁地或翻地,用铧式犁进行,有翻土、松土和碎土的作用。深耕的作用主要表现在以下两个方面。

(1)深耕蓄水保墒,扩大土壤耕层。由于深耕加深了土壤耕层,增加了土壤库容,建立了土壤“水库”,达到了上保水、下渗水的效果,大大提高了土壤抗旱耐涝的能力。经科学测算,深耕作每增加1 cm耕深,每公顷可增加30 t蓄水能力,相当于3 mm的降水量,为防止春旱、夏旱起到了保障作用。另外,减少了因降雨产生的地表径流、积水,避免了局部地块涝灾的发生,且达到了伏雨、秋雨春用,春旱秋防的目的。深耕具有耕层不乱、沃土集中、速效养分释放快的特点,有利于养分被饲草吸收利用。

(2)提高地温,促进早熟。由于深耕改善了耕层结构三相比例,土壤的通透性增强,可使地温得到提高,有利于早发苗、早熟、多积累、创高产,这对高寒地区抗御低温冷害有一定作用。

2.松耕法

松耕法分为深、浅松耕两种,分别采用深松犁和中耕机进行作业。从深耕法与松耕法的比较来看,深耕法能将表层土壤、残茬、杂草、肥料、农药以及害虫等翻埋于底层,从而改善土壤结构、消灭杂草及病虫害;而松耕法能增加土层的疏松程度,利于蓄水、渗水,调节土壤水气的比例,打破犁底层,利于“死土变活”,加厚耕层,不搅乱土层,利于土壤微生物的繁衍生息,减少风蚀和水蚀等。可见,深耕和松耕两种方法各有优缺点,应结合当地的情况选用,也可交替使用,取长补短。深松耕法不仅适宜全面耕作,而且可以局部耕作、行间耕作,因而可以在饲草苗期或生长期内耕作,有利于提高机械的利用率。该方法在我国北方使用广,增产达5%~20%。

3. 旋耕法

该方法主要应用于水田、菜田，通过使用旋耕机完成。旋耕法能搅土、碎土、平土，不过耕深不能过大，以10~16 cm为宜。尽管旋耕要消耗一定的成本，但一次作业将完成翻耕和耙地，所以，单位面积的费用并不高。不过要注意，长期旋耕不利于加深耕层，且土壤易板结。水田和菜田以旋耕法为主时，也有必要交替应用深耕法和松耕法。

为了充分发挥各种耕法的优点，有必要采用组合耕法，取长补短。例如，深耕和旋耕结合，采用铧式犁和旋耕部件组成的旋耕犁；旋耕和深松耕结合，采用旋耕机和深松铲组合的深松旋耕机；深松耕法和深耕法结合，采用铧式犁和深松铲的组合可实现耕层上部翻土、下部松土，发挥了深耕和松耕的优点。

（二）表土耕作

1. 浅耕灭茬

通常是饲草收获后或草地改良犁地前的作业，深度为5~10 cm，切断、切碎残茬和杂草，疏松表层土壤，减少耕地阻力及水分蒸发，可以接纳更多的雨水，为耕翻创造条件。

2. 耙地

是表土耕作的主要措施，起到耙碎土块、混拌土肥、疏松表土、清理杂草、平整地表以及轻微镇压的作用，为播种创造良好的土壤条件。

3. 镇压

可以在播种前后开展。播前镇压，使土块细碎，孔隙减少、减小，表土更加平整；播后镇压，使种子与土壤接合更紧密，容易吸收到土壤水分，为出苗率和出苗整齐度的提高创造条件。

4. 保护性耕作

对农田实行免耕、少耕，尽可能减少对土壤的扰动，同时保证播种后地表有30%以上的饲草秸秆、残茬粉碎覆盖，或保留高留茬秸秆30%以上。保护性耕作技术有利于旱区保水保土，能明显提高旱区粮食产量、降低农业生产成本、改善生态环境，促进农业可持续发展。主要内容是用秸秆残茬保护地表、减少耕作、免耕播种、化学除草。

5. 作畦与作垄

在多雨或湿度大的地区，开沟作畦，加厚耕作层，促进排水，增加通气透光和提高地温。作垄是在播种前或栽植前，将田面整成一条条的高垄，优点是通气透光，利于排灌，提高土温，还可以集中施肥和增加耕作层厚度。起垄以南北向为好，以免幼苗生长不一。

6. 中耕管理

饲草种类不同，播后的管理措施亦不同，中耕管理包括中耕松土、中耕除草、追肥、灌溉、培土、病虫害防治等。中耕管理，可以改善土地表面的理化特性，促进饲草生长。

（三）少耕和免耕耕作

少耕法起源于20世纪30~40年代的美国。美国于20世纪20~30年代已将以犁耕为标志的传统农业发展到由全套工业装备武装起来的农业机械化时代。这种“工业式农业”的一个致命弱点就是对自然生态造成大规模的污染和破坏,且过度耗费能源。20世纪30年代发生在美国的"黑风暴"以及"沙尘暴"将数亿吨肥沃的土壤席卷一空。鉴于这些教训,专家提出了一系列在田间最大限度减少机械作业项目、作业次数和作业面等做法,其中包括少耕法和免耕法。少耕法就是要把干旱地区的土壤耕作程度减少到饲草生产所必需,而又不破坏土壤结构的最低标准。免耕法则是在少耕法基础上的进一步发展和创新,将少耕法中田间耕作的强度减小到最低。确切地说,少耕法是指在常规耕作基础上尽量减少耕作项目、作业次数和作业面的一类耕作方法。免耕法,又称零耕法、化学中耕法,指在饲草播种之前不用犁、耙整理土地,直接在茬地上播种,播后在饲草生育期间不用农具进行土壤管理的耕作方法。

少耕法和免耕法既有利于水土保持,又可降低生产成本,在我国逐渐被接受,并应用于天然草地的改良和退耕还草等方面。如贵州省的晴隆县,许多坡耕地和石漠化草山草坡都采用免耕法建植白三叶和黑麦草混播人工草地。

三、土壤耕作制度

土壤耕作制度是根据当地气候、土壤和饲草需求等条件,在全部轮作周期内和饲草生长发育过程中,为创造良好的生长发育条件所采取的一系列规范化的土壤耕作措施。我国南北气候差异大,各地的耕作制度也不尽相同。总的来说,我国的耕作制度包括间作套种、复种、轮作和连作等。

(一)间作套种

在我国,间作套种技术有着悠久的历史,在促进农业产业结构的调整中发挥着重要的作用。

1. 间作套种的概念

间作是指在同一块地里分行或分带相间种植两种或两种以上生长期相近的饲草。在同一块地里,同期混合种植两种或两种以上饲草的种植方式,称为混作。间作和混作实质上是相同的,都是对空间进行充分利用,间作主要利用了行间,而混作主要利用了株间。生产上常把间作和混作结合起来进行。

套种是指将两种生长季节不同的饲草,在前作未收获前于行间套播种后作的种植方式。这样,在生长过程中,田间两种饲草构成的复合群落既有共同生长期,又有各自独立的生长期,从而达到了对时间和空间的充分利用,既提高了土地利用率,又充分利用了光、热、水等自然资源。如在小麦生育后期套播玉米,既可提早玉米的播种期,又避免了劳动力紧张问题。

2. 间作套种增产的原因

间作套种一般可增产20%~40%,增产原因如下。

(1)采用间作套种饲草不仅可以充分利用土壤各层营养,还有利于改善土壤营养。间作套种把用地和养地有机地结合起来。禾本科–豆科间作套种模式中,常见的有白三叶与多年生黑麦草、紫云英与意大利黑麦草混种,其中豆科植物可以利用根瘤菌固定大气中的氮素,

不断地向土壤中补充氮肥，改善禾本科饲草的氮素供给。

(2)间作套种改变了饲草的群体结构，增大了叶片面积，分层分时更替用光提高了光能利用率，因而增产作用相当显著。概括起来说，间作套种立体利用了空间，连续利用了时间，协调了饲草之间的争地矛盾，模拟了天然生态系统成层性的特点。

(3)间作套种增加了边行数，充分发挥了边际效应，增大了边际优势。所谓边际效应是指在边行上生长的饲草，由于通风透光条件好，根系吸收营养面积相对较大，植株可以吸收较多的水分和养分，形成更多的光合产物。充分利用边际优势是间作套种能够增产的重要原因之一。间作套种把高低、生长期各不相同的饲草种植在一起，增加了边行，改变了饲草群体在地面上的分布层次。

(4)实行套种，使饲草在空间上争取了时间，一年一熟变为一年两熟。

3. 间作套种的技术要点

采用间作套种后，植物之间既相互依赖，又相互竞争，田间形成了饲草复合群落。合理搭配饲草，确定适宜的比例，能扬长避短，发挥间作套种优势。

间作套种的技术要点之一为饲草"巧"搭配，具体为：一高一矮，一胖一瘦，一圆一尖，一深一浅，一早一晚，一多一少，一阴一阳。高矮胖瘦是指株型；圆尖指叶形；深浅指根系；早晚指生育期；多少指需水肥情况；阴阳指耐阴性强的饲草和喜光照饲草。例如从株型来说，高矮搭配，如玉米与花生，玉米和大豆，鸭茅、白三叶与果树套种；地上部分要松散型与紧凑型搭配，如芝麻与绿豆混作；饲草的叶片要阔叶与窄叶搭配，如墨西哥玉米与籽粒苋套种；根系要深浅搭配；用地饲草和养地饲草要相互搭配等。

案例2-1：水稻收获前"巧"种多花黑麦草

套种能充分利用土地和水热资源，人们常用在农作物上，现在也引到了饲草生产之中。在南方一些地方，水稻收割前15~20 d，农户将多花黑麦草种子直接撒播到稻田里进行套种，水稻收割后再开沟、追施有机肥。这种方式与水稻收获后单独播种多花黑麦草相比，可以有效地延长多花黑麦草的秋季生长时间，提高饲草产量，有利于解决饲料缺乏的问题。

提问：饲草间作套种时考虑的因素有哪些？

(二)复种

复种是充分利用自然和农业资源，在有限的土地上生产更多农产品的农业技术，是土地精耕细作的主要方式之一。我国仅以世界7%的耕地，养活了世界22%的人口，其中关键技术之一就是很好地实行了复种。

1. 复种的概念

复种是指在同一块耕地上，于同一年内播种一茬以上生育季节不同，能依次替代的饲草的种植方式。

复种既可以是前后饲草接茬种植,也可以是后茬套种在前茬饲草田间的方式。

2.复种区的基本条件

(1)水热条件

决定一个地区能否复种以及复种程度如何,首要因素是当地的热量条件。热量条件越好,复种潜力越大。在热量条件具备之后,水分条件的优劣就成为复种潜力能否被充分发挥的主要限制因素。

(2)土壤、劳力和农业机具条件

水热条件满足需要之后,土壤肥力状况是决定复种能否获得高产的主要因素。及时施用各种肥料,调节土壤肥力是满足复种饲草对养分需要的主要措施。另外,劳动者素质的提高,农业机械化的普及是扩大复种面积,提高土地生产力的实际需要。

3.复种的技术要点

(1)力争早播

抢收抢种是复种的主要技术要点,争农时抢速度,以确保复种饲草有足够的生育、成熟时间,丰产保收。生产中,如下茬饲草生长期紧迫,可用提前育苗移栽的办法去弥补时间的不足,也可采用套作、复种等措施。

(2)促进饲草丰产早熟

施足基肥和磷肥可促进上、下茬饲草早出苗,早成熟。下茬饲草以追施化肥为主,生长后期要减少氮肥施入量以防徒长晚熟。密植饲草可适当增加播种量,减少灌溉次数以促进早熟、抑制无效分蘖。对下茬饲草要采用早间苗、早中耕除草、早追肥等方法来提高土温以促进早熟。

总之,复种要与抢时播种和促进丰产早熟的各项农业技术措施相结合,确保高产优质和高效。

(三)轮作和连作

1.轮作

轮作是指在同一块田地上有顺序地轮换种植不同饲草或采用不同复种方式的种植方法,也称换茬或倒茬,如“水稻—黑麦草”轮作。轮作具有如下作用。

(1)轮作能合理利用农业资源

根据饲草的生理生态特性,在轮作中前后饲草搭配,茬口衔接紧密,既有利于充分利用土地、自然降水和光、热等自然资源,又有利于合理使用机具、肥料、农药以及资金等社会资源,还能错开农忙季节,均衡劳动力,做到不误农时和精耕细作。

(2)轮作可均衡利用土壤中的养分,把用地和养地结合起来

根据饲草对养分、水分需求量的不同,以及饲草根系深浅的不同和吸收能力的差异,合理轮换种植不同的饲草,可以均衡利用土壤水分和养分。同时,不同饲草之间的合理轮作,有利于改善土壤的理化性状。草田轮作在改善土壤理化性状方面的作用尤为突出。草田轮

作,草多、肥多、粮多,农牧并举。

(3)轮作能减轻饲草的病虫和杂草危害

抗病饲草与感病饲草之间轮作,使得病原菌或害虫的寄主不同,改变了生态环境的食物链组成,从而影响了某些病虫的正常生长和繁衍,可达到减轻饲草病虫害,并提高饲草产量的目的。

饲草的伴生性杂草,如稻田稗草、麦田燕麦草等,与相应饲草的生活型相似,甚至形态也相似,很不易消除。合理的轮作换茬能经济有效地防除寄生性杂草、伴生性杂草和生态适应性较差的杂草。

2. 连作

连作是指在同一田地上连年种植相同饲草或采用相同复种方式的种植方法。连作具有加重病虫害、土壤次生盐碱化及酸化、植物自毒作用及破坏元素平衡等危害。连作受害的原因如下:

(1)化学原因 土壤中一些营养物质过度消耗,一些有毒物质的积累等;

(2)物理因素 某些饲草连作会导致土壤物理性状恶化;

(3)生物因素 连作的生物学障碍主要是伴生性和寄生性杂草危害加重,某些专一性病虫害加剧和土壤微生物种群、土壤酶活性发生改变等。

第二节 种子与播种

种子是农业生产中最基本的生产资料,其含义可以分为植物学和农业生产上两种概念。植物学上的种子通常是指由胚珠发育而成的繁殖器官;而农业生产上的种子泛指各种“播种材料”,包括真种子、果实、块根、块茎等,其范围比植物学上的种子广泛得多。

一、种子的品质要求

种子质量的优劣不仅影响饲草的产量,而且影响饲草的品质。农业生产上要求种子具有优良的品种特性和优良的种子特性,通常用品种质量和播种质量两个方面来衡量。

(一)品种质量

农业生产上要求种子品种优良。品种质量可用“真”“纯”两个字概括。“真”是指种子真实可靠的程度,可用真实性表示。如果种子失去真实性,不是原来所需要的优良品种,会给生产带来一定的危害,严重时延误农时,甚至颗粒无收。“纯”是指品种典型一致的程度,可用品种纯度表示。品种纯度高的种子因具有该品种的优良特性而可获得丰收。相反,品种纯度低的种子由于其混杂退化而产量低。

(二)播种质量

种子的净度、出苗整齐度、饱满度、病虫害等可以用来衡量播种质量。在生产中,人们根据种子净度和种子发芽率来计算牧草种子用价(即种子净度和发芽率之积),再利用种子用价来计算实际播种量。高质量的种子应具有以下特征。

1. 净度高

种子中无生命杂质及其他作物和杂草种子含量少,可利用的种子数量多。净度是计算种子用价的指标之一。

2. 生活力强

生活力是指在一定水热条件下,种子能够萌发出健壮幼苗并发育成正常植株的能力,常用发芽率和发芽势表示。发芽率是指可萌发的种子数占供试种子数的百分比,反映供试种子中有生命能力种子的多少。发芽势是指规定时间内已发芽的种子数占供试种子数的百分比,它反映了种子萌发的集中程度和整齐性。生活力强的种子发芽出苗整齐,幼苗健壮,可以适当减少单位面积的播种量。

3. 籽粒饱满

籽粒饱满表明种子中储藏物质丰富,有利于种子发芽和幼苗生长,常用千粒重(或百粒重)表示。

4. 无病虫害

携带病虫害的播种材料,一旦播于田间后,会迅速蔓延和扩散,直接影响种子发芽率和田间出苗率,导致产量降低和品质下降,而不得不花费大量的人力、物力和财力来进行病虫害防治。所以,播种前对播种材料进行必要的病虫害检验,对保障饲草生长有很重要的意义,优质播种材料要求没有病虫害。

5. 含水量低

种子水分含量与种子质量密切相关。种子水分含量低,有利于种子安全储藏和保持活力。

二、种子处理

为保证饲草种子有较高的发芽率和发芽势,播种前须进行选种、浸种和消毒等处理,打破种子休眠。对于豆科饲草还应进行根瘤菌接种,以提高其固氮能力。

(一)去芒处理

一些禾本科饲草的种子常常有芒、颖片等附属物,在收获和加工过程中不易除掉。为保证种子的播种质量以及干燥和清选等工作的顺利进行,应对种子进行去芒处理。去芒可以采用去芒机或用环形镇压器压后筛选。

(二)选种

对于纯净度不高的种子,需要精选去杂,常采用的方法有风选、筛选和水溶液清选,三者

利用的原理各不同。风选是根据种子与杂质的密度不同，借助风力将密度较小的杂物吹走；筛选是将体积较大的秸秆，以及密度大的石砾和其他杂物去除；水溶液清选依据的原理是充实饱满的种子常沉于溶液下部，而皮壳、瘪粒浮于上部，从而将密度小于种子的杂物以及瘪粒清除。

（三）浸种催芽

浸种是在播种前使种子充分吸水，加速种皮软化，促进种子萌发的方法。浸种时间因种子种类而异。如串叶松香草种子在播种前宜用30 ℃的水浸泡12 h；鲁梅克斯在播种前要将种子用布包好放入40 ℃的水中浸泡6~8 h，捞出后晾晒在25~28 ℃的环境中催芽15~20 h，此时有70%~80%的种子萌发，然后再进行播种。

（四）种子消毒

一些饲草种子是病虫害传播的媒介，例如豆科植物的炭疽病、褐斑病，禾本科植物的赤霉病、黑粉病、黑穗病等均是通过种子传播的。在播种前，进行种子消毒，可有效防止病虫害的发生和传播。生产中，可采取温汤浸种、药剂拌种及药物浸种，例如在田间用50倍的福尔马林液浸种苜蓿种子可防轮纹病。

（五）硬实处理

许多豆科饲草及部分野生禾本科饲草种子种皮结构致密或具有较厚角质层，不能吸胀、萌发，因此，被称为硬实种子。种子硬实是植物对自然的一种适应，在豆科饲草种子中硬实较为常见，由于硬实使种子处于休眠状态，播种前需破除休眠才能提高种子发芽率，常见的处理方法如下。

1. 酸处理

在种子中加入一定浓度的硫酸，与种子搅拌均匀，种皮出现裂纹时，停止处理，并将种子放入流水中清洗干净，略加晾晒便可播种。在酸浸种中要注意硫酸的腐蚀性。

2. 擦破种皮

可以用碾子碾轧豆科饲草种子，或将种子与一定数量的碎石、沙砾混合后放入搅拌振荡器中进行振荡，直到种子表面粗糙起毛，这个过程中不要轧坏种子。

（六）接种根瘤菌

根瘤菌是存在于土壤中的一种有益微生物。豆科植物的根瘤可固氮，但根瘤的形成与土壤中的根瘤菌数量密切相关。豆科饲草能否发挥固氮作用，关键在于土壤中是否有能够与其共生的根瘤菌菌种，以及根瘤菌的数量和菌系特性（侵染能力和固氮能力）。一般首次种植豆科饲草，为了促进其生长可接种根瘤菌，或间隔4~5年后在同一地块上再次种植同一种豆科饲草。

（1）豆科饲草接种根瘤菌时，应掌握以下接种原则。

①根据饲草的种类确定根瘤菌的类型 根瘤菌与豆科植物的共生关系非常专一，即一定的

根瘤菌菌种只能接种一定的豆科饲草。互接种族是指同一种族内的豆科植物可以互相利用其根瘤菌侵染对方形成根瘤,而不同种族的豆科植物间互相接种则无效。因此,种植豆科饲草前,需根据表2-1所列,选择共生互接根瘤菌剂进行接种。

表2-1 豆科饲草共生互接根瘤菌剂

根瘤菌种族	互接草种
苜蓿族	苜蓿属牧草、草木犀属牧草、胡卢巴属牧草
三叶草族	白三叶、红三叶、草莓三叶
地三叶族	地三叶、绛三叶
豌豆族	豌豆属植物、野豌豆属植物以及蚕豆、小马豆、扁豆
菜豆族	各种菜豆(四季豆)、绿豆、大翼豆
羽扇豆族	羽扇豆属牧草、胡枝子属牧草、鸟足豆属牧草
大豆族	大豆属牧草以及青皮豆
红豆族	红豆属、胡枝子属、猪屎豆属、葛藤属、链荚豆属、刺桐属、花生属、合欢属、木兰属等牧草及新罗顿豆、矮柱花草、毛蔓豆
扁豆族	扁豆、大结豆、加勒比柱花草

备注:下列牧草有其单一专用的根瘤菌:百脉根、距瓣豆、山蚂蝗属、银合欢属、红豆草属、紫云英、埃及三叶、肯尼亚三叶、紫穗槐。

②选择有效的根瘤进行接种　有效根瘤主要分布于主根和一级侧根上,个体大,表面粗糙,中心红色或粉红色;无效根瘤主要分布在二级侧根上,数量多,个体小,表面光滑,中心白色带绿。

(2) 掌握接种原则的同时,还应要掌握科学的接种方法。在实践中应用较多的接种方法有干瘤法、鲜瘤法和根瘤菌剂拌种法。

①干瘤法

选取盛花期的豆科饲草根部,用水冲洗,放在避风、阴暗、凉爽、阳光不易照射的地方慢慢阴干,在饲草播种前将其磨碎拌种。【在播种时,以干草根瘤每公顷45~75株的用量,将干草根碾碎成细粉与种子拌和,就可播种。或者加入干草根瘤细粉质量1.5~3.0倍的清水,在20~30 ℃的条件下,不断搅拌,加速繁殖。】

②鲜瘤法

用0.25 kg晒干的菜园土,加一小杯草木灰,拌匀后盛入大碗中盖好,然后蒸0.5~1.0 h,待其冷却后(选好根瘤30个或干根30株),用少量冷开水拌成菌液,在20~25 ℃的条件下培养3~5 d,将这种菌剂与待播种子拌种,每公顷所播种子用750 g菌剂接种就能进行播种。

③根瘤菌剂拌种

该方法就是将根瘤菌成品按照说明配成菌液喷洒到种子上。通常用根瘤菌剂拌种的标准比例是1 kg种子拌5 g菌剂。

(3)接种根瘤菌时,还应注意以下事项。

①根瘤菌是活的微生物,适于在湿润的、中性或微碱性土壤中生长,避免在阳光直射条件下存放。拌种时,宜在阴凉、没有阳光直射的地方进行;拌种后,尽快播种和覆土。

②不能与杀虫剂、杀菌剂、除草剂混合使用,已经拌根瘤菌的种子不能与生石灰或大量浓厚肥料接触,以免根瘤菌失活。

③播种用化学方法处理过的种子时,开沟撒施根瘤菌比直接拌种效果更好。

④根瘤菌具有专一性,不同种类的饲草所用根瘤菌不同。

三、播种

(一)播种时间

饲草种子的播种时间主要取决于温度、土壤水分、饲草生物学特性、利用目的,以及田间杂草发生规律和危害程度等因素,其中温度是第一位的,但需兼顾土壤的水分情况。因此,当温度和土壤水分合适时,原则上任何时候都能够播种。

根据气候和饲草的生物学特性,饲草的播种可分为春播、夏播和秋冬播。

1. 春播

饲草在春天播种,可以充分利用夏秋季丰富的水热资源。一年生饲草或者多年生饲草中的春性饲草应春季播种。

2. 夏播

多年生饲草以夏播为宜,优点是临近雨季气温高,可满足种子萌发及苗期生长时水热的需求,因而夏播苗全、苗壮。缺点是夏播杂草危害较为严重,因此需要做好田间管理和中耕除草。

3. 秋冬播

一些越年生饲草宜采用秋冬播,因为这些饲草在其他季节播种,当年不能形成很好的产量,秋播经过越冬后第2年时可获得高产,且秋冬播饲草可以预防杂草的侵害,但应注意防止饲草受冻。

(二)播种量

饲草的播种量主要根据饲草的生物学特性、种子大小、净度、发芽率、土壤肥力、整地质量、播种方法、播期以及播种的天气条件等来确定。在自然条件确定的情况下,应特别注意种子的发芽率和纯净度,发芽率和纯净度高,播种量就低一些,反之则应高些。理论播种量是根据种子用价为100%时的播种密度和种子千粒重来计算的。

播种量的计算公式:

播种量=理论播种量/种子用价

例如,苜蓿每公顷理论播种量(种子用价为100%时的播种量)为15 kg,在生产中测得种子净度为90%,发芽率为90%,则实际播种量为:

苜蓿的种子用价=90%×90%=81%

苜蓿每公顷播种量=15(kg)/(81%)=18.52(kg)

种子用价不同,其实际播种量也应该不同,因此应根据所测种子用价来计算实际播种量。常见栽培饲草的理论播种量见表2-2。

表2-2 常见栽培饲草理论播种量

单位:kg/hm²

草种名称	理论播种量	草种名称	理论播种量
紫花苜蓿	7.5~15.0	苇状羊茅	22.5~30.0
金花菜	75.0~90.0(带荚)	鸭茅	7.5~15.0
紫云英	37.5~60.0	多年生黑麦草	15.0~22.5
红三叶	9.0~15.0	多花黑麦草	1.05~22.5
白三叶	3.8~7.5	草地早熟禾	9.0~15.0
草木犀	15.0~18.0	胡萝卜	7.5~15.0
普通苕子	60.0~75.0	甜菜	22.5~30.0
百脉根	6.0~12.0	苏丹草	22.5~37.5
大麦	150.0~225.0	高粱	30.0~45.0

(引自《饲草生产学》,董宽虎、沈益新编著,2003)

(三)播种方法

饲草播种可采用撒播、点播、条播和育苗移栽等方法。

1.撒播

撒播是将种子尽可能均匀地撒在地表,并轻耙覆土的播种方法。该方法优点是单位面积内的草种容纳量大,土地利用率较高,省工且可抢时播种。但种子分布不均,深浅不一,出苗率低,幼苗生长不整齐,杂草较多,田间管理不便。所以撒播要求精细整地,压实,保证种床坚实,以提高播种质量。撒播适于在降水量充足的地区进行,但播种前须清除杂草。撒播可以采用人工方式,或利用播种机。在人工撒播时,要加入干的细土,与种子拌匀后再撒。

2.点播

点播又叫穴播,是按一定的株行距开穴播种,将种子或营养繁殖器官播在穴内。该方法优点是出苗容易,节省种子,集中用肥,田间管理(间苗、除杂草)方便,适合高大饲草的栽培,如皇竹草、玉米、饲用高粱等。

3.条播

条播是按一定行距开沟、播种、覆土。行距的大小应以方便田间管理和获得高产优质饲草为依据,同时要考虑利用目的或栽培条件,一般收草为15~30 cm,收籽为45~60 cm,灌木型饲草可达100 cm。条播的优点是种子分布均匀,覆土深度较一致,出苗整齐,通风条件好,可集中施用种肥,做到经济用肥,并利于田间管理等。

4. 育苗移栽

育苗移栽是指有些直接种植出苗困难的饲草可以采取先育苗，待苗生长到一定高度或一定阶段时挖苗移栽到大田，如皇竹草、杂交狼尾草、菊苣等。

（四）播种深度

饲草播种时应根据种子大小、子叶类型、土壤种类及土壤含水量等因素来确定播种深度。决定播种深度的原则是“大粒种子深，小粒种子浅，疏松土壤稍深，黏重土壤稍浅，土壤干燥稍深，潮湿宜浅”。

饲草种子一般都很细小，幼苗纤弱，顶土力差，因此其播种深度以1~2 cm为宜，若播种过深，会因子叶或幼芽不能突破土壤而死亡。

第三节 田间管理

一、饲草病虫害的防治

目前，在饲草生产管理上，许多相关技术的推广与应用相对滞后，每年因病虫害造成的饲草损失约占其草产量的15%。为了把病虫害造成的损失减小到最低程度，现将饲草常见病虫害及其防治的方法介绍如下。

（一）饲草常见的病害及其防治方法

1. 霜霉病

该病主要危害饲草叶片，在发病初期叶片出现一些多角形的水浸状斑点，而后病斑渐渐变为黄色。开始时边缘不明显，但是以后往往受到叶脉的限制成为多角形，使得病株叶片顶部萎黄，病叶向背方卷曲，叶背面生出淡紫色霉层，严重时叶片枯死。发病严重的地块，产草量会下降30%~40%。

防治方法：①因地制宜选择高抗品种，降低病害的发生率；②合理灌溉，防止草地过湿；③尽早铲除发病的植株，减少病源；④植株发病时，喷洒波尔多液、代森锌、福美霜等药剂进行防治。

2. 锈病

该病侵染叶片后，在叶上形成锈状斑点，导致光合作用下降。由于表皮多处破裂，水分蒸腾强度上升，干热时叶片容易发生萎蔫；锈病使叶片退绿、皱缩并提前落叶，严重时可使饲草减产60%；染有锈病的植株含有毒素，影响适口性，甚至导致畜禽中毒。

防治方法：①选择抗锈病的品种；②消灭寄主植物，优化田间管理，消灭病残株体；③对发病的草地应及时刈割，不宜收种；④对发病的草地，用15%粉锈宁1 000倍液喷雾，每隔10~15 d喷1次,喷2~3次即可。在喷洒药物时,应注意不要与石灰、硫酸铜、硫酸亚铁等混用,以免生成不溶性盐,而降低药效。

3. 褐斑病

植株发病时,在植株的叶、茎、荚果上出现褐色的病斑。在气温10~15 ℃,空气湿度达到55%~57%时,病害大量发生。严重时,落叶率达40%~60%,产草量下降15%以上,种子产量减少25%~60%。病菌来源包括种子、土壤以及寄主。

防治方法:①进行种子清洗和消毒;②合理施肥,保持氮磷钾肥的合理比例,以提高植株的抗病能力。

4. 白粉病

植株发病初期,叶片、茎秆、荚果上出现白色的霉层;后期,转变为黑褐色。昼夜温差大、湿度大加剧病害的发生。白粉病发生后可造成产草量下降50%、种子产量下降30%以上。

防治方法:①选择抗病品种,清理田间病株;②发病时可用1 000倍稀释的甲基托布津、多菌灵10%的可湿性粉剂进行田间喷雾。

5. 菌核病

该病侵害的主要部位是根茎与根系,侵染后根茎与根系变为褐色,成水渍状并腐烂死亡。该病常造成饲草缺苗断垄或成片死亡。

防治方法:①土壤深翻,以防止菌核的萌发;②播前用密度1.03~1.10的盐水选种,清除种子内混杂的菌核;③夏秋季节喷洒2~3次多菌灵等内吸杀菌剂,用药间隔以15 d为宜,对发病严重的地块应进行倒茬轮作。

(二)常见的虫害及其防治方法

虫害是指有害昆虫侵害饲草而引起的饲草生长发育异常或被抑制,造成饲草产草量和种子产量下降的现象。目前,在饲草生产中,虫害带来的危害极为严重,比较常见的虫害主要有以下5种。

1. 蚜虫

属同翅目,蚜科。蚜虫主要侵害饲草比较细嫩的部分。蚜虫吸取饲草的营养,造成植株的嫩茎、幼叶卷缩,严重时导致叶片发黄甚至脱落,从而影响饲草的光合作用,抑制饲草的生长,降低饲草的产草量。

防治方法:喷洒高效低毒的乐果药剂可取得较好的防治效果。使用40%的乐果乳剂可加水进行1 000~1 500倍稀释。为提高药效,喷药时应选择无风雨天气。饲草喷洒药液后7 d内禁止饲喂家畜。

2. 盲蝽

属于半翅目,盲蝽科。盲蝽为多食性害虫,成虫和幼虫均以刺吸式口器吸食,主要危害饲草的嫩茎叶、花蕾,常造成花蕾凋萎枯零,使种子结实率降低,影响种子产量和质量。

防治方法:在早春或晚秋饲草尚未萌发前,用火烧茬,消灭残茬中的越冬卵。对发生虫灾的大田作物,可以采取及时刈割的办法,收获后调制干草或直接饲喂畜禽。对种子田危害不太严重时，可在饲草开花孕蕾期喷洒50%敌敌畏乳剂的1 000~1 500倍稀释液。

3. 潜叶蝇

潜叶蝇的幼虫常在植株的表皮蛀食潜行，对饲草的叶片危害大，使叶片形成白色线条状隧道，隧道扩大致叶片枯黄，降低饲草的光合作用，导致饲草产量下降。

防治方法：可选用10%的氯氰菊酯乳油2 000倍液加1.8%的阿维菌素可湿性粉剂3 000倍液，或50%的辛硫磷乳油800倍液，间隔7~10 d防治1次，连续2~3次。

4. 金龟子

金龟子的幼虫通称为蛴螬，属于鞘翅目，金龟甲科，是地下害虫中分布最广，危害严重的一大类群。在每年的春末夏初，饲草易遭金龟子的危害，金龟子主要咬食饲草的幼苗、嫩茎叶片，发生严重时，会使饲草幼苗全被吃光，形成缺苗断垄。

防治方法：①精耕细作，深耕细耙，机械杀虫；②合理施肥，施用腐熟的农家肥；③适时浇水，土壤水分处于饱和状态时，影响卵孵化和低龄幼虫成活；④清除杂草，消灭幼虫；⑤播种前采用药剂处理土壤和药剂拌种；⑥成虫期可以用高效复配杀虫剂喷施，也可用树条浸农药诱杀；⑦生长期可用辛拌磷或辛硫磷颗粒剂拌细土后撒施在草地上，结合锄地埋入土中，药剂越接近根部效果越好。

5. 黏虫

黏虫属于鳞翅目，夜蛾科。在高温高湿的夏季，易出现该种虫害。危害苏丹草、羊草、黑麦草、狗尾草等禾本科饲草。该害虫主要吞食饲草的叶片，如防治不及时，在几天内便可以将饲草的叶片吃光，给饲草生产带来很大的危害。

防治方法：可以用菊酯类药剂进行喷洒。为提高药效可早用药，尽可能把其消灭在幼虫期，防止成虫的大量繁殖。

二、杂草防除

在草地上，除了可供家畜利用的饲用植物外，往往还混生一些家畜不食或不喜食的，甚至对家畜有害或有毒的植物，统称为杂草。

（一）防除杂草的意义

在天然草地或饲料地上，杂草与饲草竞争水分、养分、光照等，导致饲草的产量和品质下降，当有毒有害杂草数量达到一定程度时，可造成家畜误食中毒死亡，给畜牧业生产带来损失。例如狼毒、黄帚橐吾等有毒有害植物在青藏高原高寒草地广泛分布，不仅抑制优良饲草的生长，而且引起家畜中毒。此外，天然草地由于利用不充分，有些地方保留了多年生植株，陈草逐年积累，混杂在草群中妨碍饲草的生长及再生，同时也影响家畜采食嫩草，降低了草地利用率。因此，防除毒害和积累过多的部分老陈草是草地培育改良的一项重要任务。另外，许多杂草是病虫害的越冬寄主或中间寄主。例如狗牙根是赤霉菌、锈菌的寄主及蚜虫的越冬寄主，杂草所带的病菌往往是饲草病害的初侵染源。

(二)草地有毒植物的危害及原因

有毒植物是指在自然状况下,以青草或干草形式被家畜采食后,影响了家畜的正常生命活动,引起家畜生理上的异常,甚至导致家畜死亡的植物。

天然草地上的有毒植物种类很多,但在各地区分布及各科中的数量差异大。调查表明,毛茛科、豆科及禾本科等有毒有害草较多。有毒植物可以分为常年有毒植物和季节性有毒植物。常年有毒植物包括:乌头、北乌头、白屈菜、野罂粟、沙冬青、变异黄花、小花棘豆、毒芹、天仙子、醉马草、藜芦、问荆、木贼、无叶假木贼、毛茛、龙胆等共计100余种。季节性有毒植物包括:蝎子草、杜鹃、水麦冬、白头翁、唐松草、木贼麻黄、芹叶铁线莲、草玉梅等70余种。

有毒植物造成家畜中毒的原因是植物中含有某些有毒物质,如生物碱类、苷元类、挥发油、有机酸、皂素、毒蛋白、光能效应物质、单宁等。植物随年龄和外界环境条件的不同,所含毒物及其毒害作用也有所不同。另外,植物有毒物质对不同家畜种类、个体等的毒害作用也不相同。例如,大花飞燕草对山羊无毒,而对牛和马毒性很大。在正常放牧时,一般家畜都有辨别毒草的能力,不易发生中毒现象。在实践中发生中毒现象,多半是在早春放牧时。饲草开始返青,家畜经过漫长的冬季,对鲜嫩饲草"饥不择食",而且有毒有害草在细嫩状态下难以识别。另外,从外地新购入的牲畜,对当地毒草鉴别力差,也易误食。

(三)草地有害植物的危害

有害植物指本身并不含有毒物质,但植株形态结构能造成家畜机械损伤,降低畜产品品质,或含有特殊物质,家畜采食虽不中毒,但能使畜产品变质的植物。

有害植物造成的危害有以下4个方面。

1. 降低羊毛品质和刺伤家畜肌肤

有些植物种子上生刚毛、硬刺或黏液等,可钩挂羊毛造成损失,或附着在羊毛上,增加了加工的难度;有些植物带有长芒,能刺伤畜体。

2. 降低肉品质量,使肉变味、变色等

如十字科的独行菜,使肉色变黄;沙冬青能使肉变味、变色。

3. 使乳品品质变坏

家畜采食葱属植物,乳品变得有异味。小酸模能使乳品发生凝固,猪殃属植物能使乳色变成粉红色,山萝花属、紫草科的勿忘草属等可使乳色变成蓝色或青灰色。

4. 使畜产品含毒

这类植物对家畜本身无毒,但使其畜产品含有对人体有毒的物质。如山羊采食大戟科某些植物,山羊本身没有中毒现象,但人吃了其所产的奶,可引起中毒。

(四)杂草防除的方法

有毒有害植物不仅危害牲畜,而且同优良饲草竞争养分、光和水分等,抑制优良饲草的生长发育,导致草地质量降低。因此,需对有毒有害植物予以防除,防除方法如下。

1. 建立合理的管理制度

天然草地上有毒有害植物的繁衍与生态环境是分不开的。为此,必须建立一个完善的草地管理制度,采取综合防除方法,即采用合理利用方式。如轮休制度、划区轮牧制度、封滩育草、草地施肥和灌溉等措施,为草地优良饲草创造良好的生长发育条件,抑制毒害草的生长,使其逐渐消失。

2. 生物防治

生物防治主要包括利用毒害草的“天敌”或采用植被替代种植来控制毒害草。天敌包括昆虫、病原生物、寄生植物等。1946年,美国采用双叶虫甲在西部草原成功防除了有毒的黑点叶金丝桃。选择性放牧就是利用某种家畜对某些植物的喜食性,反复重牧,抑制有毒有害植物的生长,使其逐渐被清除。有些植物在生长某一阶段或某一季节无毒,对家畜不会造成危害,可以组织畜群在此期间进行放牧。如遏蓝菜种子虽然对家畜有毒,但生长早期植株不含毒素,因此,可在种子成熟前适当利用;还有一些饲草干枯后毒性消失或减少,可在干枯后适当放牧利用。又如,大花飞燕草对山羊无毒害作用,因此在这类草生长多的地方,有意识地利用山羊反复采食,等大花飞燕草减少后,再放牧其他家畜。

案例2-2:利用沙打旺抑制狼毒

狼毒为多年草本植物。在高原上,牧民们因它含毒的汁液而给它取了这样一个名字。狼毒根系入土深,吸水能力强,能够适应干旱寒冷的气候,生命力强,周围草本植物很难与之抗争,在一些地方已被视为草原荒漠化的“警示灯”。同时,狼毒还具有耐除草剂、磷含量高等特性。基于狼毒的生物学特性及生态学特征,防除狼毒一直以来都是牧民及科技工作者头疼的事情。

近年来,草业科技工作者开展了利用植被替代种植法(如沙打旺)抑制狼毒的研究。沙打旺为豆科多年生草本植物,具有根系入土深、抗旱、对土壤磷吸收较多、能分泌化学物质对其他物种产生化感作用等特性。

利用沙打旺抑制狼毒的依据是:

(1)生态位重叠原理。沙打旺和狼毒都为深根、抗旱、对土壤磷吸收较多的植物,两者之间具有较高的生态位重叠,因此沙打旺在水分和养分吸收上能和狼毒竞争;

(2)化感作用的原理,研究显示沙打旺根系分泌物对狼毒的生长会产生化感抑制作用;

(3)补播种植沙打旺对原生植被破坏小,同时,沙打旺还可抑制杂类草的生长,加速天然草地种群向禾本群落演替。

3. 机械除草

在饲料地上,杂草的发生是个严重的问题。中耕除草是传统的除草方法,通过人工中耕和机械中耕可及时防除杂草。中耕除草针对性强,干净彻底,技术简单,不但可以防除杂草,而且给饲草提供了良好的生长条件。在饲草生长期内,根据需要可进行多次中耕除草,除草时要抓住有利时机早除、除小、除彻底,不得留下小草。人工中耕除草目标明确,操作方便,不留机械行走的位置,除草效果好,不但可以除掉行间杂草,而且可以除掉株间的杂草,但工作效率较低。利用人工将毒害草铲除的方法需费大量劳动力,因此只适用于小面积草地或饲料地。采用这种方法时必须做到连根铲除,以免再生,必须在毒害草结实前进行,以免种子散落传播。铲除毒害草的同时补播优良饲草效果更好。机械中耕除草比人工中耕除草先进,工作效率高,一般机械化程度比较高的农场都采用这一方法。

4. 化学除草

化学除草是清除有毒有害植物最有效的方法之一。当喷施除草剂后,杂草的糖代谢受到抑制,蛋白质无法合成,同时呼吸作用要消耗糖、蛋白质,导致植物体内贮存的有机物不断被消耗,最终植物死亡。

目前广泛使用的除草剂多为有机除草剂,根据对植物的杀伤程度不同,分为选择性除草剂和灭生性除草剂两类。选择性除草剂之所以对植物有选择性,是由于植物在生理生化上的差异、植物形态和生长习性的不同所致。为了安全地、经济有效地使用除草剂,必须注意以下几点:

(1)先进行小区试验,认识各种饲草对药液的敏感性,以确定用药量和用药浓度;

(2)喷药时,应选择晴朗、无风、温度适宜的天气;

(3)喷药时,要保证一定的空气湿度,以喷药后24 h内不下雨为宜;

(4)在植物生长最快的时期或繁殖阶段喷施效果好;

(5)喷药时应注意风向和附近植物,防止伤害农作物或其他不该伤害的植物;

(6)喷药后,要经过20~30 d才允许放牧利用,以免造成家畜中毒。

5. 火烧

草地利用不合理,有毒有害草繁衍,例如在云南西北部亚高山草甸造成西南鸢尾大面积扩展。另外,草地利用不充分,造成大量枯草倒伏,导致草地的通气性和透水性降低,妨碍优良饲草的生长发育,降低草地生产力,同时也影响放牧家畜的采食。火烧后,土壤地温提高,灰分用作肥料,可以促进次年春天饲草较早萌发,提高草群质量;在消灭有毒有害草和老草枯草的同时,也烧死了一部分害虫的蛹及卵,减少虫害。特别是以禾草为主的草地,其效益更为显著。烧荒对草地有利,但掌握不当,也有不利的一面。对于以豆科草类、蒿类、灌木半灌木为主的草地,最好不要轻易地采用烧荒方法,因为它们的更新芽处于地表,烧荒时易受伤害。烧荒应在晚秋或春季融雪后进行,此时对青草生长影响较小。烧荒前必须做好防火准备,应在无风天烧荒,避免风将火种远扬他处,引起火灾。

三、肥料与施肥

肥料是饲草的“粮食”,科学施肥不仅可以提高饲草的生物量和品质,而且能加速退化草地恢复重建,因而是确保饲草高产、稳产的一个最重要的前提条件。

(一)肥料的种类及施用效果

肥料分为化学肥料和有机肥料。其中,化学肥料包括单一肥,如氮、磷、钾和复合肥等。有机肥料包括堆肥、绿肥等。

1. 氮肥

在饲草生产中,氮是生产优质高产饲草极其重要的元素,同时氮是饲草产量的一个重要限制因子,对植物成分影响很大。施用氮肥是提高饲草产量的有效手段之一。

豆科饲草可以利用自身的根瘤菌固氮以满足生长发育的需要,对氮肥的需求不大。禾本科饲草没有固氮能力,完全依靠其根系从土壤中吸收氮素,这些氮素时常不能满足自身高产需要,故生产中需要施加氮肥。

氮肥能改善饲草的品质,施用后植株质嫩、叶片多、蛋白质含量高、适口性好,促进有效分蘖,提高饲用价值。有研究表明,施用氮肥可以增加鸭茅叶片中的类胡萝卜素、叶绿素、维生素、粗蛋白和可消化能含量;追施氮肥能显著提高多年生黑麦草茎叶中粗蛋白含量,且随氮肥用量的增加而增加。当然,氮肥并非施得越多越好,而有量的限制,黑麦草在施纯氮低于170.5 kg/hm^2内,鲜草产量随施氮量的增加而增加,当施氮量超过170.5 kg/hm^2时,鲜草产量不再增加。

2. 磷肥

磷是植物生长必需的三大营养元素之一,是形成细胞核蛋白、卵磷脂等不可缺少的元素。磷元素能加速细胞分裂,参与许多物质的合成和植物的各种生理生化过程,促使根系和地上部加快生长,促进花芽分化,提早成熟,提高果实品质。适量施用磷肥,对根系发育有良好作用,有利于籽粒灌浆,块根增大,糖分增加,使禾本科饲草分蘖增多。

无论是豆科饲草,还是禾本科饲草,施用磷肥后效果显著,在一定的范围内,饲草产量随着磷肥用量的增加而增加。有研究表明,紫花苜蓿增施磷肥后不仅能增产,而且能促进其对钾和钙的吸收,与对照相比,施磷肥处理苜蓿产量增产30.8%~70.2%。

3. 钾肥

钾是饲草生长必需的大量元素之一,在改善饲草品质,提高产量和植株的抗逆性中起着重要作用。由于钾素对饲草外观形态的影响不及氮素明显,在人工草地建植后,人们常常重视氮肥施用而忽视钾肥的配施或施量不足,加上每年进行多次刈割饲草饲养牲畜,带走养分,加剧了土壤中钾的缺乏。钾肥施用量取决于土壤养分状况,由于禾本科饲草从土壤中吸收钾的能力通常比豆科饲草强,所以禾豆混播草地更需增施钾肥。施用钾肥不仅可以促进饲草对钾的吸收,还可改善其钙、镁等营养,特别是豆科饲草。在施入磷、铜、锌、硼的基础上,白三叶产量随钾肥用量的增加而增加。当施纯钾40 kg/hm^2时,不仅产草量较高,而且产投比最大,经济效益最好。

过量施用钾肥对饲草出苗产生抑制作用,而分期施用钾肥能显著地提高饲草产量。另外,施用钾肥还可显著提高饲草对蚜虫的抵抗能力,施钾处理的饲草寄生的蚜虫数仅为不施钾处理的27.2%。另外,研究表明,施用钾肥可以提高饲草干草中的灰分含量,但蛋白质含量则有下降的趋势。

4. 复合肥

由两种或两种以上的肥料要素组成的化学肥料称为复合肥。其优点是一次施用可以同时提供两种或两种以上的养分。为了提高复合肥的施肥效果,施肥前,根据饲草所需营养和土壤营养状况,合理搭配,以免造成养分不平衡,影响施用效果。生产中,常用的复合肥有无机复合肥、农药复合肥、液体复合肥等。

5. 其他元素肥料

饲草生长除了需要碳、氢、氧、氮、磷、钾等元素外,同时也需要锰、铜、锌、硼、钼等元素。饲草从土壤中吸收的一些元素远不能满足其生长的需要,只有通过科学施肥才能满足其营养需求。

硫在农业生产中的重要性仅次于氮、磷、钾。硫是某些氨基酸的主要组成成分,它对叶绿素的形成、酶的活化、饲草的抗逆性都有重要的作用。在缺硫的草地,施硫肥不仅能提高饲草的产量,而且能改善其品质。

对于酸性强的红壤($pH < 5$),种植饲草时常需要施入石灰,以提高土壤pH,减少铝、铁、锰等的毒害,增加钙、镁等阳离子交换量。但施石灰后影响了微量元素的形态和有效性,使锌、硼的吸收量降低,所以石灰施用量不能过大。由于石灰对饲草的生长作用与土壤养分状况密切相关,因此常需要和磷、镁等肥料配合施用。饲草中镁含量低于0.2%时,牲畜易发生抽搐症,且发病率随饲草中钠和钾浓度的提高而增加。

土壤和饲草中微量元素的分布状况对饲草和家畜的生长有着十分重要的影响。合理配施微量元素肥料,对饲草的生长及产量和品质都有明显的促进作用。有研究表明,锌能影响饲草的生长和牲畜的繁殖。施用铜、钼可显著提高距瓣豆的产量,硼、锌肥也使其产量有所增加。对于建植多年的黑麦草—白三叶人工草地,喷施钼、锌、硼、铜等均有一定的增产效果。微肥可使饲草产量提高5%左右,达到显著水平。施硼可提高红三叶的粗蛋白和粗纤维含量,降低粗脂肪含量,而对灰分和无氮浸出物影响不大。适量施用钼对饲草植株的生长发育、产量和品质都有促进作用,还可以促进苜蓿的生长,提高粗蛋白、粗脂肪的含量,降低粗纤维和粗灰分含量,从而提高苜蓿的饲用价值。钼肥还可以提高饲草植物体内的固氮酶、硝酸还原酶的活性,增强饲草的氮代谢能力。

总体来说,肥料喷施浓度适当时对饲草的生长有促进作用,相反,若浓度过高对植物将产生毒害作用,导致饲草产量降低。肥料浓度与饲草种类及土壤中的元素含量有关。通过叶面喷施微肥可以提高饲草干物质、粗蛋白、粗脂肪、粗灰分等含量,饲草的产量也可提高30.4%左右。

6. 有机肥料

有机肥除含氮磷钾外,还含有植物生长发育所需要的其他矿物元素,其特点是养分含量全面。有机肥料的养分只有被微生物分解后,才能被饲草吸收利用。因此,其肥效相对较慢。施肥当季利用率一般为20%~30%,不过有机肥料具有环保和改良土壤结构等优点,生产中提倡多施有机肥料。农家肥具有体积大、不卫生、使用不方便的特点,不过经过工厂发酵加工和无害化处理后能较好地克服这些缺点。

(二)饲草施肥的原则和方法

不同饲草的需肥规律不同,即使同一种饲草在不同的生长发育阶段需肥规律也不尽相同。科学施肥能提高饲草产量,避免因施肥不当所造成的损失和浪费。

1. 施肥的原则

施肥的目的是满足饲草生长发育的需要,增加饲草产量,提高效益。在生产中,施肥时常过量,既浪费肥料,又污染环境。因此,要做到高产低成本,就必须合理施肥。在施肥时必须遵循以下原则。

(1)根据饲草种类、生育期施肥

不同种类的饲草对肥料的需求不同。禾本科饲草、叶菜类饲料饲草需氮肥较多;豆科饲草能有效地利用共生的根瘤菌吸收氮,因而可少施氮肥,多施磷钾肥;薯类及瓜类饲料饲草则需要较多的钾肥。同一饲草在不同的生长时期需肥量也不同。饲用玉米苗期需氮量较少,拔节孕穗期需氮量多,抽穗开花后需氮量又减少。豆科饲草最好在花期或开花之前追施磷肥。掌握不同种类的饲草及其生育期对肥料的需求,可以确定具体施肥时期和施肥量,从而达到实现饲草高产、优质的目的。

(2)根据收获的对象施用肥料

在生产中种植饲草的目的有多种,有的以收获茎、叶为目的,有的则是把重点放在收获种子上。根据收获对象的不同,施肥的类型有所区别。例如,青贮饲料生产,需施入较多速效氮肥,如尿素,可提高茎叶比,以便获得较高的茎叶生产量;以种子生产为目的时,应多施磷、钾肥,并配合施用一定量速效氮肥,以获得较高的种子产量;收获根茎时,应注意磷、钾肥的施用,促进养分在根茎中的积累,避免过多施用氮肥造成的茎叶徒长,经济产量降低。

(3)根据土壤状况合理施肥

根据土壤性质选择肥料种类和施用方法,达到充分发挥肥效的目的。土壤质地沙黏适中,有机质和速效养分多,饲草将生长发育良好。沙质土壤保肥性差,应少量多次追肥;黏性土壤,应合理施用基肥和种肥。在确定施肥用量时,要应充分考虑土壤肥力的高低。肥力较高的土壤,氮肥施多易引起饲草倒伏,应减少施肥量;瘠薄的土壤应适当增加施肥量,满足饲草高产对肥料的需求。

(4)根据土壤水分多少施肥

土壤水分多少,影响腐殖质的形成和速效养分的积累。水分过多,易引起施入养分流失;水分过少,有机质难以分解。旱季施肥时,要考察灌水量或降水量后进行。此外,土壤的酸碱状况对施肥的效果也有影响,如酸性土壤可选用磷矿粉作为磷肥施用,而碱性土壤则不宜选用含氯离子和钠离子的肥料。

(5)根据肥料的种类和特性施肥

不同种类的肥料性质不同。根据化学成分分为:单一肥料(如尿素)、复合肥料(如磷酸铵)和完全肥料(有机肥)。按肥效快慢,则分为缓性肥料、速效肥料等。缓性肥料如厩肥、堆肥等有机肥料和磷肥,通常作为基肥施用。速效氮肥如硫酸铵、碳酸氢铵等,多用作追肥施用。硝态氮基本不作基肥施用,作追肥施用也应采取少量、多次的方法。另外,在施肥时还应考虑肥料中所含的其他离子对饲草或牧草生长产生的影响,如含氯离子的肥料,不宜施于含淀粉、糖较多的饲草,如甘薯、萝卜等。

(6)施肥与农业技术配合

农业技术措施与肥效密切关联。如可作基肥施用的有机肥,通过深翻使肥料与全耕层土壤均匀混合,有利于饲草吸收;追肥后浇水,有利于养分向根系表层迁移和吸收;各种肥料的混施,在提高肥效的同时还可节省劳力,从而降低农产品成本。

2.施肥方法

牧草和饲料作物的整个生育期可分为若干阶段,不同生长发育阶段对土壤和养分条件的要求不同。同时,各生长发育阶段所处的气候条件不同,土壤水分、热量和养分条件也随之改变。因此,要满足饲草整个生育期的需求,应该在基肥的基础上进行多次追肥。

(1)基肥

基肥,也叫底肥,是指在播种或定植前结合土壤耕作第一次施用的肥料,它担负着培肥土壤,供给饲草整个生长发育中所需养分的任务。基肥用量大,应以肥效持久的有机肥料为主,并适当配合化肥。用作基肥的肥料主要是有机肥,如厩肥、堆肥或磷肥、复合肥。基肥的施用方法有撒施、条施和分层施。撒施为基肥的主要施用方法,优点是省工,缺点是肥效发挥得不够充分。通常在土壤翻耕前,将肥料均匀撒于土壤表层,然后深耕翻入土中。条施则是在田面上开沟,然后将肥料施入沟中。条施的优点是用量少、肥效好,缺点是费工。分层施是结合深耕在土壤深层施入粗质肥料和迟效肥料,而在土壤上层施入精质肥料和速效肥料,这样在满足饲草对速效肥需求的同时还能起到改良土壤的作用,但缺点是较为费工。

(2)种肥

种肥是指播种(或定植)时施在种子周围或与种子混播的肥料。施用种肥可为种子发芽和幼苗生长提供良好的条件。种肥可以施用于播种沟内或穴内,也可以覆盖在种子或块根、块茎上面。种肥的主要种类有腐熟的有机肥、速效的无机肥或混合肥、颗粒肥料以及菌肥等。由于种肥是与种子一起施入的,因而要求选用的肥料需对种子无副作用,凡过酸、过碱或未腐熟的有机肥以及易产生高温的肥料均不能作种肥。种肥有多种施用方法,可根据肥料种类和具体要求采用拌种、浸种、条施、穴施等。

(3)追肥

追肥是饲草在生育期中施用的肥料,能够满足饲草在生育期间对养分的要求,特别是营养期对养分的迫切需要。追肥以速效化肥为主,化学性质稳定。追肥一般以氮肥为主。根外施肥是指通过向叶面喷洒一定浓度的肥料,供给植物体营养物质的过程。为了最大限度地发挥追肥的增产效果,除了要确定适宜的追肥期外,还要采用合理的施肥方法。主要有撒施、条施、穴施和灌溉施肥等方法。但前三者在土壤墒情不好时也可结合灌溉进行。

四、灌溉

灌溉是补充饲料作物和牧草正常生长发育所需水分的技术措施。适时、合理的灌溉不仅能满足牧草和饲料作物各个生育期对水分的需求，而且能改善土壤的理化性质，调节土壤温度，促进微生物活动，最终达到促进牧草及饲料作物快速生长发育、获得高产的目的。

在干旱和半干旱地区种植饲草，建立人工草地，灌溉是非常必要的，即使在湿润地区，降水不足时，人工补充水分也有着十分重要的作用。合理灌溉能充分利用水资源，以较少的水量获得更高的饲草产量。

（一）灌溉方法

灌溉大致分为漫灌、喷灌和滴灌3种类型。

1. 漫灌

田间不修沟、畦，水流在地面以漫流方式进行的灌溉。其特点是均匀性差、浪费大、容易破坏土壤结构。

2. 喷灌

用专门的管道系统和设备将有压水送至灌溉地段并喷射到空中形成细小水滴洒到田间的一种灌溉方法。其特点是省水、省工，适应性强，提高土地利用率。

3. 滴灌

用专门的管道系统和设备将低压水送到灌溉地段并缓慢地滴到作物根部土壤中的一种有效节水灌溉方法。其特点是省水、省工、保持土壤结构、有效控制温度和湿度。

（二）合理灌溉的参考指标

1. 土壤水分指标

土壤中的水分按物理情况可分为：毛细管水、束缚水（或吸湿水）和重力水三种。毛细管水（Capillary Water）是指由土壤毛细管力所维持的在泥土颗粒间毛细管内的水分，它容易被根毛所吸收，是植物吸水的主要来源。束缚水（或吸湿水）（Bound Water）是指土壤中被土壤颗粒或土壤胶体的亲水外表所吸附的水分，土粒愈细，比表面积愈大，吸附的水就愈多。由于束缚水被胶体所吸附，不能为植物所利用。重力水（Gravitational Water）是指在水分饱和的泥土中，因为重力的作用，能自上而下渗漏出来的水分。对于耐旱种类来说，重力水的作用不大，而且还有害，因为这种水分能盘踞泥土中的大空隙，造成土壤水多气少，导致植物生长不良，所以在旱地及时排出重力水就显得很重要。

2. 形态指标

依据饲草在干旱条件下外部形态发生的变化来判别是否进行灌溉。饲草缺水的形态表现为：幼嫩的茎叶在中午前后易发生萎蔫；生长速度下降；叶、茎色彩因为生长迟缓，叶绿素浓度相对增大而呈暗绿色；茎、叶色彩有时变红（这是因为干旱时细胞中形成较多的花色素，而花色素在弱酸条件下呈红色的缘故）。如棉花开花结铃时，叶片呈暗绿色，中午萎蔫，叶柄不易折断,嫩茎逐步变红,当上部3~4节间开始变红时,就应灌水。从缺水到引起饲草形态变化有一个滞后期,当形态上涌现上述缺水症状时,生理上已经受到一定程度的损害了。

3. 生理指标

生理指标比形态指标更及时、更敏锐地反映植物体的水分情况。植物叶片的细胞汁液浓度、浸透势、水势和气孔开度等均可作为灌溉的生理指标。植株在缺水时,叶片是反映植物体生理变化最敏感的部位,叶片水势下降,细胞汁液浓度升高、溶质势下降,气孔开度减小。当有关生理指标达到临界值时,应及时灌溉。

(三)灌溉时期及灌水量

灌溉必须有利于饲草生长,保证高产、低成本。需根据土壤墒情、天气条件、饲料作物和牧草生育时期开展灌溉。禾本科植物从拔节至抽穗时期是需水的关键时期,相比而言豆科植物从现蕾到开花是需水的关键时期。例如,紫花苜蓿在河北上坝地区2009年第1茬、第2茬、第3茬的需水量分别为156.6 mm、255.6 mm、172.2 mm。

草地每次刈割之后都要进行灌溉和施肥,尤其是盐碱地。割后草地土壤裸露,土壤表面水分蒸发加剧,土壤深层的盐分随水分上升进入土壤表层,加剧了草地盐碱化。因此需及时灌溉,以促进牧草快速恢复生长,减少土壤水分蒸发和盐分在土壤表层的累积,且灌溉用水量以不超过田间持水量为准。

饲草不同生育期对水分的需求不同。饲草在苗期蒸腾面积较小,水分耗费量不大;进入分蘖期以后,蒸腾面积扩展,水分耗费量显著增大;到孕花期,蒸腾量达到最大值,耗水也最多;进入成熟期后,叶片逐步衰老,水分耗费量逐步减小。

第四节 收 获

牧草收获的对象包括根、茎、叶等营养体,以及种子。目前,在牧草种子短缺的情况下,种子的收获更加引起了人们的重视。如何科学收获,不但关系到冬春饲料的均衡供应,还直接影响食草动物的健康和生产水平。

一、收获时期

饲草的营养价值和产量是确定饲草收获时间的两个重要因素。饲草收获的第一个目标是营养品质的最大化;第二个目标是优质饲草产量的最大化。在收获饲草时,影响饲草品质最重要的因素是当前饲草的生长发育阶段。饲草营养物质随饲草成熟度的增加、刈割产量增加而下降。禾本科饲草的最适收获期是在孕穗至抽穗期,豆科饲草的最适收获期为现蕾至初花期,以实现单位土地生产的可消化总营养物质最多。对饲草来说,刈割不仅是一次草

产品的收获，而且是一项田间管理措施。刈割时期是否得当，留茬高度是否合适（一般留茬在5~8 cm），都对饲草的生长发育产生很大的影响。延迟刈割不仅降低饲草质量，也影响生长季节的刈割次数。饲草收割后的营养损失显著影响饲草的最终质量，过多的降水、光照、晒得太干都可能造成饲草质量退化。

由于牧草开花期较长且不一致，造成种子成熟时间不同，种子收获困难。禾本科牧草种子成熟可分为乳熟期、蜡熟期和完熟期。当用联合收割机收获落粒性不强的禾本科牧草种子时，一般可在蜡熟期或完熟期进行；人工收获时，可在蜡熟期进行。

二、收获方法

饲草营养体和种子的收获可以采用人工收获和机械化收获两种方法。

1. 人工收获

在我国农区和半农半牧区，割草和收种主要采用人工方式，通常用镰刀等工具。镰刀割草的效率较低，适用于小面积草场，一般每人每天可刈割250~300 kg鲜草。种子田面积小，可采用人工收获。

2. 机械化收获

随着我国草业的发展，机械化割草和收种逐渐得到了推广和普及。目前，国内生产的割草机械有两种，一种是人工割草机，另一种是机动割草机。其中人工割草机成本低、适应性强，不论高草、矮草，草层稀或密，或地面起伏，都能顺利收割，适合农户使用。机动割草机可分为牵引式和悬挂式两种。大部分多年生禾本科用割草机刈割时，留茬高度为15 cm，可将割下的牧草晾晒在残茬上，放成草条，2~7 d后进行脱粒。

思考题

1. 土壤耕作措施有哪些?

2. 简述间作套种增产的原因。

3. 简述间作套种的技术要点。

4. 试述防治杂草的措施及意义。

5. 试述如何对牧草与饲料作物进行合理施肥。

6. 如何开展霜霉病的综合防治?

参考书目

1. 董宽虎,沈益新. 饲草生产学[M]. 北京:中国农业出版社,2003.

2. 杨青川,王堃. 牧草的生产与利用[M]. 北京:化学工业出版社,2002.

3. 于亚学. 大力推动保护性耕作 促进农业可持续发展[J]. 农业开发与装备,2012(5):55-56.

4. 朱金权. 如何采用合理的土壤耕作方法[J]. 农机使用与维修,2012(1):116.

5. 杨中艺,潘静澜. "黑麦草—水稻"草田轮作系统的研究Ⅱ意大利黑麦草引进品种在南亚热带地区免耕栽培条件下的生产能力[J]. 草业学报,1995,4(4):46-51.

6. 辛国容,杨中艺,徐亚幸,等. "黑麦草—水稻"草田轮作系统的研究Ⅴ.稻田冬种黑麦草的优质高产栽培技术[J]. 草业学报,2000,9(2):17-23.

7. 马令法,孙洪仁,魏臻武,等. 坝上地区紫花苜蓿的需水量、需水强度和作物系数[J]. 中国草地学报,2009,31(2):116-120.

8. 南京农学院. 饲料生产学[M]. 北京:农业出版社,1980.

9. 云南省草地学会. 南方牧草及饲料作物栽培学[M]. 昆明:云南科技出版社,2001.

10. 李小坤,鲁剑巍,陈防,等. 苏丹草—黑麦草轮作中不同施肥措施对饲草产量及土壤性质的影响[J]. 植物营养与肥料学报,2008,14(3):581-586.

11. 陈维军. 简介防除草坪杂草方法[J]. 黑龙江科学,2014,5(1):132.

12. 郑仲登,刘崇群,林炎金,等. 福建耕地土壤有效硫含量与硫肥施用[J].福建省农科院学报,1994,9(4):32-35.

第三章　饲草种子生产

第一节　饲草种子生产的意义及国内外的生产概况

一、饲草种子生产的意义

种子是饲草繁殖的主要方式，生产足够数量的优质种子是建植人工草地，改良退化草场，保持水土、美化环境以及治理国土的必要条件。近年来，随着国家对恢复退化天然草地和建植人工草地的重视，饲草种子的需求也随之增加。据不完全统计，我国每年用在退化草地的恢复治理和人工草地建设上的种子约 9×10^4 t。目前，我国饲草种子生产能力低，远不能满足生产发展的需要，并且多数饲草种子依赖于进口，严重限制了我国草地畜牧业的发展。饲草种子数量的多少、品质的优劣，直接影响着人工种草效果。饲草种子生产对促进我国天然草地的改良、人工草地的建设以及草地畜牧业的发展意义重大。

二、国内外饲草种子生产概况

（一）国外饲草种子生产现状

美国、加拿大、丹麦、新西兰、澳大利亚等国是世界上草地畜牧业发达的国家，是主要的饲草种子生产国和出口国。北美洲是目前世界上最大的饲草种子生产区，主要分布在美国西部的俄勒冈州、爱达荷州、华盛顿州和加拿大的西南四省区，其商品种子生产量占世界商品种子的50%左右。美国的草种生产在世界上处于领先地位，共有约 2.7×10^5 hm^2 草种生产田，种子年总产量约 4.6×10^5 t，其中，饲草种子约 2.3×10^5 t；加拿大约有 7×10^4 hm^2 草种生产田。欧洲是世界上第二大草种生产区，主要分布在欧洲中北部的荷兰和丹麦等国，奥地利、法国和德国也生产饲草种子，但产量不是很大。

近年来，东欧地区的匈牙利、罗马尼亚和捷克等国家，正在积极开辟草种生产基地。澳大利亚和新西兰由于自身的畜牧业很发达，也成为重要的草种生产国。新西兰南岛干旱区有 2.5×10^4~4.6×10^4 hm^2 专业饲草种子生产田，占新西兰饲草种子生产田的80%以上，生产的白三叶种子占世界总产量的2/3。此外，南美洲的阿根廷、乌拉圭等国也生产部分高羊茅种子

和多年生黑麦草种子,但生产能力有限,尚不能满足本国需要。

(二)国内饲草种子生产现状

20世纪80年代以来,我国饲草种子产业有了较快的发展,1989年全国有兼用饲草种子田3.3×10^5 hm^2,年产饲草种子2.5×10^4 t,到2009年全国有专业草种田2.24×10^5 hm^2,生产种子1.44×10^5 t。2000—2009年,通过国家农业综合开发草种繁育专项,中央投资1.28亿元,建成草种繁育基地78个。

我国草种生产区主要集中在北方地区,南方部分地区主要生产多花黑麦草和部分热带饲草种子。目前,我国饲草种子生产有两种方式,一是利用放牧或刈割后人工草地留种生产,二是以种子生产为目的。然而目前国内大多数饲草种子公司实行单一的经营方式,缺乏饲草种子生产、加工、销售于一体的饲草种子龙头企业,也缺乏相应的行业机构来协调饲草种子的产、供、销,使我国在饲草种子生产中不仅单位面积产量低,而且质量差。另外,我国还没有形成高产优质的饲草种子生产区。这与我国迅速发展的草地畜牧业极不适应。据估测,国内的市场需求在2×10^5 t左右,种子生产量远远不能满足需要,我国每年需要进口3×10^4~4×10^4 t。

因此,借鉴国外草种生产的经验,健全饲草种子经营组织机构,建立饲草种子区域化生产基地,加强饲草种子的教学、科学研究和技术推广,迅速提高种子产量和质量是我国草业发展的当务之急。

第二节　饲草种子生产对气候的要求

在饲草种子生产中必须根据饲草营养生长、生殖生长对环境条件的需求,选择适宜的地区进行种子生产,才能获得优质高产。决定一个种或品种是否适于在某一地区生产种子,首先要考虑当地的气候条件。饲草种子生产对气候的要求包括如下几方面。

一、日照长度

日照长度决定饲草是否开花及开花效应强度。光周期对饲草的生殖生长有极其重要的生态效应。根据对光周期的适应性可将牧草分为长日照植物、短日照植物和中日照植物。低纬度的热带、亚热带地区有利于短日照植物开花,并提高结实率。牧草中典型的短日照植物有绿叶山蚂蝗、大翼豆、圭亚那柱花草、糖蜜草等,这些牧草只能在低纬度地区开花结实,而在高纬度地区则不能进行种子生产。另外,在短日照植物中还有一些牧草在发芽分化时要求通过短日照及低温条件才能开花结实,如无芒雀麦等牧草必须在高纬度地区春季或秋季通过短日照低温条件的刺激后才能开花。高纬度的温带地区有利于长日照植物开花结

实，这类牧草有紫花苜蓿、白花草木犀、白三叶、羊草、高羊茅、多年生黑麦草、紫羊茅等，必须通过一定时期的长日照才能进行花芽分化。在临近赤道的低纬度地区，一般长日照植物不能进行种子生产。

多数温带牧草的开花需要经过双诱导，即植株必须经过冬季（或秋春）的低温和短日照感应，或直接经短日照之后再经过长日照诱导才能开花。一般短日照和低温诱导花芽分化，长日照诱导花序的发育和茎的伸长，如草地早熟禾、看麦娘、鸭茅、猫尾草、剪股颖、多年生黑麦草、草地羊茅等牧草。

二、温度

饲草生长发育包括营养生长、花芽分化、开花、花粉萌发、结实、种子成熟等阶段，温度对植株每个阶段的生长发育都有影响且每一阶段的最适温度和温度效应各不相同。

饲草只有生长在最适温度条件下才能获得较高的结实率。多年生禾草如草地早熟禾、无芒雀麦、紫羊茅、多年生黑麦草等，只有在15~24 ℃的温度条件下才能正常生长，温度太高则会影响其生长发育。而矮柱花草、狗牙根、雀稗、象草等在较高的温度下才能正常生长，温度太低则会造成种子产量下降，如矮柱花草在最低夜温9 ℃以下时完全不能结实。此外，牧草植株也需要得到良好的光照和水分才能较好地生长发育。牧草营养生长所积累的充足养分是获得饱满籽粒的重要保证。

三、天气

晴朗多光照的气候条件有利于牧草的光合作用和开花授粉，尤其是对借助于昆虫授粉的豆科牧草尤为重要。充足的光照还有利于抑制病害的发生，有利于营养物质向种子转移。长期荫蔽会影响牧草的开花授粉，显著降低牧草的种子产量。另外，适量的降水对饲草种子发育初期是必要的，但种子成熟期和收获期要求干燥的气候条件，若降雨过多将造成种子产量大幅度下降，大部分饲草种子在成熟期要求干燥、无风、晴朗的天气且昼夜温差大。因此，种子生产地要尽量避开结实期阴雨连绵的气候区。

饲草营养生长阶段需要充足的水分供应，在降水量不能满足要求的地区，必须有灌溉条件才能开展种子生产。

案例3-1：某县“纳罗克”非洲狗尾草种子生产基地的建立

“纳罗克”非洲狗尾草茎叶柔嫩，适口性好，营养价值高，消化率达70%~72%，适宜种植区有南亚热带、中亚热带、北亚热带和暖温带。据分析，营养期干物质中粗蛋白含量10.47%，粗脂肪含量1.89%，粗纤维含量37.90%，灰分含量6.95%，主要饲喂肉牛、奶牛，猪亦喜食。该草根系发达，是一种重要的水土保持植物。然而种子产量低，生产面积小，限制了它的利用。为了解决种子生产问题，云南省某县早年从某研究院引入了“纳罗克”非洲狗尾草，通过多年的种植，总结出了一套种子生产经验。目前当地种植面积超过1 000 hm^2,成了云南省重要的"纳罗克"非洲狗尾草种子生产基地。这与该县得天独厚的气候条件是分不开的,该县年平均气温17.4 ℃,年平均降水量1 283 mm,秋冬季节干旱少雨,地处北纬23° 45′~24° 27′,东经99° 05′~99° 50′。

第三节 饲草种子生产的田间栽培技术

一、土壤选择

土壤是影响饲草种子产量的重要因素之一,适宜的土壤类型、良好的土壤结构、适宜的土壤肥力对饲草种子产量有着至关重要的作用。大部分饲草喜中性土壤;紫花苜蓿、黄花苜蓿、白花草木犀、红豆草等适于钙质土;卵叶山蚂蝗、头形柱花草等适于热带酸性土壤。用于饲草种子生产的土壤最好是肥力中等的土壤。肥力过高导致营养生长过盛,而肥力过低则导致生长不足,二者均会降低种子产量。

二、播种

(一)播种方式

种子田通常采用穴播、窄行条播或宽行条播。穴播又叫点播,是按一定的株行距开穴播种,种子播在穴内,深浅一致,出苗整齐。其优点是出苗容易,节省种子,集中用肥和田间管理(间苗、除杂草)方便;缺点是播种费工。穴播主要用于种植高大或分蘖能力强的饲草(60 cm× 60 cm或60 cm× 80 cm)。条播是每隔一定距离,成行播种的播种方法。条播有行距无株距,设定行距应以便于田间管理和能否获得高产优质为依据。条播的优点是草籽分布均匀,覆土深度较一致,出苗整齐,通风条件好,可集中施用种肥,做到经济用肥,并利于田间管理等。根据行距的宽窄,条播又可分为窄行条播和宽行条播。窄行条播行距通常是15 cm;宽行条播视饲草种类、栽培条件等不同而异,有30 cm、45 cm、60 cm、90 cm,最宽可达120 cm。目前,采用宽行条播的较多。宽行条播不仅有利于生殖枝的形成,增加繁殖系数,同时还可以延长饲草的利用年限,便于田间管理工作的进行。

(二)播种时间及播种量

1. 播种时间

饲草的播种时间主要决定于温度、土壤墒情、牧草生物学特性及其利用目的,以及田间杂草发生规律和危害程度等因素,其中温度是第一位的,但须兼顾土壤墒情。因此,当土壤中的水分和温度条件合适时,原则上任何时候都能播种。在干旱、半干旱地区,多年生牧草以夏播为宜,优点是临近雨季气温高,可满足种子萌发及苗期生长的水热需求,且夏播前有足够的灭草时间,此期播种苗全、苗壮,杂草危害少。

2. 播种量

开展种子生产时，植株应具有发育良好的生殖枝。播量过高时，尽管营养枝增加，但生殖枝的生长发育受到抑制，因而禾本科和豆科牧草开展种子生产时要求留有一定空间，特别是豆科牧草。进行种子生产时，窄行播量通常只是牧草生产时种子播量的一半，而宽行播量是窄行播量的1/2~2/3。

3. 播种深度

播种深度涉及开沟深度和覆土厚度。开沟深度因土壤墒情而异，原则上至干土层之下；覆土厚度视牧草种类及其萌发顶土能力而异，豆科牧草中子叶出土型（苜蓿属、三叶草属、草木犀属、百脉根属、小冠花属、黄芪属等）牧草覆土厚度不应大于种子厚度的15~20倍。

牧草种子一般都很细小，幼苗纤弱，顶土力差，因而以浅播为宜，若覆土过深，会导致子叶或幼芽不能突破土壤而致生产受损。此外，覆土深度与土壤质地也有关系，轻质土壤可深些，黏重土壤要浅些。一般牧草种子在沙质壤土上以2 cm播深为宜，大粒种子以3~4 cm为宜。草地早熟禾、翦股颖等牧草种子可直接播于地表，播后镇压，使它们与土壤充分接触，促进种子吸水萌发。

三、施肥与灌溉

多年生饲草种子产量的高低取决于单位面积生殖枝的数目、穗的长度、小穗及小花数、结实率和种子的成熟度，而这些方面与养分和水分的供应是否充足与适时有着密切关系，对种子田的追肥与灌溉应以促进其生殖生长为主要目的。

（一）施肥

1. 禾本科饲草

在禾本科饲草种子生产的过程中，氮肥的合理施用是关键。秋季给温带禾本科牧草施氮肥通常可以增加分蘖数，提高冬季分蘖的存活率，增加可育分蘖数，但秋季施氮不能过量，以免营养生长过度。秋季施肥时草地早熟禾、紫羊茅施氮量占总施肥量的50%为宜，鸭茅、猫尾草施氮量占总施肥量的33%为宜。同一施氮量下，秋春分施氮肥处理的种子产量高于春季一次施氮处理。如孙铁军等（2005）研究发现，无芒雀麦秋施氮135 kg/hm^2，春施氮90 kg/hm^2时种子产量最大，为1 723.1 kg/hm^2。

氮、磷、钾的平衡施用可显著提高饲草种子产量。因而，施氮的同时，应保证磷、钾肥的平衡供应；施磷肥可提高禾草种子产量；钾是流动养分，需常补充。

2. 豆科饲草

豆科饲草可有效地利用共生根瘤菌固氮，其需氮量比禾本科饲草少，但许多豆科饲草从孕蕾期到种子成熟时对氮的需要量增加，此时根瘤老化，根瘤菌的活动能力降低，因此在孕蕾期需追施氮肥。

豆科饲草种子生产对磷、钾肥的需要量较高，在开花期或开花前追施磷、钾肥，可显著增

加豆科饲草的种子产量。另外,豆科饲草的生长需大量硫。豆科饲草种子生产中保证足够的硫肥才能达到稳产、高产的目的,如白三叶种子田施入硫肥20 kg/hm²,产量可增加一倍多。

3. 饲草种子生产中的特殊养分

硼能影响叶绿素的形成,可增强种子的代谢,对子房的形成、花的发育和花蕾的数量都有重要的作用。在土壤含硼量足以满足营养生长时,施硼仍可增加种子产量(如白三叶、红三叶、非洲狗尾草等)。一般草种生产中土壤含硼量临界值为0.5 mg/kg,可添加硼砂(10~20 kg/hm²),或用0.5%的硼砂液喷施叶面。钙可提高白三叶结实率,刺激非洲狗尾草花粉粒萌发。铜、镁、锌都有促进牧草花粉粒萌发作用,增施铜肥可增加豆科牧草种子产量。

(二)灌溉

牧草的需水量因种类而异,即使是同一种牧草,由于气候条件和牧草本身的蒸腾速率的差异,使得植株在不同生长季节、不同生育期的需水量也不同。灌溉使植株形成较多的发芽数,并刺激开花,若牧草生育期内出现缺水,则应开展人工灌溉,以满足牧草对水分的需要。另外,灌溉还能调节土壤温度和空气湿度,防止旱期干热风危害,并能控制土壤中养分的分解和利用,确保牧草种子高产稳产。一般情况下,牧草种子田每年的灌溉定额约为3 750 m³/hm²,每次灌水量为120 m³/hm²,平均2~4次或更多,一般为刈割次数的2倍。

灌溉时期依据牧草的生长发育特征、气候状况和土壤条件而定。禾本科牧草从分蘖到开花,豆科牧草从孕蕾到开花,都需要大量的水分用于生长,因而这段时间是牧草灌溉的最大效率期。返青时期则视土壤墒情而定。此外,每次刈割后应及时灌溉,促进再生,在盐碱地上还有抑制盐碱的作用。一般豆科牧草对灌溉的反应比禾本科牧草敏感,但只有在土壤含水量接近田间持水量时才能获得最高产量。施肥结合灌水对提高肥效有显著作用。

四、人工辅助授粉

授粉情况对异花授粉植物种子产量和质量影响极大,而多年生饲草大多数属于异花授粉植物,生产上常采用人工辅助授粉,能显著地提高饲草的授粉率,增加饲草种子产量。

(一)禾本科饲草

禾本科饲草为风媒花植物,借助风力传粉,但自然传粉下结实率并不一定高。人工辅助授粉可以显著地提高禾本科饲草种子产量。对无芒雀麦、鸭茅等种子田进行一次人工辅助授粉,可使种子产量增产11.0%~28.3%;进行两次人工辅助授粉,可使种子增产23.5%~37.7%。人工辅助授粉一般在饲草大量开花期间及一天中大量开花的时间进行。在饲草大量开花时,用人工或机具于田地两侧,拉一绳索于草丛上掠过,一方面使未开的花可以开放,另一方面使花粉逸散而达到授粉的目的。

（二）豆科饲草

豆科饲草大部分属于虫媒花植物，凭借昆虫进行授粉，其中重要的传粉昆虫是蜜蜂（*Apis mellifera*）、蝗蜂（*Bombus* spp.）、碱蜂（*Nomia melanderi*）和切叶蜂（*Megachile rotundata*）。为了促进豆科饲草的授粉，提高种子产量，在种子田附近配置一定数量的蜂巢或蜂箱是有必要的。一般每公顷可以配置3~10箱蜂用于传粉，多的可以配置12~18箱。在美国和加拿大，从事苜蓿种子生产的农户通常会引入蜜蜂进行人工辅助授粉，人工辅助授粉后种子产量增加25%~100%。在切叶蜂数量足够的情况下，紫花苜蓿在新西兰的种子产量从203 kg/hm^2 提高到687 kg/hm^2。

种子田应根据饲草的种类配置相应的蜂类，如百脉根种子田可配置蜜蜂，红三叶种子田可配置蝗蜂，授粉效果更为显著。

为了更好地对豆科饲草进行人工辅助授粉，以下几点需特别注意：

（1）豆科饲草种子田的位置应靠近林带灌丛，便于蜜蜂授粉；

（2）豆科饲草种子田的面积不宜太大；

（3）在豆科饲草种子田的花期，配置一定数量的蜂箱有利于授粉顺利进行；

（4）注意品种选择、种类搭配以及调节饲草的开花期，使之与蜜蜂的最大活动时间相吻合；

（5）对豆科饲草进行绳索辅助授粉时，要注意用力强度，尽量避免伤害花枝。

五、植物生长调节剂的运用

禾本科饲草容易发生倒伏，造成减产。使用植物生长调节剂能显著地降低植株高度，减少倒伏，增加种子产量。研究表明，施用矮壮素（CCC）可以抑制无芒雀麦、鸭茅、猫尾草等的生长；施用多效唑（PP_{333}）则可以抑制高羊茅、紫羊茅和多年生黑麦草植株的节间伸长，增加抗倒伏能力，减少种子败育，增加花序上的结实数，使产量显著提高。田间试验表明，秋季施0.22 kg/hm^2 多效唑，可使草地早熟禾种子产量增加75%；春季施2 kg/hm^2 多效唑，可使高羊茅种子产量增加50%；在幼穗分化期施1~2 kg/hm^2 多效唑，可使多年生黑麦草种子产量增加50%~100%。使用植物生长调节剂需要注意以下三点：一是不同草种及品种对植物生长调节剂的敏感程度存在差异；二是施用剂量不同，效果不同；三是喷施时期不同，效果不同。在大面积施用植物生长调节剂，最好能先开展试验，以免造成生产损失。

六、饲草种子的收获

收获饲草种子时，时间性较强，必须适时收获。收获太早会导致种子活力不够，收获太晚会造成种子的脱落损失。饲草生长特性复杂，花序形态各异，许多饲草结实种子排列不成穗状，在植株上的位置很分散，而且同一植株上种子成熟期也不同，这样就必须采用特殊的收获方法。

(一)收获时间

由于饲草开花时间长,种子成熟时间不一致,很多饲草野生性状明显,种子成熟时容易落粒,因此,在生产中饲草种子收获的适宜时间常常难以确定。在实践中,常根据开花期、种子含水量、种皮颜色、种子硬度等指标确定种子的收获时间,而这些方面与种子的成熟度联系紧密。因此,正确确定饲草种子成熟度十分必要,以下是确定饲草成熟度的方法。

1. 种子含水量

种子含水量与成熟度有密切关系,例如百脉根种子成熟时含水量为35%,多年生黑麦草种子成熟时含水量为43%。在多年生黑麦草生产中,种子的含水量低于43%时,落粒增加。对于大多数饲草,种子含水量达到35%~45%时便可收获。

2. 种子内含物的状态

禾本科饲草种子的成熟阶段可以划分为乳熟期、蜡熟期、完熟期,在每个阶段内含物的状态各不相同,例如乳熟期内含物呈白色乳汁状,蜡熟期呈蜡状,而完熟期则呈粉质状。当用联合收割机时,一般选择在蜡熟期或完熟期进行,而人工收获或用割草机时,可在蜡熟期进行。

3. 种皮的颜色

种子成熟期间最明显的是外种皮色素的变化,大部分荚果变成褐色是种子成熟的表现。例如,百脉根大部分荚果变为浅褐色或褐色时,即可收获。

(二)收获方法

生产中可根据种子田的大小、机械化程度的高低,采取相应的措施,可以采用联合收割机、割草机或人工收割。种子田面积小,多可采用人工收获,最好在清晨有雾露时进行,以减少种子损失;割后应立即搂集并捆成草束,尽快从田间运走,不要在种子田内摊晒堆垛,脱粒和干燥应在专用场地进行;用机器收获时,要在无雾或无露的晴朗、干燥天气下进行。饲草的刈割留茬高度为20~40 cm,这样可以减少杂草混入,保证种子的质量,有利贮藏。

1. 饲草种子收获前的准备

要在短时期内收获大面积的种子田,必须做好准备工作,包括打草机、联合收割机、捆草机、摘穗机、集草机和真空收获机等的准备。真空收获机是气动抽真空设备,可将地表种子吸入精选器内,将土粒和泥沙分离,把种子收藏起来。

2. 种子收获的方法

(1)直接收获法

联合收割机适用于种植面积广、种子较大、生殖枝高而整齐的禾本科饲草,如燕麦。在豆科饲草中,联合收割机适用于收获株型直立的饲草,如红三叶、紫花苜蓿等。

需要注意的是,豆科饲草种子成熟时,植株还未停止生长,茎叶处于青绿状态,给种子收获带来很大困难。因此,在种子收获之前要进行干燥处理,常用喷雾器对田间生长的植株施化学干燥剂,在喷后3~5 d,直接用联合收割机进行收割。此外,在收获季节多雨的地区采用联合收割机直接收获是最佳选择。

(2)采集收获法

针对禾本科饲草,可以利用专用的饲草种子收获机,无须刈割饲草而直接收获种子。在不割饲草的情况下,用采集器将种子从穗上直接脱粒,以输送带等形式将种子集中在特定的容器内。采集收获法主要适用于穗头高低整齐、种子主要生长在植株顶部、种子成熟期不一致而且落粒性强的禾本科饲草。

(3)分段收获法

大部分多年生饲草种子成熟期不一致、生殖枝非直立生长,且脱粒前要受干燥等因素影响,利用联合收割机直接收获或采集收获均难以获得较高的种子产量和质量,因此可以采用分段收获的方法。分段收获的操作过程是先将饲草割倒,放在田间晾晒一段时间,然后捡拾脱粒进行种子收获。饲草刈割可以使用割草机,田间晾晒时间的长短根据种子生产地区气候条件来确定。需要注意的是,分段收获法不适宜于雨季作业。

(4)落地收获法

落地收获法主要是针对一些豆科饲草种子在植株上分散不成穗状、成熟期不一致且容易落粒的特点而采取的特殊方法。一般等种子成熟落地后,用一些专用气吸式设备将地表的种子拾起。该方法应用在地三叶(*Trifolium subterraneum* L.)、柱花草等种子收获上具有良好效果,但这种方法需要将种植土壤平整压实。

案例3-2:落粒性强饲草种子的采收

矮柱花草、圭亚那柱花草和大翼豆等的种子落粒性非常强,常常随成熟落地,加之种子的成熟期不一致,采用人工采收,成本较高,若用收割机收割时,植株地上部分保留种子量仅占总产量的1/3~1/2,给种子生产带来巨大困难。针对这些饲草,目前国内外常采取落地收获法进行收获,具体做法如下:将收割后带种子的饲草堆积于原地,等种子完全脱落后再用吸种机将散落于地面上的种子吸起或人工扫起。

(三)种子收获后的田间管理

1.残茬清理

种子收获后,及时清除秸秆和残茬能减少分蘖节的遮荫,对于牧草的分蘖形成、枝条感受低温春化、生殖枝的增加和来年种子产量的提高都具有重要的作用。种子收获后,及时焚烧残茬不仅可以提高草地早熟禾、细羊茅、高羊茅、多年生黑麦草、鸭茅、冰草等牧草的种子产量,而且还能防治麦角病、叶锈病、线虫等病虫害。焚烧残茬必须在秋季分蘖开始前进行。

夏秋季降水多的地区,牧草种子收获后残茬枝叶还处于青绿状态,可用割草机低茬刈割运走秸秆或用放牧的方式清除残茬,有利于新分蘖或枝条处于光线充足的条件下,同时减少覆盖物,有利于枝条感受低温的刺激。草地早熟禾留茬约2.5 cm,刈割运走秸秆与焚烧残茬有着相似的种子增产效果。高羊茅、紫羊茅种子生产田收获后,放牧绵羊可起到与焚烧和低茬刈割相同的效果。

2. 疏枝

多年生牧草随种植年限的增加,枝条密度增加,盖度增大,枝条间加剧了对营养物质的竞争,进而影响牧草种子产量的提高。牧草种子收获后疏枝可增加第二年或以后的牧草种子产量,例如用耙地或行内疏枝的方法可减少高羊茅的枝条密度,进而增加来年的牧草种子产量。播种行距小于60 cm条播的禾本科牧草行内疏枝种子增产的效果较好。白三叶采取中耕和行内疏枝相结合的措施可使产量从275 kg/hm^{2}提高到338 kg/hm^2。

第四节 种子的清选和干燥

一、种子清选

种子清洗是利用种子的颗粒大小、密度、弹性、表面特征等特性,将饲草种子与杂质及废种子分开,即从所获得的种子中分离出质量高的饱满种子。新收获的饲草种子,常含有一些杂质和不能做播种材料用的废种子。杂质是指土块、沙石、粪便、秸秆、杂草种子以及其他饲草种子;废种子是指无种胚的种子,压碎、压扁的种子,不能发芽的种子等。这些混杂物的存在,严重影响种子的质量。为了提高种子的纯净度,保证种子的种用品质及种子的安全贮藏,在种子入库之前必须进行仔细的清选。

1. 风筛清选

利用种子与混杂物在大小、外形和密度上的不同而进行清选,常用气流筛选机。种子由进料口加入,靠重力流入送料器,送料器定量地把种子送入气流中,气流首先除掉轻的杂物,如茎叶碎片、脱落的颖片等,其余种子撒布在最上面的筛上,通过此筛将大混杂物除去,落下的种子进入第二筛,在第二筛中按种子大小进行粗清选,接着转到第三筛进行精筛选,种子落到第四筛进行最后一次清选,种子在流出第四筛时,轻的种子和杂物已经除去。可根据所清选饲草种子的大小选择大小、形状不同的筛面。风筛清选法只有在混杂物的大小与种子的大小相差较大时,才能取得较好的效果。如果差异很小,种子与杂物不易用筛子分离,这时需要考虑其他清选方法。

2. 密度清选

对于大小、形状、表面特征相似,质量不同的种子可用密度清选法分离。破损、发霉、虫蛀、皱缩的种子大小与优质种子相似,但密度较小,利用密度清选设备,清选的效果较好。同样,大小与种子相似的沙粒、土块也可被清选除去。

密度清选机的主要工作部件是风机和分级台面。种子从进料口喂入,清选机开始工作,倾斜网状分级台面沿纵向振动,风机的气流由台面底部气室穿过网状台面吹向种子层,使种

子处于悬浮状态，进而使种子与混杂物形成若干密度不同的层，低密度成分浮起在顶层，高密度的在底层，中等密度的处于中间位置。台面的振动作用使高密度成分顺着台面斜面向上做侧向移动，同时悬浮着的轻质成分在本身质量的作用下向下做侧向运动，排料口按序分别排出石块、优质种子、次级种子和碎屑杂物。

3. 螺旋分离

螺旋分离机的主要工作部件是固定在垂直轴上的螺旋槽，待清选的种子由上部加入，沿螺旋槽滚滑下落，并绕轴回转，球形光滑种子滚落的速度较快，故具有较大的离心力，在离心力的作用下，飞出螺旋槽，落入挡槽内排出。非球形或粗糙种子及其杂质，由于滑落速度较慢，就会沿螺旋槽下落，从另一口排出。

4. 布面清选

倾斜布面清选机靠一倾斜布面的向上运动将种子和杂质分离。待清选的种子及混杂物从设在倾斜布面中央的进料口喂入，圆形或表面光滑的种子，可从布面滑下或滚下，表面粗糙或外形不规则的种子及杂物，因摩擦阻力大于其重力在布面上的分量，所以会随布面上升，从而达到分离的目的。布面清选机的布面常用粗帆布、亚麻布、绒布或橡胶塑料等制成。分离强度可通过喂入量、布面转动速度和倾斜角来调节，这些需要通过特定种子的特征来确定。

5. 窝眼清选

窝眼清选是根据种子长度的不同来进行分离，常用的分离装置有盘式和滚筒式两种。盘式窝眼清选机主要是由多个固定在水平轴上的窝眼盘组成，当窝眼盘旋转时将短种子抬起而将长种子留下。滚筒式窝眼清选机利用离心力和种子长度差异进行种子分离，由旋转的水平滚筒和一个可移动的带锯齿水平槽组成。在种子清选过程中为提高清选质量，常常将多个窝眼筒组合在一起进行种子清选。

二、饲草种子的干燥

种子的水分含量直接影响种子的贮藏寿命。饲草种子收获后，含水量较高，必须进行干燥，否则不利于贮藏。饲草种子的干燥方法主要有两种，即自然干燥法和人工干燥法。

1. 自然干燥法

自然干燥是利用日光暴晒、通风、摊晾等方法来降低种子含水量。首先将收割后的植株捆成束架晒于晒场上，或打开均匀摊晒在晒场上。晒场应选择空旷、通风、阳光充足的地方。在晾晒过程中每日翻动数次。留在植株上的种子自然干燥到一定程度后，即可脱粒。将脱粒后的种子摊在晒场上暴晒或摊晾。利用日光晾晒不仅效率高、经济，而且日光暴晒能促进种子后熟作用的完成，并具有灭菌杀虫的作用。自然干燥法不需要特殊的设备、成本低，但易受自然气候条件的制约，而且劳动强度大。

2. 人工干燥法

在现代饲草种子生产中，多采用人工干燥法，特别是气候潮湿的地区。人工干燥法是利用一定的干燥设备来干燥种子。这种方法可以克服自然干燥法对天气状况的依赖,并减小微生物、生理化过程、雨淋等因素对种子质量的影响,但人工干燥法的成本高。种子人工干燥时,种子出机的温度应保持在30~40 ℃,如果种子含水量较高时,最好进行两次干燥,采取先低温后高温,使种子不至因干燥而降低其质量。

第五节　种子的分级、包装、贮藏和运输

一、种子的分级

种子经过干燥和清选后,根据种子的净度、发芽率、其他植物种子数和种子含水量分为不同的等级,一方面便于贮藏管理,另一方面便于种子贸易。我国出台了主要栽培饲草种子质量的分级标准,该标准将豆科、禾本科、菊科及藜科等主要栽培饲草种子按其种子质量分为三级,最高标准为一级,最低为三级。分级标准规定见表3–1。

表3–1 主要栽培饲草种子质量的分级标准

中文名	学名	级别	净度/% 不低于	发芽率/% 不低于	其他种子(粒/kg) 不多于	水分/% 不高于
沙打旺	*Astragalus adsurgens*	一 二 三	95 90 85	85 80 70	500 1 000 2 000	12 12 12
紫云英	*Astragalus sinicus*	一 二 三	95 90 85	90 85 80	500 1 000 2 000	12 12 12
小叶锦鸡儿	*Caragana microphylla*	一 二 三	80 75 70	80 75 70	200 400 600	13 13 13
多变小冠花	*Coronilla varia*	一 二 三	90 85 80	60 50 40	500 1 000 2 000	12 12 12
蒙古岩黄耆	*Hedysarum mongolicum*	一 二 三	90 85 80	60 50 40	200 400 600	13 13 13
山黧豆	*Lathyrus sativus*	一 二 三	98 95 90	95 90 85	50 100 200	13 13 13
色胡枝子	*Lespedeza bicolor*	一 二 三	95 90 85	85 80 70	1 000 2 000 3 000	13 13 13

续表

中文名	学名	级别	净度/% 不低于	发芽率/% 不低于	其他种子(粒/kg) 不多于	水分/% 不高于
大翼豆	*Macroptilium atropurpureum*	一 二 三	95 90 85	85 75 65	200 500 1 000	12 12 12
金花菜	*Medicago hispida*	一 二 三	90 85 80	90 85 80	500 1 000 2 000	12 12 12
紫花苜蓿	*Medicago sativa*	一 二 三	95 90 85	90 85 80	1 000 2 000 4 000	12 12 12
白花草木犀	*Melilotus albus*	一 二 三	95 90 85	85 80 70	500 1 000 2 000	12 12 12
黄花草木犀	*Melilotus officinalis*	一 二 三	95 90 85	85 80 70	500 1 000 2 000	12 12 12
红豆草	*Onobrychis sativa*	一 二 三	98 95 90	90 85 75	50 100 200	13 13 13
圭亚那柱花草	*Stylosanthes guianensis*	一 二 三	95 90 85	80 70 60	1 000 2 000 4 000	12 12 12
矮柱花草	*Stylosanthes humilis*	一 二 三	95 90 85	60 50 40	1 000 2 000 4 000	12 12 12
红三叶	*Trifolium pratense*	一 二 三	95 90 85	90 85 80	1 000 2 000 4 000	12 12 12
白三叶	*Trifolium repens*	一 二 三	90 85 80	80 70 60	1 000 2 000 4 000	12 12 12
山野豌豆	*Vicia amoena*	一 二 三	98 95 90	80 75 60	700 500 1 000	12 12 12
春箭舌豌豆	*Vicia sativa*	一 二 三	98 95 90	95 90 85	50 100 200	13 13 13
毛苕子	*Vicia villosa*	一 二 三	95 90 85	90 85 80	100 200 400	13 13 13

二、饲草种子的包装

经过干燥、清选和分级后的饲草种子应包装以利于贮藏和运输。包装可用麻袋、棉布袋、纸袋或薄膜(塑料或金属箔)、金属板或纤维板筒、玻璃罐、纤维板箱(盒)或其他材料制成的容器。贮藏准备成批出售的种子,包装容器可用较大的针织袋或多层纸袋、大纤维板筒、金属罐或纤维板箱(盒);零售的牧草种子一般与成批出售的容器相同,但贵重饲草种子零售时或原种的包装容器一般是小纸袋、薄膜袋、压制的薄膜套、小纤维板盒或小金属罐。种子包装材料的选择与贮藏种子的数量、贮藏时间、贮藏温度、空气相对湿度、地理位置、运输工具、运输距离或是否专门用于植物育种计划、种子检验、基因库等因素有关。大批量种子在从种植者运到加工厂的过程中常贮藏在木制或钢制集装箱内,一般一箱可容纳种子500~1 500 kg,加工后用粗帆布、棉、纸或塑料材料制成的袋子、金属罐、玻璃瓶等来包装。

根据我国对饲草种子包装、贮藏和运输的规定标准,商品种子必须经过清选、干燥和质量(净度、发芽率、含水量)检验后,才能进行包装。包装要避免散漏、受闷返潮、品种混杂和种子污染,并且要便于检查、搬运和装卸。包装袋应用能透气的麻袋、布袋或尼龙袋,忌用不透气的塑料袋或装过农药、化肥及油脂的袋子包装。包装袋要干燥、牢固、无破损、清洁(包括无虫、无异品种种子及杂物)。在多孔纸袋或针织袋中经短时间贮藏的种子,或在低温干燥条件下贮藏的种子,可保持种子的生命力,而在热带条件下贮藏的种子或市场上出售的种子,如不进行严密防潮,就会很快丧失生活力。保存两个种植季节以上的种子往往需干燥并包装在防潮的容器中,以防丧失生活力。常用的抗湿材料有聚乙烯薄膜、聚酯薄膜、聚乙烯化合物薄膜、玻璃纸、铝箔、沥青等,抗湿材料可与麻布、棉布、纸等制成叠层材料,防止水分进入包装容器。

在我国,凡包装贮运的批量牧草种子要“包装定量”,一律使用标准袋。禾本科牧草种子每袋质量以25 kg为宜,豆科牧草种子每袋质量以50 kg为宜,其他科植物依种子的大小而定。对于一些特别细小的草种如猫尾草、小糠草、沙打旺、三叶草等草种要在标准袋内加一层布袋,以防散漏。种子袋内外部要有填写一致的种子标签,注明种子名称(中文名、学名)、质量、级别、种子净重、生产单位、收获日期、经手人等内容。

国际市场上出售的饲草种子一般用麻袋、编织袋、多层纸袋包装,每袋可装50磅或100磅(1磅约等于0.45千克)或25.0 kg。种子袋的内层常为防潮的聚乙烯薄膜。麻袋常用手缚法、缝合法封口,以后者为多,绝大多数用机缝。

三、饲草种子的贮藏

牧草种子在收获后干燥之前或在干燥加工之间需要短期贮藏。种子贮藏是种子在母株成熟后被收获至播种前的保存过程,在此期间种子要经历不可逆的劣变过程,种子内部发生了一系列的生理生化变化,变化速度取决于种子收获、加工和贮藏条件。科学贮藏可以延缓种子质量下降的速度,尤其是种子活力的下降。

(一)种子贮藏方法

随着我国生产的饲草种子数量迅速增加及市场流通的不断扩大,采用合理的贮藏措施,减少种子在保存期间的质量变化,对于避免种子质量的下降具有重要作用。常见的种子贮藏方法有普通贮藏法、密封贮藏法和低温除湿贮藏法。

1. 普通贮藏法(开放贮藏法)

该方法是将种子贮藏在没有密封的仓库中,包括两方面内容:一种是将充分干燥的牧草种子用麻袋、布袋、无毒塑料纺织袋、木箱等盛装,贮存于贮藏库里,种子未被密封,牧草种子的温度、含水量随贮藏库内温湿度的变化而变化;另一种是贮藏库没有安装特殊的降温除湿设施,如果贮藏库内温度或湿度比库外高时,可利用排风换气设施进行调节,使库内的温度和湿度低于库外或与库外达到平衡。普通贮藏方法简单、经济,适合于贮藏大批量的生产用种,贮藏1~2年为好,时间长了种子的发芽率明显下降。

2. 密封贮藏法

该方法是指把饲草种子干燥至符合密封贮藏要求的含水量标准,再用各种不同的容器或不透气的包装材料密封起来进行贮藏。这种贮藏方法在一定的温度条件下,不仅能较长时间保持种子的发芽率,延长种子的寿命,而且便于交换和运输。在湿度变化大,雨量较多的地区,密封贮藏法贮藏种子的效果较好。目前用于密封贮藏牧草种子的容器有:玻璃瓶、干燥箱、罐、铝箔袋、聚乙烯薄膜等。试验结果表明,种子在中等温度条件下,密封防潮安全贮藏3年,含水量与饲草种类有关,其中紫花苜蓿6%,三叶草、多年生黑麦草8%,剪股颖、早熟禾、羊茅、鸭茅、野豌豆9%,雀麦、一年生黑麦草、饲用玉米、燕麦10%。

3. 低温除湿贮藏法

大型饲草种子冷藏库中装有冷冻机和除湿机等设施,将贮藏库内的温度降至15 ℃以下,相对湿度降至50%以下,加强了种子贮藏的安全性,延长了牧草种子的寿命。

将饲草种子置于一定的低温条件下贮藏,可抑制种子过于旺盛的呼吸作用,并能抑制病虫、微生物的生长繁育。温度在15 ℃以下时,种子自身的呼吸强度比常温下要小得多,甚至非常微弱,种子的营养物质分解损失显著减少,一般贮藏库内的害虫不能发育繁殖,绝大多数危害种子的微生物也不能生长,取得了种子安全贮藏的效果。冷藏库中的温度愈低,牧草种子保存寿命的时间愈长,在一定的温度条件下,原始含水量愈低,种子保存寿命的时间愈长。

(二)贮藏期间的管理

饲草种子贮藏的主要目的是保持种子活力,延缓种子衰老。饲草种子安全贮藏的关键是控制种子的呼吸作用,而种子的呼吸作用与含水量、贮藏温度等有很大的关系。饲草种子贮藏期间的管理措施是关系种子品质好坏、直接影响草地生产能力的关键。其管理措施贯穿种子收获后到出仓的全过程,主要包括干燥降水、清选分级、清仓消毒、合理堆放、防止虫霉鼠雀、隔热防潮、干燥低温、密闭保管和合理通风等措施。

1. 饲草种子入库前准备

(1)清仓消毒

为防止品种混杂和病虫滋生,种子入库前要对仓库内外进行彻底清扫消毒。消毒一般可用喷洒或熏蒸法,通常采用磷铝熏蒸剂,密闭熏蒸7 d,然后通风3 d。也可用其他方便的方法或药物。

(2)干燥

饲草种子收获后必须进行干燥处理,使之达到适宜的水分要求。一般可采用自然晾晒法,有条件的可利用机械烘干。豆科饲草种子安全贮藏的水分要求在13%以下,禾木科一般在15%以下。

(3)清选分级

由于破碎、成熟较差的种子及杂质能引起强烈的呼吸作用,促进仓虫和微生物繁殖,直接危害饲草种子的品质。因此,入库前要对饲草种子进行去杂、清选分级,经检验合格后方能入库。

2. 饲草种子贮藏期间的检查

饲草种子入库后,环境条件由自然状态转变为干燥、低温、密闭状态,种子生命活动随条件改变而变得缓慢。由于种子本身的呼吸作用受环境影响,可能发生吸湿回潮、发热和虫霉等现象。因此,为了掌握种情,发现问题,及时处理防止损失,保证安全贮藏,种子入库后必须随时进行检查,检查的内容主要有种子的温度、水分、虫霉、发芽率等项目。

(1)温度的检查

种子温度的变化一般能反映出贮藏种子的安全状况。检查种温时要同时测气温和仓温,最好是定在上午9~10时进行检查,因为此时的气温和仓温较接近全天的平均温度。根据堆装方式、种堆大小及种子情况,确定检查的部位和数目。就散装种子而言,当面积小于100 m^2时,将种堆分成上、中、下三层,每层设5个点,共15处;若面积大于100 m^2时,可以相应地增加检查的点数。种子入库后的最初半个月,每3 d检查一次,以后每7 d检查一次,种温在10 ℃以下时可适当减少检查次数。在遇大雨、雪或仓库条件较差、地坪返潮等情况时,应随时检查。

(2)湿度的检查

空气的湿度不仅关系到种堆水分变化,也关系到种堆温度的变化,所以也列入检查指标。检查项目包括种堆湿度、气湿和仓湿,测量湿度的用具一般为干湿球湿度计和毛发湿度计。

(3)种子水分的检查

检查水分是以25 m^2作为一个检验区,采用"三层五点十五处"的方法,把每处所取得的样品混均后,取样进行测定,水分的检查原则是第一、四季度是每季度检查一次,第二、三季度是每月检查一次,在潮湿季节仓库条件较差的应增加检查次数。在每次种子出仓之前,也应增加一次。

(4)发芽率检查

种子是农业生产的重要资料,必须具有优良的播种品质和旺盛的生命力,如果种子在贮

藏期间丧失了生活力，那就完全失去了贮藏的意义。因此，在贮藏期间应定期检查种子发芽率，每月检查4次，根据气温的变化，在高温或低温之后以及在药剂熏蒸前后都应相应增加一次。

（5）虫、霉、鼠、雀检查

一般采用筛检法，即将每个样点上的样品，筛动3 min，把虫子筛下来，并结合手持法进行检查，分析其活虫头数及虫种，决定防治措施。在缺少筛子的情况下，可把检查的样品平摊在白纸上，找出虫，并分析虫种和计算种子感染率（头数/kg）。检查蛾类害虫一般用筛拣法，因蛾善飞，可用撒谷看蛾目测法，当种子表面撒谷震动后蛾就会飞起来，然后观察蛾的密度，决定防治措施。

检查霉烂的方法一般采用目测和闻。检查部位一般是种子易受潮的壁角、底层和上层或沿门窗、漏雨等部位。另外，观察仓内是否有鼠雀粪便和足迹，一经发现予以捕捉消灭，还须堵塞漏洞。

（6）仓库设施检查

检查地坪的渗水、房顶的漏雨、灰壁的脱落等情况。特别是遇到强热带风暴、台风、暴雨等天气时，更应加强检查，同时对门窗启闭的灵活性、牢固程度进行检查。

（四）种子运输

饲草种子运输要统一包装，符合远距离运输的要求。严禁用塑料袋装运。袋装量一般豆科种子每袋50 kg、禾本科每袋25 kg。种子袋表面必须清楚地标明种子名称、产地、收种时间等。袋中必须附有检验合格证书。饲草种子可用汽车、火车、轮船、飞机、拖拉机、马车等交通工具运输。运输种子的工具必须清洁、干燥、无毒害物，并有防风、防潮、防雨设备。

除上述要求外，饲草种子运输过程中还应注意以下几点。

（1）大批量种子运输，应做到一车、一船或一机装运一个品种；两个品种以上的，要严格分开装运，不得混装；少量多品种饲草种子运输，要有明显的品种隔离标志，以防混杂错乱。

（2）运输种子，应按每一个批次（同品种、同等级）附有一份"种子品质检验单" 和一份"种子检疫证"以及一份"发货明细表"，交承运部门或承运人员随种子同行，货到后交接收单位，作为验收种子的凭据。

（3）铁路、公路、航空、水运等运输部门凭由国家农业主管部门认可的饲草种子检验机构签发的合格证书和植物检疫部门签发的检疫证书办理托运业务（进口种子除外），无证者运输部门有权拒运。

（4）在运输种子时，凡能损伤种子的化学物质和能增加氧气浓度的物质都应排除，不能夹带。

（5）运输期间如发生雨淋、受潮等事故，应随时取出，及时晾晒。承运人应负责在该包种子上做出明显标志，以备接收单位处理。

思考题

1. 饲草种子生产田和饲草生产田在选择上有什么不同?

2. 饲草种子生产人工辅助授粉的方法有哪些?

3. 开展饲草种子生产时有哪些播种方式?

参考书目

1. 董宽虎,沈益新. 饲草生产学[M]. 北京: 中国农业出版社,2003.

2. 安尼瓦尔·赛买提. 牧草种子的收获、清选、加工和储藏[J]. 新疆畜牧业,2012(S1):64-65.

3. 韩建国,毛培胜. 牧草种子学(第2版)[M]. 北京:中国农业大学出版社,2011.

4. 韩建国,李敏,李枫. 牧草种子生产中的潜在种子产量与实际种子产量[J]. 国外畜牧学——草原与牧草,1996,72:7-11.

5. 汉弗莱斯,里弗勒斯著,李淑安译. 牧草种子生产——理论及应用[M]. 昆明:云南科技出版社,1989.

6. 洪绂曾. 种子工程与农业发展[M]. 北京:中国农业出版社,1997.

7. Heide OM. Control of flowering and reproduction in temperate grasses[J]. New Phytologist, 1994,128:347-362.

8. 兰剑,周玉香,邵生荣. 多年生黑麦草种子生产的概况[J]. 宁夏农林科技,1998,4:20-22.

9. 吕以中,张万强,秦雪荣,等. 种子贮藏期间的检查方法[J]. 种子世界,1998,(11):31-32.

10. 内蒙古农牧学院. 牧草及饲料作物栽培学[M].北京:农业出版社,1981.

11. 孙铁军,韩建国,赵守强,等. 施肥对无芒雀麦种子产量及产量组分的影响[J]. 草业学报,2005,14(2):84-92.

12. 闫宏刚. 牧草种子生产的技术措施[J]. 四川草原,2004,(1):55-56.

13. 中华人民共和国农业部. 中华人民共和国国家标准 牧草种子包装、贮藏、运输[J]. 中国草地,1988,(6):10-13.

14. 张定红. 牧草种子生产的田间管理[J]. 贵州畜牧兽医,2003,27(6):41,43.

15. 张铁军,耿志广,王赟文,等. 施用杀虫剂防治害虫对紫花苜蓿种子产量的影响[J]. 草业科学,2009,26(11):143-147.

第四章　禾本科牧草

第一节　黑麦草属牧草

黑麦草属(*Lolium*),一年生或多年生草本植物。茎直立或斜生。叶狭长,平展。穗状花序顶生,直立,穗轴延续而不断落,具交互着生的两列小穗,小穗含4~20枚小花,无柄,两侧压扁,单生于穗轴各节,以其背面对向穗轴;小穗轴脱节于颖之上及各小花间;颖仅1枚,第一颖退化或仅在顶生小穗中存在;第二颖向外伸展,位于背轴的一方,披针形,等长或短于小穗,具5脉;外稃椭圆形,纸质或变硬,具5脉,顶端有芒或无芒;内稃等长或稍短于外稃;雄蕊3枚,子房无毛,花柱顶生;柱头帚刷状。颖果腹部呈凹陷状,具纵沟,与内稃黏合不易脱落。

本属约有10种,多原产于欧洲,主产于地中海区域,分布于欧亚大陆的温带湿润地区。我国有7种,多国外引进。多花黑麦草和多年生黑麦草是黑麦草属中最有价值的两种栽培牧草,为世界性栽培牧草,在我国大范围种植。

一、多年生黑麦草

学名:*Lolium perenne* L.

英文名:Perennial Ryegrass

别名:英国黑麦草、宿根黑麦草、黑麦草

原产于欧洲西南部、北非及亚洲西南。1677年,首次在英国种植,目前在英国、新西兰、美国、澳大利亚、日本、中国等国家被广泛种植利用。多年生黑麦草在四川、云南、贵州、湖南一带生长良好,其中以长江流域的高山地区生长最好,低海拔地区种植较少,高温伏旱的特性使其难以越夏。

(一)植物学特征

多年生黑麦草(图4-1)属多年生疏丛型草本植物。须根发达,根系浅,主要分布在表土层15 cm中,根茎细短。茎秆直立、光滑,株高80~100 cm。叶长而狭,一般宽2~4 cm,长5~15 cm。

叶片深绿色,叶脉明显,叶背具光泽。幼叶折叠于叶鞘中;叶耳小,几乎看不见;叶舌小而钝;叶鞘展开或分裂,节间等长或稍长,基部红色或紫红色。穗状花序细长,长20~30 cm,每穗含小穗可达35个,小穗无柄,每穗有5~11朵小花。结实3~5粒,颖果扁平;外稃与内稃等长,外稃长0.4~0.7 cm;内稃顶端尖。种子土黄色,千粒重1.5~2.0 g。

图4-1 多年生黑麦草
(引自《饲草生产学》,董宽虎、沈益新主编,2003)

(二)生物学特性

1. 对环境条件的要求

多年生黑麦草喜温暖、湿润气候,适宜在夏无酷暑、冬无严寒,年降水量600~1 500 mm的地区生长。最适生长温度18~23 ℃,高于35 ℃则生长受阻,难耐-15 ℃以下的低温。强光照、短日照、较低温度等条件有利于其分蘖,而高温会导致分蘖减少甚至停止。因其耐寒抗热性均较差,在北方地区,如东北、内蒙古存在不能越冬或越冬困难的问题;而在南方地区则越夏困难。多年生黑麦草在海拔1 000 m以下,安全越夏有问题,在海拔1 000~1 200 m荫蔽、湿润的地方可越夏,在海拔1 200 m以上可安全越夏。适宜在肥沃、湿润、排水良好的壤土或黏土上生长,在微酸性土壤上亦可生长,适宜的pH为6~7。不适于在沙土或湿地上生长。地下水位过高或者排水不良时均不利其生长,也不抗旱。多年生黑麦草不耐荫,与其他株形较大的牧草混播时,需慎重选择,因其往往会在一年后就被淘汰。

2. 生长发育

多年生黑麦草属短期多年生草本植物。9月底播种,越冬前株高可达15~20 cm,有8~10个分蘖。次年春季3月底株高30 cm左右,4月下旬开始抽穗,6月上旬植株成熟。

3. 生产力

多年生黑麦草产量较高,一个生长季节可刈割2~4次,留茬高度以5~10 cm为宜。产鲜草4.5×10^4~7.0×10^4 kg/hm^2,高的可达8×10^4~1×10^5 kg/hm^2。

（三）栽培技术

1. 整地

多年生黑麦草种子较小，播种前一定要精细整地，清理田间杂草、根茬，保持田间清洁，使土地平整、土块细碎，结合耕翻施足底肥。要保持良好的土壤水分，确保苗期的水分充足，但在南方雨水较多地区也要注意开沟排水。

2. 播种

多年生黑麦草可春播，亦可秋播，春播以4月中下旬为宜，秋播宜在9月底至10月中旬，通常以早秋播种为宜。播种量15.0~22.5 kg/hm^2，收种用可适当减少。一般以条播为宜，行距15~30 cm，播深2~3 cm，覆土2 cm。也可撒播，用人工或机械将种子均匀地撒在土壤表面，然后轻耙覆土镇压。

多年生黑麦草不仅可以与禾本科牧草混播，而且可以与紫花苜蓿、三叶草等豆科牧草进行混播。与豆科牧草的混播，可明显提高草地产草量和牧草品质，还可抑制杂草的生长。与其他长寿命牧草混播，要注意比例，因多年生黑麦草强的侵占力，为避免其排挤其他混播牧草，株数应低于总株数的25%。研究表明，多年生黑麦草与白三叶的混播稳定性较好，且在苇状羊茅（*Festuca arundinacea* Schreb.）参与混播后，其产量增加；混播草地第2、3年产量明显高于第1年，且高于单播。

3. 田间管理

多年生黑麦草是需水较多的牧草，在分蘖期、拔节期、抽穗期及每次刈割后适时灌溉，可显著提高产量。夏季灌溉可降低土温，促进饲草生长，有利于其越夏。在来年春天返青前，应再灌一次水，以加速牧草的返青，提高牧草产量。另外，施用氮肥也是提高产品质量的关键措施，在一定范围内，增施氮肥可增加鲜草和干草产量、提高蛋白质含量，并降低纤维含量。苗期，施尿素75 kg/hm^2可促进分蘖；每次刈割后应追施有机肥，如人粪尿、牛猪粪尿，减少化学氮肥用量。每公顷施氮肥336 kg，每千克氮素可产生干物质24.2~28.6 kg，粗蛋白4 kg。

4. 病虫害防治

在生长环境不适宜时，多年生黑麦草很容易感病，如锈病、黑穗病、镰孢枯萎病等，要及时发现，并做好预防工作。一旦感病，须及时治疗。虫害的防治是多年生黑麦草栽培中的一项重要内容，主要虫害是黏虫类和蚜虫类，防治方法参照相应的病虫害防治措施。

5. 收获

作放牧草时多年生黑麦草株高20~30 cm为放牧的适宜高度。作青贮或调制干草则可在抽穗到乳熟期刈割。青贮在抽穗至开花期刈割，应边割边贮。如果黑麦草含水量超过75%，则应添加草粉、麸糠等干物，或晾晒1 d消除部分水分后再贮。在一个完整的生长季节内，可刈割2~4次，每公顷产鲜草5×10^4~7×10^4 kg，高的可达8×10^4~1×10^5 kg。两次刈割间隔的时间在暖温带约需3~4周，留茬高度一般为5~10 cm。

6. 收种

进行种子生产时若生境条件适宜，可在早春进行1~2茬刈割，利用再生草收获种子。种子成熟后易于脱落,应在种子含水量达40%前后及时收获,种子产量约750~1 000 kg/hm²。

(四)饲用价值

多年生黑麦草草质好,产量高,营养价值高,适口性好,各种家畜都喜采食。可直接喂养牛、羊、马、兔、猪、鹅、鱼等。

多年生黑麦草的收获时期因家畜种类和利用方法不同而不同。放牧利用时,应在草层高度为20~30 cm进行。喂猪时应在抽穗前刈割,喂牛、羊的则可稍迟。黑麦草还可调制干草和青贮料饲喂家畜,发酵良好的青贮黑麦草,具有浓厚的醇甜水果香味,是最佳的冬季饲料。

早期收获的多年生黑麦草叶多茎少,质地柔嫩。初穗期,茎与叶的比例为1∶0.66~1∶0.50,粗蛋白质含量为干物质的15%~18%;开花期蛋白质含量为干物质的13%~14%;结实期粗蛋白质含量仅为干物质的9%左右。随着生长阶段的延长,粗蛋白质、粗脂肪、灰分含量逐渐减少,但粗纤维含量明显增加,其中不能消化的木质素含量增加尤为显著。

二、多花黑麦草

学名:*Lolium multiflorum* Lamk.

英文名:Italian Ryegrass

别名:一年生黑麦草、意大利黑麦草

多花黑麦草(图4-2),在我国主要生长在长江流域以南地区,在江西、湖南、江苏、浙江等省区均有人工栽培种,东北、内蒙古等地区也有引入播种。多花黑麦草原产地为欧洲南部、非洲北部及小亚细亚等,13世纪引入意大利北部栽培,因此称为意大利黑麦草。后传播到其他国家,广泛分布于英国、美国、丹麦、新西兰、澳大利亚、日本等降雨量较多的国家。

图4-2 多花黑麦草

(引自《饲草生产学》,董宽虎、沈益新主编,2003)

(一)植物学特征

多花黑麦草为禾本科越年生或一年生草本植物,须根密集,主要分布于15 cm以上的土层中。秆直立粗壮,高50~130 cm,具4节或5节。叶片扁平,长10~30 cm,宽5~8 mm,无毛,叶面微粗糙,叶色较淡,展开前幼叶卷曲;叶鞘疏松开裂,与节间等长或比节间短,基部叶鞘呈红褐色;叶舌膜状,有时具叶耳。穗状花序,直立或弯曲,长15~30 cm,宽2~4 cm;每穗小穗数最多可达38个,且每小穗有小花10~20朵,故名多花黑麦草。小穗轴柔软,平滑无毛;颖披针形,质地较硬,具5~7脉,具狭膜质边缘,顶端钝,通常与第1小花等长;外稃长圆状披针形,具5脉,基盘小,顶端膜质透明,具细芒,或上部小花无芒;内外稃约等长,脊上具纤毛。颖果长圆形,千粒重约为2.0 g。在紫外线下,发芽种子幼根发出荧光,而多年生黑麦草无此现象。

（二）生物学特性

1. 对环境条件的要求

多花黑麦草喜温暖湿润气候，适宜在长江流域及其以南地区种植，能耐一定低温，但不耐严寒和高温，待开花结实后结束生长周期。喜沙壤土，在潮湿、排水良好的肥沃土壤或有灌溉条件下生长良好。多花黑麦草适宜的生长发育温度为15~25 ℃。多花黑麦草适应性强、分蘖多、再生能力强，耐割耐收，可多次刈割利用。适宜pH 6~7，耐湿耐盐碱力较强。许多研究表明，多花黑麦草可以净化养猪场废水、啤酒厂废水、黄金废水以及水产养殖废水等多种污水，以多花黑麦草为主构建针对污水的生态净化工程具有较好的环境效应、生态效应和经济效益。

2. 生长发育

多花黑麦草为短寿命牧草，通常为越年生，秋播第二年生长结束后，大多数就会死亡。在水土条件较好、温度适宜的情况下也可为短期多年生牧草。多花黑麦草在温带禾本科牧草中生长最为迅速，冬季若气候温和亦能生长，在初冬或早春即可供应草料。

3. 生产力

多花黑麦草生长快，产量高，秋播次年可收割3~5次，每公顷产量7.5×10^4 kg左右，在水肥条件良好时，可达1.0×10^5~1.5×10^5 kg/hm^2。种子产量高，每公顷可收750~1 000 kg种子。

（三）栽培技术

1. 整地

多花黑麦草对土壤要求不严，在适度偏碱或偏酸的土壤均能良好生长。由于多花黑麦草种子细小，播种前应精细整地，并清除杂草，施足基肥，一般施腐熟的农家肥或沼肥2.25×10^4~3.00×10^4 kg/hm^{2}或钙镁磷肥600 kg/hm^{2}左右。

2. 播种

在长江中下游及其以南地区的适宜播种期一般在霜降前后，通常选择9月底至10月中旬。播种方法有撒播、条播、点播和育苗移栽，其中条播效果最好。每公顷播量15.0~22.5 kg，行距15~30 cm，播深1.5~2.0 cm。若采用撒播，则要增加播种量。

多花黑麦草生长迅速，较宜单播，但也可与光叶紫花苕、红三叶、紫云英等混播。在建植利用三年以上的草地时，应减少多花黑麦草所占的比例，以免阻碍多年生牧草的前期生长，死亡后留下空隙地，给其他杂草提供侵入的机会。

3. 中耕追肥

一般播后5~7 d出苗，20 d左右开始分蘖，出苗后适时追肥，注意中耕除杂。多花黑麦草对氮肥要求较高，施肥并结合灌水，可以大大提高其产量和质量。

4. 病虫害防治

多花黑麦草抗病虫害能力较强，但也易受黏虫、螟虫危害，可用溴氰菊酯、氰戊菊酯等防治，具体防治方法可参照相应的防治措施进行。病害主要是叶锈病，可用敌锈钠、灭菌丹等进行防治。

5.收获

多花黑麦草生长迅速，分蘖力强，再生性好，产量高，生长季节内可刈割多次，秋播次年可收割3~5次，当多花黑麦草长到40~50 cm时，可进行第一次刈割，以后每隔25~30 d刈割一次，留茬高度5~6 cm。多花黑麦草适宜的刈割时期为抽穗初期。

6.收种

多花黑麦草的种子易脱落，当2/3的植株穗头变黄时就可以采收，也可在种子成熟率达70%左右进行采收。收种时，需注意及时清除其他植株及非本品种植株，特别是附带籽实种子的其他植株，以提高种子纯净度。种子产量高，每公顷可收种子750~1 500 kg。

(四)饲用价值

多花黑麦草叶片多，茎秆少，草质鲜嫩可口，营养丰富，消化率高，为多种家畜所喜食，是秋、冬、春季利用的主要牧草。可直接青刈作为奶牛、肉牛、羊、兔、肉鹅、鸵鸟、猪和鸡等草食畜禽和草鱼等草食鱼类的青绿饲料利用。据报道，一年种1 hm^2多花黑麦草可养草鱼1 500 kg、鲢鱼750 kg。

多花黑麦草可进行刈割青饲、定期放牧、调制干草和青贮。放牧宜在株高25~30 cm时进行。青贮利用则宜在孕穗前刈割，刈割后经切碎装入青贮窖中封存发酵，40~50 d后便可开窖使用，不受季节限制。品质良好的多花黑麦草青贮料，颜色呈黄绿色，具酸味但气味香甜，各类家畜均喜食。

饲草中粗蛋白含量早刈割高于晚刈割，可溶性碳水化合物、酸性洗涤纤维、中性洗涤纤维含量早刈割均低于晚刈割，干物质体外消化率第1次刈割>第2次刈割>第3次刈割。适当推迟首次刈割时间有利于提高单位面积饲草产量和可消化干物质含量。

案例4-1:

某省草地工作站于2005年建设多花黑麦草种子生产基地。该项目采取公司化运作模式，注资成立了某农业科技发展有限公司，公司与当地农户签订了荒山坡地租赁协议，经过实施单位近一年的艰辛工作，已开垦荒山坡地2500亩，并已种植赣选1号多花黑麦草2 000余亩。该基地是目前该省最大的牧草种子生产基地，它标志着该省牧草种子产业化生产又上一个新台阶。

提问:该案例反映出我国牧草种子产业的希望，从中我们能得到哪些启示?

第二节 鸭茅属牧草

鸭茅属(*Dactylis*)又名鸡脚草属，主要分布在欧亚温带和北非地区，我国仅有1种。

鸭 茅

学名:*Dactylis glomerata* L.

英文名:Orchard Grass

别名:鸡脚草、果园草

鸭茅原产自欧洲、北非及亚洲温带地区,目前在全世界温带地区均有分布。该草是全世界著名的优良牧草之一,有较长的栽培历史。18世纪60年代美国开始引入栽培,目前已成为美国大面积栽培的牧草之一。此外,在英国、芬兰、德国也有着重要地位。在我国,鸭茅野生种多分布于新疆天山山脉的森林边缘地带,以及四川峨眉山、二郎山、邛崃山脉等海拔1 600~3 100 m的森林边缘及山坡草地,并散见于大兴安岭东南坡地。栽培鸭茅除驯化当地野生种外,多引种自丹麦、美国、澳大利亚等地,目前青海、甘肃、陕西、山西、河南、吉林、江苏、湖北、四川、贵州及新疆等省(自治区)均有栽培。

鸭茅具有叶量丰富,耐荫性强,草质柔嫩,适口性好等特点。可供青饲、青贮或调制干草。在我国南方各地试种情况良好,在退耕还草中极具栽培意义。

(一)植物学特征

鸭茅(图4-3)为多年生禾本科植物,须根系,密布于10~30 cm的土层内。疏丛型,茎直立或基部膝曲,基部扁平且光滑,高1.0~1.3 m。叶片呈蓝绿至浓绿色,长而软,幼叶折叠状,"V"形横切面。基部叶片密集,上部叶较小。无叶耳,叶舌明显,膜质,叶鞘封闭,压扁成龙骨状。圆锥花序,展开,长8~15 cm。小穗着生在穗轴的一侧,密集成球状,簇生于穗轴顶端,形似鸡足;每小穗含2~5朵小花。颖披针形,两颖长度不同。种子为颖果,较小,长卵圆形,蓝褐色,千粒重为1.0 g左右。

图4-3 鸭茅

(引自《饲草生产学》,董宽虎、沈益新主编,2003)

(二)生物学特性

1. 对环境条件的要求

鸭茅适宜温暖湿润的气候条件,生长最适温为10~28 ℃,30 ℃以上发芽率低且生长缓慢。昼夜温差不宜过大,以昼温22 ℃,夜温12 ℃最好。耐热性和抗寒性都优于多年生黑麦草,但抗寒性低于猫尾草和无芒雀麦,越冬性差,对低温敏感,6 ℃时即停止生长,在冬季无雪覆盖的寒冷地区不易越冬。耐旱性高于猫尾草,低于无芒雀麦。

鸭茅系耐荫低光效植物,宜与高光效牧草或作物间、混、套作,以充分利用光照,增加单位面积产量。在果树林下或高秆作物下生长良好,因此也被称为"果园草"。研究表明,在33%的入射光线被阻断长达3年的情况下,对其产量和存活无致命影响,而白三叶在同样情况下仅2年就死亡。

鸭茅对土壤的适应范围较广泛。在肥沃湿润的黏壤土和黏土上生长最好,在稍贫瘠干燥的土壤上也能生长,但对沙土不适应。鸭茅喜湿,不耐涝,不耐盐渍化,可在pH 4.5~5.5的酸性土壤上生长。

2. 生长发育

鸭茅在良好的生长发育条件下,一般可存活6~8年,多的可达15年。在几种主要的多年生禾本科牧草中,鸭茅在苗期生长速度最慢。在南京、武汉、雅安等地,9月下旬秋播,越冬时植株小且分蘖少,叶尖部分易受冻凋枯。次年4月中旬生长速度加快并开始抽穗,抽穗前叶长且叶量多,草丛展开,形成厚软草层。5月上中旬进入盛花期,6月中旬结实成熟。于3月下旬春播,生长速度很慢,7月上旬才个别抽穗,一般不能开花结实。鸭茅在广西越夏困难,在山西中南部地区可安全越冬。

鸭茅再生力强,放牧或刈割以后,能迅速恢复。早期刈割后,65.8%的再生新枝是从残茬长出,34%是从分蘖节及茎基部节上的腋芽长出。其干草和头茬鲜草产量比无芒雀麦或猫尾草稍低,但盛夏时比上述两种草高,其再生草产量占总产量的33%~66%。

3. 生产力

播种当年刈割1次,鲜草产量为1.5×10^4 kg/hm^2,第二三年可刈割2~3次,鲜草产量在4.5×10^4 kg/hm^{2}以上。在肥沃土壤条件下,鲜草产量可达7.5×10^4 kg/hm^2。此外,鸭茅较耐荫,与果树结合,建立果园草地,在我国果品产区极具发展前途。

(三)栽培技术

1. 轮作

鸭茅不仅适宜大田轮作,而且与高光效牧草或作物间作套种,可充分利用光照增加单位面积产量。由于耐荫,在果树或高秆作物下种植能获得较好效果,在我国果品产区有发展前途。此外,鸭茅能积累大量根系残余物,对改良土壤结构,防止杂草滋生,提高土壤肥力有良好作用。

2. 整地

鸭茅种子细小,顶土力弱,幼苗生长慢,生活力弱,与杂草相比竞争力差,而早期中耕除草易伤害幼苗。因此,播种前应精细整地,彻底除草,并施用22.5 t/hm^{2}农家肥,300 kg/hm^{2}磷肥做底肥,以求出苗整齐。在秋耕、耙地的基础上,第二年播种前还须耙地,以保证土细、肥均、墒情好,这样才能保证全苗。

3. 播种

春播或秋播均可,以秋播为佳,产量高。秋播宜早,可防止幼苗遭受冻害,且有利于越冬。在长江以南各地,9月中下旬前进行秋播较合适,播种的保护作物可选择冬小麦或冬燕麦,以避免发生冻害。单播以条播为好,行距为15~30 cm,播深为1~2 cm,播种量11.25~15.00 kg/hm^2。由于空粒种子多,所以需计算实际播种量。覆土宜浅,以1~2 cm为宜;也可撒播。

鸭茅可与红三叶、白三叶、紫花苜蓿、多年生黑麦草、牛尾草等混种。在红三叶生长的地区,与其混种时,鸭茅的收种不会受到妨碍,且能提高收种后的产草量及质量。鸭茅与白三叶混播时,白三叶利用空隙匍匐生长,并给鸭茅提供氮素,使其良好生长。鸭茅与豆科牧草

混播，按2∶1的禾豆比计算，鸭茅需种量为7.5~10.0 kg/hm²。

4. 中耕追肥

鸭茅幼苗生长缓慢，生活力弱，幼苗期应适当中耕除草，施肥浇灌。鸭茅喜肥，其中施用氮肥效果最好，所以在生长季节和每次刈割后都要适当追施速效氮肥，在一定范围内鸭茅的产草量与施氮量成正比，但氮肥不宜施用过多。试验表明，当施氮量为562.5 kg/hm²时，鸭茅干草产量可达18 t/hm²；当超过562.5 kg/hm²时，其产量降低，且植株数量有所减少。

5. 病虫害防治

鸭茅常见病害有锈病、叶斑病、条纹病、纹枯病等，可根据真菌性病害的防治方法进行处理。引进品种一定要注意及时防治病害。提早刈割可防止病害蔓延。本地野生鸭茅选育的品种，如“宝兴”鸭茅和“古蔺”鸭茅的耐热性和抗病性均显著高于国外引进品种。

6. 收获

鸭茅生长缓慢，播后2~3年产草量达到最高。鸭茅在南京地区9月底播种，越冬前分蘖少，株高约10 cm。越冬后生长速度较快。鸭茅刈割以抽穗期为宜，若刈割过迟，茎叶粗老，严重影响牧草品质，且影响再生。据试验，初花和花后2周收割的再生草产量分别比刚抽穗时刈割的产草量少15%和26%。

鸭茅可形成大量的茎生叶和基生叶，适合用于放牧、青贮或刈制干草。叶量丰富的品种，可以用作放牧，冬季保持青绿，在冬季气候温和的地方还能提供部分青料。由于鸭茅耐践踏能力较差，放牧不宜频繁，宜划区轮牧。刈割后再生能力很强，再生新枝由生长点枝条或刈割茎下部分蘖节和腋芽萌发而成。

7. 收种

种子落粒性强，6月上中旬成熟，穗梗发黄（种子蜡熟期）应及时采收，可收种子300~450 kg/hm²。于头茬草采种可提高种子的产量及品质。割下全株或割下穗头，晒干并脱粒。四川农业大学在雅安市以“宝兴”鸭茅等品种为试验材料，发现秋播次年可收种子350~375 kg/hm²，第3年可达600 kg/hm²。

案例4-2：不同施氮量对鸭茅产量的影响

鸭茅对氮肥十分敏感，在施氮量高的条件下，鸭茅产量亦高。氮肥不仅影响鸭茅产量，而且影响其品质，合理施用氮肥是提高鸭茅生产力的主要途径。在西藏拉萨地区进行不同施氮量（尿素）对鸭茅产量影响的研究，发现鲜（干）草产量、种子产量、植株生长速度随施氮量的增加而明显提高。但当氮肥达到一定量时，其产量不再提高，反而呈下降趋势。当尿素施量为160~240 kg/hm²时，其鲜（干）草产量保持在较高水平，且施量为160 kg/hm²的鲜（干）草产量最高；施尿素的鸭茅种子产量比未施者明显提高，施量为160~280 kg/hm²的鸭茅种子产量较高；施量为120~200 kg/hm²的鸭茅生长速度明显高于其他施肥水平；对于牧草高效生产的经济效益而言，尿素施量为160 kg/hm²可获得最大经济效益。

提问：是否施肥越多产量越高，该案例中160 kg/hm²的尿素用量是否适用于所有地区？

(四)饲用价值

鸭茅草质柔嫩,叶量多,约占60%。营养丰富,适口性好,是牛、马、羊、兔等草食家畜和草食性鱼类的优质饲草。幼嫩时,也可以喂猪。刈割头茬草之前,营养物质会随着成熟度的增加而下降。处于营养生长阶段的再生草叶多茎少,且营养成分含量与第一次刈割前的孕穗期相当,但也会随着再生天数的增加而下降。不同生长时期的鸭茅营养成分含量如表4-1所示。

表4-1 不同生长时期鸭茅营养成分的质量分数

生长阶段	干物质(%/FW)	占干物质百分比/%				
		粗蛋白	粗脂肪	粗纤维	无氮浸出物	粗灰分
营养生长期	23.9	18.4	5.0	23.4	41.8	11.4
抽穗期	27.5	12.7	4.7	29.5	45.1	8.0
开花期	30.5	8.5	3.3	35.1	45.6	7.5

(引自《饲草生产学》,董宽虎、沈益新主编,2003)

由表4-1可见,鸭茅由营养生长阶段转向生殖生长阶段时,蛋白质含量降低,粗纤维含量增加。研究表明,鸭茅的饲用价值在营养生长期内接近苜蓿,而盛花期后仅为苜蓿的一半。鸭茅再生草基本处于营养生长阶段,因此仍具有很高的饲用价值。

牧草品质与矿物质的组成有关,以干物质为基础计算,其中钾、磷、钙、镁的含量随成熟度的增加而下降,铜含量在整个生长期变化不大。第一次收割的牧草钾、铜、铁的含量较高,而磷、钙、镁在再生植株中的含量较高。鸭茅在抽穗期的维生素含量很高,其中维生素E含量为248 mg/kg;微量元素含量也很丰富,铁为100 mg/kg、锰为136 mg/kg、铜为7 mg/kg、锌为21 mg/kg;鸭茅的必需氨基酸含量较高。此外,大量施氮可能引起氮和钾的过量吸收,而减少镁的吸收,牧草中镁缺乏易引起牛缺镁症(统称牧草搐搦症)。鸭茅含镁量较低时,饲喂要注意。

鸭茅适宜青饲、调制干草或青贮,也适于放牧。一年可刈割3~4次,青饲宜在抽穗前或抽穗期进行。作为刈割干草,收获期不迟于抽穗盛期。鸭茅春季返青早,秋季持绿性长,因此,放牧利用季节较长,放牧可在草层高25~30 cm时进行。留茬高度5~10 cm,不能过低。

第三节　雀麦属牧草

雀麦属(*Bromus* L.)植物在全世界有100多种,主要分布在温带地区。我国有14个种及1个变种,分布于东北、西北及西南各地,是饲用价值较高的一类牧草。其中无芒雀麦在我国分布广泛,是北方地区颇有前途的栽培牧草之一。

一、无芒雀麦

学名：*Bromus inermis* Leyss.

英文名：Smooth Brome

别名：禾萱草、无芒草、光雀麦

无芒雀麦是一种适应性广、生命力强的牧草。具有适口性好、饲用价值高的特点，起源于欧洲，广泛分布于欧亚大陆温带地区，其野生种分布于亚洲、欧洲和北美洲的温带区，现已成为欧洲、亚洲干旱和寒冷地区的一种重要栽培牧草。无芒雀麦在我国有很长的栽培历史，种植效果良好。从1949年开始我国各地普遍种植，以东北、华北、西北、内蒙古、青海、新疆等地最多，是草地补播和建立人工草地的理想草种，在南方一些地区试种，效果良好，有一定的栽培价值。

（一）植物学特征

无芒雀麦（图4–4）为禾本科雀麦属多年生根茎型上繁草。须根系，根系发达，具较短的地下茎，蔓延快，多分布在距离地面10 cm的土层中。茎直立，圆形，粗壮光滑，株高50~120 cm。叶片带状，长7~20 cm，叶片薄而宽，色泽淡绿，表面光滑，叶缘具短刺毛；叶鞘闭合，叶舌膜质，短而钝。圆锥花序，长10~30 cm，每花序约有30个小穗，穗枝梗一般很少超过5 cm，每枝梗上着生1~2个小穗；小穗披针形，内有小花4~8朵；颖披针形，边缘膜质；外稃宽披针形，具5~7脉，通常无芒或具有1~2 mm短芒；内稃较外稃短。颖果狭长卵形，长9~12 mm，千粒重3.2~4.0 g。

图4–4 无芒雀麦
（引自《饲草生产学》，董宽虎、沈益新主编，2003）

（二）生物学特性

1. 对环境条件的要求

无芒雀麦为喜光植物，通常在长日照条件下开花结实。无芒雀麦适宜冷凉、干燥的气候，不适于高温多湿地区。耐寒性强，在黑龙江最低温度–48 ℃（有雪覆盖）的条件下，越冬率达83%。在内蒙古，除在个别高寒、冬季无积雪的地方不能安全越冬外，在绝大多数地区越冬良好。无芒雀麦为中旱生植物，寿命很长，管理适当利用期可达25~50年。年降水量450~600 mm的地区能满足无芒雀麦对水分的要求。在北方4~6月的干旱季节，可以有效利用秋冬的降水，使无芒雀麦迅速返青和生长，雨季到来时完成营养生长。无芒雀麦出苗至拔节期

生长较慢,需水较少;拔节至孕穗期生长速度最快,需水量最多,为全生育期总需水量的40%~50%;开花以后需水量逐渐减少,干燥的气候条件对种子成熟有利。由于无芒雀麦的根系能从深层土壤中吸收水分,所以较抗旱,据观察,在6~7月,50多天无雨的持续干旱,即使植株很矮也能开花结实。

无芒雀麦对土壤要求不严格,在排水良好、土层较厚的壤土或黏壤土上生长较好,对水肥敏感。无芒雀麦耐水淹,据报道耐水淹的时间可长达50多天。无芒雀麦虽能在盐碱土和酸性土壤上生长,但表现较差,不耐强碱强酸土壤。有研究表明,在浓度分别为0.5%、1.0%、1.5%的Na_2SO_4、NaCl和$MgCl_2$ 3种单盐胁迫下,无芒雀麦种子的发芽率和发芽指数均随着盐胁迫浓度的增加而降低,相对盐害率升高,种子开始发芽的时间推迟且其发芽过程延长;在3种盐中,NaCl胁迫对种子萌发的抑制作用最大,其中NaCl浓度为1.0%的胁迫对无芒雀麦发芽率的抑制达到了68.67%,在NaCl浓度达到1.5%时种子不能萌发。

2. 生长发育

无芒雀麦的生活周期长,寿命可长达25~50年。适宜条件下,播种后10~12 d可出苗,35~40 d开始分蘖,分蘖能力强,播种当年单株分蘖可达10~37个,且播种当年一般仅有个别枝条能够抽穗开花,绝大部分的枝条都会呈营养枝状态。第二年大量开花结实,春季返青早,50~60 d可抽穗开花,花期15~20 d。在授粉后11~18 d,种子具有发芽能力。但刚收的种子发芽率低,贮藏至第二年的种子,其发芽率最高。贮藏5年以后,种子的发芽率下降到40%,6~7年以后则完全丧失发芽能力。无芒雀麦在内蒙古呼和浩特一般是4月底播种,5月中旬全苗,5月底分蘖,有个别枝条在6月下旬抽穗开花。第二年3月中旬开始返青,6月上旬抽穗,下旬开花,7月中下旬种子成熟。无芒雀麦需≥0 ℃的积温2 700~4 000 ℃才能完成全生育期。

3. 生产力

一般生长的第2~7年生产力较高,在精细管理下可维持10年左右的稳定高产。在我国,由于各地区自然条件及管理水平的不同,无芒雀麦产草量的变化颇大。在南京,第2年产青草3.75×10^4~4.50×10^4 kg/hm^2;在黑龙江及呼和浩特,年产青草1.5×10^4 kg/hm^2;在青海有灌溉的条件下,年产青草4.5×10^4 kg/hm^2。总之,无芒雀麦在我国各地生长发育良好,产草量高,是禾本科牧草中产量较高的一种。根据青海省铁卜加草原改良试验站测定,在7种禾本科牧草中,5年平均产量以无芒雀麦为最高,每公顷产16.22 t;其次是冰草、披碱草和老芒麦,每公顷分别为11.12 t、8.43 t和7.67 t;产量最低的为早熟禾、鹅观草和草地早熟禾,它们的产量都在7.50 t以下。

无芒雀麦的再生性良好,一般每年可刈割2~3次,再生草产量通常为总产量的30%~50%。无芒雀麦是比较早熟的禾草,产量高峰在生长的第2~3年。具有发达的地下根茎,叶子主要分布在下部,叶量较多。它的再生能力超过冰草、鹅观草、披碱草和猫尾草,但不如黑麦草和鸭茅。

（三）栽培技术

1. 整地

精细的整地是保苗和提高产量的重要措施。特别是在气候干旱而又缺少灌溉条件的地区，加深耕作层，保蓄土壤水分，减少田间杂草，使无芒雀麦根系更好地发育，是获得高额产量的前提。秋翻结合施肥对无芒雀麦的生长发育有良好的效果。一般是在收获大秋作物之后，进行浅耕灭茬，施上厩肥，再行深翻和耙耢即可。在春季风天，不宜再行春翻的地区，播前耙耱1~2次即可播种。如要夏播，须在播前浅翻，然后耙耱几次再播种。在酸性土壤上要注意施入石灰。

2. 播种

无芒雀麦根茎发达，容易絮结成草皮，耕翻后如果清除不干净，就会成为后作的不良杂草。因此，一般都把它放到饲料轮作中。如果需要放到大田轮作中去，其利用年限则不宜太长，以2~3年为宜。无芒雀麦可单播，在轮作中无芒雀麦可与紫花苜蓿、红豆草、红三叶和草木犀等牧草混播，也可以同其他禾本科牧草如猫尾草等混播，这样可以防止无芒雀麦单播造成的草皮絮结和早期衰退等不良现象。

无芒雀麦一般采用条播，行距15~30 cm，种子田应适当加宽行距，一般以45 cm为宜。播量在单播时22.5~30.0 kg/hm^2，种子田可减少到15.0~22.5 kg/hm^2，如与紫花苜蓿等多年生豆科牧草混播，宜播无芒雀麦15.0~22.5 kg/hm^2，播紫花苜蓿7.5 kg/hm^{2}左右。无芒雀麦播种不宜过深，一般在较黏性土壤上为2~3 cm，沙性土壤上为3~4 cm。在春季干旱多风的地区由于土壤水分蒸发较快，覆土深度可增至4~5 cm。无芒雀麦播量的大小，与种子贮藏年限关系极大，一般要用新鲜种子或贮藏年限短的种子。贮藏4~5年的种子最好不要用于播种，因为这个时候它的发芽率大大下降，为了充分利用地力，提高产量，增加当年收益，应当进行保护播种。进行保护播种时必须注意选择适宜的保护作物，一般以早熟品种为好。在保护播种情况下，要及时收获保护作物，这样有利于无芒雀麦的生长发育。

3. 施肥

无芒雀麦需氮较多，厩肥除了播前施用外，还可于每年冬季或早春施入。无芒雀麦需氮甚多，须注意充分施用氮肥，尤其在单播时应多施。播种时施种肥（硫酸铵）75 kg/hm^2，拔节、孕穗或刈割后追施速效氮肥，同时还要适当施用磷钾肥。如结合灌水则显著提高产量和种子产量。无芒雀麦对磷肥反应明显，适当施磷肥可增加产量，提高经济效益。

4. 田间管理

无芒雀麦是长寿牧草，播种当年生长缓慢，苗期易受杂草危害。因此，播种当年中耕除草极为重要。无芒雀麦具有发达的地下茎，随着生活年限的增加，根茎往往蔓延，到了第4~5年，往往草皮絮结，使土壤表面紧实，透水通气受阻，营养物质分解迟缓，因而产量下降。在此情况下，耙地松土复壮草层是无芒雀麦草地管理中一项非常重要的措施。耙地复壮不仅可以提高青草产量，也能够增加种子产量。

5.收获

一般在抽穗扬花时刈割。无芒雀麦干草的最适收获时间为开花期,收获过迟不但影响干草品质,而且还影响再生,减少第2次产量。进行春播时,当年能够收1次干草。无芒雀麦干草地用于放牧宜在种植年限达2~3年后进行,因为这时草皮已经形成,且耐牧性强。第1次放牧的最适时间是在孕穗期,以后每次放牧应在草层高约12~15 cm时。无芒雀麦在播种当年种子质量差、产量低,一般不宜采种。第2~3年生长发育最旺盛,种子产量高,适于采种。收种的适宜时间是在50%~60%的小穗变黄、种子完熟时,一般可收种子225~675 kg/km^2。

(四)饲用价值

无芒雀麦营养价值很高,茎秆光滑,叶量丰富,叶片无毛,草质柔软,适口性较好,消化率高,各种家畜一年四季均喜采食,尤以牛最喜食,是一种可被用来放牧和割草的优良牧草。即使收割时期稍迟,质地也并不粗老。经霜后,叶色会变紫,但口味仍佳,可青饲、制成干草和青贮。无芒雀麦的鲜草也是猪、兔、鸡、鸭、鹅等畜禽和鱼的优质饲料。幼嫩时期的无芒雀麦,其营养价值高,不亚于豆科牧草。无芒雀麦不同生育期营养成分见表4-2。

表4-2 无芒雀麦不同生育期营养成分

单位:%

生育期	水分	干物质					可消化蛋白质	可消化总养分
		粗蛋白质	粗脂肪	粗纤维	无氮浸出物	粗灰分		
拔节	78.4	19.0	4.2	35.0	36.2	5.6	15.7	94.4
孕穗	77.0	17.0	3.0	35.7	40.0	4.3	12.6	86.9
抽穗	76.9	15.6	2.6	36.4	42.8	2.6	13.0	90.9
开花	73.6	12.1	2.0	37.1	45.4	3.4	10.6	90.9
成熟	70.7	10.1	1.7	40.4	44.1	3.7	7.7	75.8

(引自《饲草生产学》,董宽虎、沈益新主编,2003)

无芒雀麦可青饲、青贮或调制成青干草利用。青贮利用宜在孕穗期至结实期刈割,在青贮后,可以调制成半干青贮饲料,与豆科牧草混贮品质更好。调制青干草宜在抽穗至开花期贴地刈割,割下就地摊成薄层晾晒3~4 d即可。也可用木架或铁丝架等搭架晾晒。晒干后叶片不内卷,颜色深暗,但草质柔软,不易散碎,是家畜的优良储备饲草。粉碎加工的暗绿色草粉,可占猪日粮组成部分的20%~30%。

二、 扁穗雀麦

学名:*Bromus catharticus* Vahl.

英文名:Rescuegrass, Rescue Brome

别名:野麦子、澳大利亚雀麦

扁穗雀麦原产于阿根廷，生于山坡荫蔽沟边，常作短期牧草种植，牧草产量较高，质地较粗。目前在澳大利亚和新西兰广为栽培，在我国北京、新疆、青海等地为一年生，在云南、四川、贵州等地表现为多年生。

(一)植物学特征

扁穗雀麦(图4-5)为禾本科雀麦属一年生或短期多年生草本植物。须根细弱，较稠密，入土深达40 cm。茎粗大扁平，直立，直径约5 mm。株高60~100 cm。叶鞘闭合，被柔毛；叶舌长约2 mm，具缺刻；叶片长30~40 cm，宽4~6 mm，散生柔毛。圆锥花序开展，长约20 cm；分枝长约10 cm，粗糙，具1~3大型小穗；小穗两侧极压扁，含6~11小花，长15~30 mm，宽8~10 mm；小穗轴节间长约2 mm，粗糙；颖窄披针形，第一颖长10~12 mm，具7脉，第二颖稍长，具7~11脉；外稃长15~20 mm，具11脉，沿脉粗糙，顶端具芒尖，基盘钝圆，无毛；内稃窄小，长约为外稃的1/2，两脊生纤毛；雄蕊3枚，花药长0.3~0.6 mm。颖果与内稃贴生，长7~8 mm，胚比1/7，顶端具毛茸。花果期春季5月和秋季9月。扁穗雀麦开花时雌蕊和雄蕊不露出颖外，为闭花授粉植物。

图4-5　扁穗雀麦
(引自《饲草生产学》，董宽虎、沈益新主编，2003)

(二)生物学特性

扁穗雀麦喜温暖湿润气候，适宜在夏季不太炎热、冬季温暖的地区生长。最适生长气温为10~25 ℃，夏季气温超过35 ℃时生长减慢。在北方如北京、内蒙古、青海等地不能越冬，表现为一年生；在长江以南地区当外界温度下降至-9 ℃时仍保持绿色，表现为短期多年生。对土壤肥力要求较高，喜肥沃黏质土壤，也能在盐碱土壤和酸性土壤中良好生长。有一定的耐旱能力，但不耐水淹。

扁穗雀麦种子在4 ℃条件下以牛皮袋包装保存或在-10 ℃下以玻璃瓶贮藏均较好，而常温则不利于种子长期贮藏。最适发芽温度为25~30 ℃。当温度降低到10 ℃或升高到40 ℃时，种子发芽受阻，发芽率均较低。

在北京春播，4月上旬播种，6月下旬抽穗，8月上旬种子成熟，生育期约122 d。在甘肃武威川水灌区，春播表现为一年生。

(三)栽培技术

1. 整地

择地势平整、有良好排灌条件的地块，用多次旋耕的方法清除杂草后，每公顷施有机肥30~45 t、过磷酸钙300~450 kg作基肥。

2. 播种

扁穗雀麦种子大,较易建植,在北方地区,多采用春播,当5 cm土层温度接近5 ℃时即可播种;长江流域以南,冬季湿润地区最好秋播,播种时间以9月为宜,最迟不超过10月中下旬,时间太晚将影响全年牧草产量。播种方式一般为条播,也有撒播。条播行距15~20 cm,播深3~4 cm,沙性土壤的播种深度稍深,黏性土壤的播种深度宜浅,播种太深不利于出苗。每公顷播种量22.5~30.0 kg,如撒播可加大播种量。可与白三叶和红三叶混播,其与白三叶混播时1∶3比例最佳;而与红三叶混播则以1∶1比例最佳。

3. 田间管理

扁穗雀麦生长早期抵抗杂草能力较差,生长中期应特别注意中耕除草,适当施肥灌水,尤其追施氮肥可大幅度提高产草量和改善品质。若与豆科牧草混播,扁穗雀麦侵占性差,需注意补播。扁穗雀麦不耐水淹,因此在多雨区及多雨季节注意排水。

4. 收获利用

扁穗雀麦在北方多为春播,播种一次可利用1~2年,每年可刈割2次,而长江流域以南冬季湿润地区则为秋播,播种一次可利用2~3年,每年可刈割3~4次。据中国农科院畜牧研究所在内蒙古锡林郭勒盟试验,播种当年每公顷产干草6 000 kg,比无芒雀麦的产量高2~3倍。扁穗雀麦在青海也生长很好,在铁卜加每公顷产干草1.05×10^4 kg。在南京一年可刈3~4次,第一年每公顷产青草2.25×10^4 kg,第二年3.75×10^4 kg。秋播时次年可收两次种子,第一次每公顷收2 250 kg,第二次收300~375 kg。扁穗雀麦在甘肃兰州每公顷产干草1.95×10^4~2.25×10^4 kg,每公顷收种子1 500~2 250 kg,是多年生禾本科牧草中产籽量较高者。但其落粒性较强,应注意适时采收。

(四)饲用价值

扁穗雀麦的再生性和分蘖能力较强,产草量较高,抗冻性较强,是解决我国南方冬春饲料短缺的优良牧草。幼嫩时茎叶有软毛,成熟时毛渐少,适口性次于黑麦草、燕麦,各种家畜都喜采食。可刈割晒制干草,亦可青饲,再生草可供放牧。种子成熟后,茎叶均为绿色,可保持较高的营养价值。扁穗雀麦抽穗期的营养成分含量如表4-3。

表4-3　抽穗期扁穗雀麦营养成分的质量分数　　单位:%

样品	干物质	粗蛋白	粗脂肪	粗纤维	粗灰分	无氮浸出物
风干样	94.2	17.3	2.5	28.1	10.9	35.4
干物质	100	18.4	2.7	29.8	11.6	37.5

(引自《饲草生产学》,董宽虎、沈益新主编,2003)

第四节　披碱草属牧草

披碱草属（*Elymus* Linn.）是禾本科小麦族重要的一个属，草种约有20种，主要分布在北半球温带及寒带，东亚、北美各占半，少数在欧洲。其中，我国有10余种，主要分布在三北各地，许多种类是饲用价值较高的优良牧草。披碱草属是牧草中最具有栽培价值的一类牧草，适应性强、易栽培管理、产量高、饲用价值中等。目前栽培较多的有老芒麦、披碱草、肥披碱草、垂穗披碱草等。

一、披碱草

学名：*Elymus dahuricus* Turcz.

英文名：Dahuria Wildryegrass

别名：碱草、直穗大麦草、青穗大麦草。

披碱草为中生多年生牧草。广泛分布于北半球寒温带地区及中国的东北、华北、西北、西南等地区。在东北三省、内蒙古、河北、甘肃、宁夏、青海等省（自治区）广泛栽培。披碱草野生草从东北到西南一线均有分布；朝鲜、日本、蒙古、土耳其东部、印度西北部等地也有分布。披碱草多生于湿润的草甸、田野、山坡及路旁。最早引入且栽培披碱草的是俄罗斯，我国从1954年开始在华北、西北地区栽培。近年来，披碱草已成为内蒙古、东北、华北地区的重要牧草。尤其在西部生态建设和人工草地建设中成为应用最多的草种，其他国家栽培较少。

（一）植物学特征

多年生草本，疏丛型（图4-6），须根系发达，根深至100 cm，但根群大多分布在20 cm左右的土层中。直立茎，疏丛，株高70~150 cm，基部节略膝曲。叶披针形，长10~30 cm，宽0.8~1.2 cm，扁平，稀可内卷，叶片灰绿色，且上部粗糙，下部光滑；叶鞘上部开裂，下部闭合，且无毛，包茎；叶舌截平。穗状花序为直立状，长14~20 cm，一般具28~32个穗节；穗轴中部各节具2枚小穗，而顶部和基部只具一枚小穗；每小穗含3~6个小花，外稃芒长1.2~2.8 cm。颖果，呈长椭圆形，长约6 mm，顶端钝圆，千粒重2.78~4.00 g。体细胞为六倍体，染色体$2n=6x=42$。

图4-6　披碱草

（引自《饲草生产学》，董宽虎、沈益新主编，2003）

(二)生物学特征

1. 对环境条件的要求

披碱草对水热条件要求不严,适应环境能力强,具有抗寒、耐旱、耐碱、抗风沙等特点,无论是在我国最北部的黑龙江,还是在海拔最高的青藏高原,披碱草均能安全越冬,是我国披碱草属中分布最广,最为常见的种类。这主要是因为它的分蘖节距地表较深,同时能很好地被枯枝残叶所保护。

披碱草叶具旱生结构(干旱时卷成筒状,避免水分蒸发)且根系发达,在年降水量250~300 mm、土壤pH 7.6~8.7的范围内可生长良好。在黑钙土、暗栗钙土和黑土上均生长良好。中国农业科学院草原研究所在内蒙古镶黄旗测定,当2~25 cm土层含水量仅有5.1%时,披碱草仍能生存。

披碱草对碱性土壤有较强的适应性,可以在微碱性和碱性土壤中生长,当土壤pH为7.6~8.7时,生长良好。

披碱草具有一定的抗旱能力,在年降水量为250~300 mm的地区生长尚好,根据内蒙古白旗额里图牧场的研究,在旱作条件下,当土壤很瘠薄时,1974—1975年平均产量为2 820 kg/hm²(干草),在较肥沃的土壤上产量则可达7 500 kg/hm²左右。

披碱草具有较强的抗寒能力,在1月份平均气温为-28 ℃,绝对最低气温为-37 ℃的内蒙古锡林浩特地区,越冬率可达98.0%~99.5%。即便播种期较晚,只要幼苗已达2~3片叶便能顺利地越冬。白旗额里图牧场分期播种试验表明,在1974年8月23日及9月3日播种的草区,第二年披碱草越冬良好,越冬率显著地高于同期播种的羊草及无芒雀麦。

2. 生长发育

披碱草播后,在适宜的温度及土壤水分下,8~9 d就可出苗。在第二枚真叶时开始分蘖;第三枚真叶时已普遍分蘖且进入快速生长期。分蘖的数量一般可达30~50个,若条件好,分蘖数可超过100个。

披碱草苗期发育较为缓慢,在播种当年只有少部分枝条抽穗、开花,到第二年才能充分发育。例如,在内蒙古锡林郭勒盟南部牧区,株高在播种当年可达120 cm,分蘖可达46个。第二年,5月上旬返青,7月下旬抽穗,8月上旬开花,9月初种子成熟,总共持续120 d。一般情况下,种子成熟需要活动积温1 500~1 900 ℃,要求有效积温700~900 ℃。

案例4-3:

披碱草品质中等,适应环境能力较强,种子发芽率高。在青藏高原,因受气候条件的限制,播种期晚(5~6月份),因此有学者根据青藏高原的气候条件比较了垂穗披碱草(*Elymus nutans* Griseb.)1号、垂穗披碱草2号、披碱草、老芒麦4个品种种子对冷害、盐害的抗逆力。在耐寒处理中,披碱草属4个品种种子在置于5 ℃冰箱中44 h后转入15 ℃恒温条件下进行发芽,其中披碱草发芽率最高(86%),证明其抗冷性最强。在耐盐处理中,垂穗披碱草1号和披碱草种子在0.75%和1% NaCl胁迫下发芽,披碱草种子

的发芽率、芽鞘数、苗长、发芽指数均低于垂穗披碱草1号，表明其耐盐性低于垂穗披碱草1号。在沙培皿中发芽时，披碱草种子除了耐盐性不如垂穗披碱草1号，顶土能力也较垂穗披碱草1号弱。

提问：该案例给我们什么启示？

3. 开花与授粉

披碱草为穗状花序，开花的顺序为中上部的小穗首先开放，然后向花序上下小穗延及，在一个小穗中，下部小花首先开放，并逐步向上延及，顶端小花不开放，或虽开放但多不结实。在一天中，开花时间多在13~16 h内，有的可延至18 h。一天内大量开花时的适宜气温为27~35℃，相对湿度为45%~55%。雨天及气温较低或湿度过大的天气，披碱草的花不开放。小花开放时，内稃首先开裂，二者之间的夹角在20°左右时，雄蕊出现，40°~60°时，柱头露出稃外，花药散放花粉并下垂，共需10 min左右的时间，开放15 min后开始闭合，一个小花从开始开放至完全闭合，历时30~45 min。披碱草并非严格的异花授粉植物，其自花授粉时的结实率较高。据1980—1982年的研究，在自花授粉条件下，其结实率为61.3%；套袋隔离授粉条件下，其结实率为57.8%。但强迫自花授粉所获得的种子品质较差，种子的千粒重约4.82 g，而自由授粉时种子的千粒重约5.62 g。

4. 生产力

披碱草具有较高的产草量，根据内蒙古不同地区的引种试验结果，在灌溉条件下，每公顷产干草可达5 625~9 750 kg；在旱地栽培条件下可达2 700~3 750 kg。披碱草常作为干草原和荒漠化草原短期刈牧兼用草地或改良盐渍化草地之用，利用年限较短，种子产量较高。内蒙古农牧学院牧草组在锡林浩特对披碱草产量进行了年际间动态测定，第2年产量最高(100%)，第3年、第4年、第5年分别为84.6%、76.4%和26.5%。因此，其有效利用年限为2~3年，之后产量迅速下降。

（三）栽培技术

1. 整地

披碱草种子发芽较慢，顶土力弱，种植披碱草需深耕(18~22 cm)、整平耙细后播种，播种前施足基肥或播种时施种肥，以获高产，每公顷施厩肥1.5×10^4~1.8×10^4 kg。北方地区开垦地上播种披碱草要在前一年的夏天翻地或秋季耕翻耙平镇压，以保持水土，防止大风吹走表土。

2. 播种

披碱草种子具长芒，不经处理种子易成团，不易分开，播种不均匀，所以播种前要去芒。可用断芒器或环形镇压器磙轧断芒，除芒后可播种。单播行距15~30 cm，覆土2~4 cm，没有灌溉条件的地区，播种前需要进行机械灭草、镇压、精细整地，以利于疏松表土、保蓄水分、控制播种深度，保证出苗的整齐度。有灌溉条件的地区，可在灌水5~7 d后整地播种。播种量为30~45 kg/hm²。种子田可减少播种量,防止种子过密影响其产量。披碱草用作天然草地的补播草种,一般与豆科和其他禾本科草种混播。

3. 播期

披碱草的播种时间要求不甚严格,春、夏、秋季均可播种。东北寒冷地区宜春播或夏播,华北地区春秋季均可播种。在旱作区,春墒不好的地方,在夏秋雨季播种较合适。如果整地较好,也可秋播。在冬季来临之前播种可使得披碱草得到较高收成,降低农忙负担。

4. 中耕除草

披碱草苗期生长尤为缓慢,可在分蘖期中耕除草,达到疏松土壤和消灭杂草的效果,并促进生长发育。

5. 施肥灌溉

披碱草虽较抗旱,但在条件许可情况下,灌溉及施肥是提高产量、改进饲料品质的重要措施。在拔节期和刈割后要及时追施速效氮肥。翌年可在雨季每公顷追施尿素或硫酸铵150~300 kg。

6. 灭鼠

披碱草抽穗开花期正是幼鼠长牙之时,常咬断茎秆,造成缺苗,因此要及时灭鼠。

7. 收获

披碱草种子成熟后易脱落,延迟收获时易落粒减产,甚至颗粒不收。在穗轴变黄,有50%的种子成熟时收获为好。大面积采收种子时,可用联合收割机收割。每公顷可产种子375~1500 kg。脱下种子要清选,晾干入库保存。披碱草的叶量相对较少,营养枝条较多,分蘖期的青草各种家畜均喜采食,抽穗期至始花期刈割调制的青干草家畜亦喜食。气候较干旱、土壤瘠薄的情况下1年刈割1次,水分条件好时1年可刈割2次。产干草2 250~6 000 kg/hm²。

(四)饲用价值

披碱草的草质比老芒麦差,叶量少,茎秆粗且硬。茎秆所占比例大(50%~67%),质地是影响饲料品质的主要因素。分蘖及孕穗期各种家畜均喜采食,抽穗期至开花期刈割所调制的青干草,家畜亦喜采食,迟于盛花期刈割调制的干草,茎秆粗硬而叶量少,可食性下降、利用率低。人工栽培的披碱草,青刈可直接饲喂牲畜或调制青贮饲料;调制干草,除饲喂马、牛、羊外,还可制成草粉喂猪。

披碱草具有中等饲料品质,营养较丰富,其营养成分见表4-4。

表4-4 披碱草营养成分的质量分数 单位:%

生育期	水分	干物质					钙	磷
		粗蛋白质	粗脂肪	粗纤维	无氮浸出物	粗灰分		
抽穗期	8.91	11.65	2.17	39.08	42.00	5.70	0.38	0.21
开花期	8.80	9.72	1.36	39.30	41.88	7.74	0.54	0.20
开花后期	7.74	6.44	1.73	41.37	44.03	6.43	0.35	0.28
成熟期	7.00	6.15	1.73	41.84	48.90	6.38	0.29	0.22

(引用《中国饲用植物化学成分及营养价值表》,中国农业科学院草原研究所编著,1990)

二、老芒麦

学名：*Elymus sibiricus* L.

英文名：Siberian Wildryegrass

别名：西伯利亚披碱草、垂穗大麦草等

老芒麦野生种在我国主要分布于三北地区和西南川藏地区，是草甸群落和草原的主要成员之一，有时能形成亚优势种或建群种。老芒麦也分布于蒙古、俄罗斯、日本和朝鲜等国。老芒麦栽培始于俄罗斯和英国，我国吉林省最早在20世纪50年代开始驯化老芒麦，至20世纪60年代才陆续在生产上推广应用。目前，老芒麦在我国已成为北方地区几种重要的栽培牧草之一，已选育出来的品种有川草1号老芒麦、川草2号老芒麦、农牧老芒麦、山丹老芒麦、吉林老芒麦、黑龙江老芒麦、多叶老芒麦、公主岭老芒麦、北高加索老芒麦及阿坝老芒麦等。

（一）植物学特征

多年生禾草（图4-7），根系发达，须根密集。株高70~140 cm，茎直立或基部稍倾斜，粉绿色，叶鞘光滑，下部叶鞘长于节间，上部叶鞘短于节间；叶舌短，膜质，无叶耳。叶片扁平，内卷，长10~20 cm，宽5~10 mm。穗状花序，疏松下垂，长12~30 cm，每节通常为2小穗，有时基部和上部各节仅1个小穗，每穗4~5枚小花。颖狭披针形，内外颖几近等长，外稃顶端具有长芒，种子成熟后多向外反曲。颖果长椭圆形，易脱落。千粒重3.5~4.9 g。体细胞染色体为$2n=4x=28$。

图4-7　老芒麦与垂直披碱草
（引自《牧草饲料作物栽培学》，陈宝书主编，2001）

（二）生物学特性

该草耐寒能力很强，在-33 ℃能正常越冬，能耐-40 ℃的低温，可在黑龙江、内蒙古、青海等地安全越冬。耐旱性较强，为旱中生植物，适宜在年降水量400~600 mm的地区生长。老芒麦对土壤要求不严，适于在弱酸性或微碱性腐殖质多的土壤上生长，一般盐渍化土壤上也能生长。在水分、温度适宜时，播后7~10 d即可出苗。分蘖能力强，春播当年可达5~11个，分蘖节位于表土层3~4 cm处。营养枝在播种当年占有明显优势，占总枝条的3/4；第二年后生殖枝占有绝对优势，占总枝条的2/3。再生性稍差，水肥条件好时可每年刈割2次，再生草产量占总产量的20%。

（三）栽培技术

老芒麦适于在短期饲料轮作和粮草轮作中应用，利用年限一般为2~3年；也可在长期草地轮作中应用，利用年限可达4年或更长。在轮作中属中等茬口，后作适宜种植一年生豆类作物,可与紫花苜蓿、沙打旺、山野豌豆等豆科牧草混播,混播的播量可减半。

种子具有长芒,播种前应该去芒,否则影响播种质量。播种前需要耙耱,镇压。有灌溉条件或春墒较好的地方可春播;无灌溉条件的地方,以夏秋播种较好;生长季短的地方,可采用秋末冬初寄籽播种。

条播行距20~30 cm,单播的播量收草者为22.5~30.0 kg/hm²,收种者为15.0~22.5 kg/hm²,覆土厚度为2~3 cm。有灌溉条件时,应在拔节期或刈割后浇水。老芒麦草地在生长第3年后,应根据退化状况采取松耙、追肥和灌溉等措施,以更新复壮草群。

老芒麦为上繁草,宜在抽穗期至始花期进行利用,可青饲、青贮或调制成干草。在北方,每年仅刈割1次,水肥良好时,可每年刈割2次,再生草常用来放牧。种子成熟后极易脱落,应适时收种,可产种子750~2 250 kg/hm²。

(四)饲用价值

老芒麦在披碱草属中是饲用价值最大的一种牧草,这与其丰富的叶量有关,鲜草产量中约有40%~50%为叶子,再生草中叶片为60%~80%以上,而且寿命10年左右,在栽培条件下可维持4年高产,第二、三、四年产草量分别相当于春播当年的5.0倍、6.5倍、3.0倍,年产干草3 000~6 000 kg/hm²,种子750~2 250 kg/hm²。适口性比披碱草好,马、牛、羊均喜食,特别是马和牦牛喜食。返青早,枯黄迟,绿期比一般牧草长30 d左右。老芒麦营养成分含量丰富,消化率较高,夏秋季节对幼畜发育、母畜产仔和牲畜增膘都有良好的效果。其不同生育期营养成分含量如表4-5。

表4-5 不同生育期老芒麦营养成分的质量分数 单位:%

生育期	水分	干物质				
		粗蛋白质	粗脂肪	粗纤维	无氮浸出物	粗灰分
孕穗期	6.52	11.19	2.76	25.81	45.86	7.80
抽穗期	9.07	13.90	2.12	26.95	38.84	9.12
开花期	9.44	10.63	1.86	28.47	42.81	6.99
成熟期	6.06	9.06	1.68	31.84	44.22	6.60

(引自《中国饲用植物志》第一卷,贾慎修主编,1987)

第五节 羊茅属牧草

羊茅属(*Festuca* L.),也称狐茅属,属禾本科。全球有100余种,分布于寒温带地区。栽培的羊茅属牧草可分为宽叶和细叶两种类型,宽叶型有苇状羊茅和草地羊茅,细叶型有紫羊茅和羊茅。我国分布23种,产于西南、西北至东北,尤以西南最盛,主要栽培有苇状羊茅和草地羊茅。

一、苇状羊茅

学名：*Festuca arundinacea* Schreb.

英文名：Tall Fescue

别名：苇状狐茅、高羊茅

苇状羊茅原产于西欧，我国新疆、东北中部湿润地区均有野生种。美国从1850年引入，20世纪20年代初期在英国等开始引入栽培，现在欧美广泛栽培使用。我国于20世纪70年代开始引进优良品种，该草种对我国北方暖温带的大部分地区及南方亚热带都能适应，比一般牧草更具有广泛的适应性，是多数地方建立人工草场及改良天然草场非常有前途的草种。

（一）植物学特征

苇状羊茅（图4-8），多年生草本植物，秆成疏丛型。根系发达而致密，多数分布于10~15 cm的土层中。茎直立且粗硬，分4~5节，株高80~150 cm，重牧、频牧或频繁刈割容易导致其絮结成粗糙草皮。叶呈条形，长30~50 cm，宽6~10 mm，上面和边缘粗糙。基生叶密集丛生，叶量丰富。圆锥花序稍开展，直立或下垂，长20~30 cm；小穗卵形绿色并带淡栗色，长15~18 mm，每个穗节常有1~2个小穗枝，每小穗含4~7朵小花，呈淡紫色，外稃披针形，无芒或成小尖头。颖果与内稃贴生，不分离，呈倒卵形，深灰或黄褐色，千粒重约2.51 g，每千克种子约39万粒。适宜刈割青饲、调制干草，还可放牧利用，草食家畜均喜采食。

图4-8 苇状羊茅

（引自《中国饲用植物》，陈默君、贾慎修主编，2002）

（二）生物学特性

苇状羊茅适应性极广，能够在多种气候条件下和生态环境中生长。耐热、耐干旱、耐潮湿。夏季可耐38 ℃的高温，在湖北、江西、江苏等省可越夏。苇状羊茅耐酸碱性强，可在多种类型的土壤上生长，在pH 4.7~9.5可正常生长，并有一定的耐盐能力。适宜在年降水量450 mm以上和海拔1 500 m以下的温暖湿润地区生长，在肥沃、潮湿黏壤土上生长最为繁茂，株高可达2 m。苇状羊茅长势旺盛，每年生长期270 d左右，寿命较长，繁茂期多在栽培后3~4年。

（三）栽培技术

苇状羊茅人工草地易建植，春秋两季播种，华北大部分地区以秋播为宜，但不能过迟。播前精细整地，施足底肥。对于特别贫瘠的土壤，最好施入1 500~2 000 kg/hm^{2}的有机厩肥作为基肥。播种量15.0~30.0 kg/hm^2，条播行距30 cm，播深1~3 cm，播种后用细土覆盖。播后适

当镇压。还可与白三叶、红三叶、紫花苜蓿、百脉根和沙打旺等豆科牧草以及鸭茅等禾本科牧草混播，建立人工草地。与豆科牧草混播时，苇状羊茅的播种量为7.5~15.0 kg/hm²，豆科牧草为1.50~3.75 kg/hm²；苇状羊茅单播时的播种量为15.0~22.5 kg/hm²。苇状羊茅某些品种易感染产生毒素的病菌，栽培时宜选用未感染病菌的种子播种。苗期生长缓慢，应注意中耕除草。若在每次刈割利用后，追施速效氮肥(尿素75 kg/hm²或硫酸铵150 kg/hm²)，可大幅度提高产量。返青和刈割后适时浇水，追施速效氮肥，越冬前追施磷肥，可有效提高产量和改善品质。种子成熟时易脱落，种子落粒损失量可达35%~40%，采种多在蜡熟期进行，当60%种子变成褐色时就可收获，产种子375~525 kg/hm²。

(四)饲用价值

苇状羊茅饲草较粗糙，品质中等，茎叶干物质中含粗蛋白质15%、粗脂肪2%、粗纤维26.6%。适宜青饲、青贮或调制干草，收种后可进行放牧。在大部分地区中等肥力的土壤条件下一年可刈割4次，产量达3.75×10^4~6.00×10^4 kg/hm²，刈割宜在抽穗期进行，可保持适口性和营养价值。一年中可食性以秋季最好，春季居中，夏季最低，但调制的干草各种家畜均喜食。此外，春季、晚秋以及收种后的再生草还可以进行放牧，但重牧或频牧会抑制苇状羊茅的生长发育，另外，苇状羊茅植株内含吡咯碱，过度采食会造成牛皮毛干燥甚至腹泻，特别容易发生在春末夏初，称为羊茅中毒症。

苇状羊茅在我国北方暖温带和南方亚热带具有广泛的适应性，是建立人工草场及改良天然草场的有前途的草种之一。苇状羊茅与白三叶、红三叶、紫花苜蓿、沙打旺混播，可建立高产优质的人工草地。

案例4-4：

为了探讨苇状羊茅原料的青贮特性，青贮饲料发酵品质、营养物质含量，有学者以结实期的新鲜或晾晒苇状羊茅为原料，设计对照组、添加甲酸(6 mL/kg)或蔗糖(2%)处理组，袋装密封青贮360 d后取样分析其发酵品质与养分含量。试验结果表明，晾晒可以显著降低苇状羊茅青贮饲料的pH和乳酸含量($P<0.05$)，极显著降低氨态氮含量($P<0.01$)。添加甲酸和蔗糖都能够显著降低苇状羊茅青贮饲料的pH($P<0.05$)，极显著降低乙酸和氨态氮含量($P<0.01$)，极显著提高乳酸含量($P<0.01$)。晾晒或添加剂处理对苇状羊茅青贮饲料常规养分的影响不明显，青贮之后硝酸盐含量显著降低。

提问：苇状羊茅在单独青贮和有添加剂时有何区别？试分析其原因。

二、草地羊茅

学名：*Festuca pratensis* Huds.

英文名：Meadow Fescue

别名：牛尾草、草地狐茅

草地羊茅原产于欧亚大陆，在世界温暖湿润有灌溉条件的草场广为栽培。我国20世纪20年代引进，现在东北、华北、西北及山东、江苏等地均有栽培，适宜在我国北方暖温带或南方亚热带温暖湿润地区的高海拔草山种植。具有寿命较长、适应性广、耐践踏、再生性强以及饲用价值和水土保持价值较高的特点。

（一）植物学特征

草地羊茅为多年生草本。形态特征与苇状羊茅近似。疏丛型，具短根茎，须根粗而株丛密集，短根茎繁殖力差。茎直立且强硬，株体较矮，株高50~130 cm。叶面粗糙，背面光滑有光泽，茎叶光滑无毛，深绿色，叶长10~50 cm，宽4~8 mm。圆锥花序，疏散，顶端下垂，小穗呈披针形，小花5~8朵。颖果，千粒重约1.7 g。

（二）生物学特性

草地羊茅性喜温暖湿润气候。但耐寒，在北京地区和东北地区可以越冬；耐热，在长江流域夏季炎热地区可安全越夏并生长良好；耐湿，抗旱性较苇状羊茅稍差，适宜在年降水量600~800 mm的地区生长，降水量低于该值的地区种植则应有灌溉条件。喜肥沃黏质土壤，但对土壤适应范围广，也能耐贫瘠土壤。耐盐碱，pH 9.5的土壤仍能适应；土壤含盐量0.3%能良好生长，还耐酸性土壤，有足够水分的条件下，在石灰质和沙性土壤上也能良好生长。种子成熟期短寿命较长，贮藏5~6年仍可保持50%的发芽率，9~10年后丧失活力。分蘖力中等，一般为25个以上分蘖，多的可达70个，主要发生在夏秋季节。结实率较高，春播当年达45.4%，第2年达71.6%。在适宜条件下，播后5 d即可出苗，出苗后1月开始分蘖，因属冬性当年不抽茎；第2年当气温上升到2~5 ℃时开始返青，北方在6月上旬抽穗，下旬开花，7月中旬时种子成熟，生育期为100~110 d。根系发达，入土深度可达160 cm，但90%以上的根量集中在0~20 cm的土层中。

（三）栽培技术

种子细小，播种前需要精细整地，播种后需适当覆土，应施有机肥作底肥。我国北方常为春播或夏播，南方以秋播为主。与紫花苜蓿、红三叶、猫尾草、鸭茅、多年生黑麦草混播，可取得优于单播的良好效果。条播行距30 cm，播量15.0~22.5 kg/hm^2，播深2~3 cm为宜。当年苗期须除草1~2次，夏播或秋播最好当年不要利用，尤其是放牧。第2年可正常收种收草，草地可利用5~8年。水肥条件好时每年可刈割3~5次，刈割适宜期为抽穗期，再晚草质变粗老。耐牧性强，年内首牧在拔节期进行。频繁轮牧不仅可以延缓草丛老化，还能形成稀疏草皮。收种在大部分小穗变黄褐色时及时收获，否则易落粒。通常干草产量每公顷4 500 kg以上，每公顷可收种450~600 kg。

（四）饲用价值

草地羊茅产草量中等。再生性、适口性、营养价值均好，适时刈割，家畜都喜食，尤其适合喂牛。抽穗期适宜刈割，可作青饲或调制成干草和青贮料。因其茎叶粗糙、易老化，干旱炎热天气更易降低其质量和适口性，所以应及早利用，孕穗前放牧较为适宜。

长期在以草地羊茅为主的草地放牧的牛,有时发生“牛尾草足病”,该病为营养性疾病,表现为四肢僵直疼痛,行动迟缓,拒食,倦怠,呼吸急促,体重急速下降,四肢与尾发生干性坏疽,表皮脱落,症状与麦角、硒中毒相似。感染此病的家畜多为牛,不要长期单纯饲喂该草便能预防。

三、紫羊茅

学名:*Festuca rubra* L.

英文名:Red Fescue

别名:红狐茅、红牛尾草

紫羊茅原产欧洲、亚洲和北非,广布于北半球寒温带地区。我国东北、华北、西北、华中、西南等地区都有野生种分布,多生长在山区草坡,在稍湿润地方可形成稠密的草甸。

图4-9 紫羊茅
(引自《中国饲用植物》,陈默君、贾慎修主编,2002)

(一)植物学特征

紫羊茅(图4-9)为根茎——疏丛型长寿命多年生下繁禾草,须根纤细密集,入土深,有时具短根茎。茎直立或基部稍膝曲,高30~60 cm。叶线形,细长,对折或内卷,光滑油绿色,叶鞘基部呈紫红色,基部叶较多。圆锥花序窄长稍下垂,开花时散开,小穗含3~6朵小花,外稃披针形,具细弱短芒。颖果细小,千粒重0.7~1.4 g。体细胞染色体$2n=14$,$2n=4x=28$,$2n=6x=42$,$2n=8x=56$,$2n=10x=70$。

(二)生物学特性

紫羊茅为长日照中生禾本科牧草,抗寒耐旱,性喜凉爽湿润气候,在北方一般都能越冬。但不耐热,当气温达30 ℃时出现轻度萎蔫,当温度上升到38~40 ℃时死亡,在北京地区越夏死亡率可达30%左右。耐荫性较强,可在一定遮荫条件下良好生长,是林间草地的优良草种。对土壤要求不严,适应范围宽广,尤其耐瘠薄土壤和耐酸性土壤,并能耐一定时间的水淹,但在肥沃、壤质偏沙、湿润的微酸性(pH为6.0~6.5)土壤上生长最好。抗病虫性较强,一般较少受病虫害侵袭。播种后出苗较快,7~10 d齐苗,当年不能形成生殖枝,在呼和浩特地区第二年3月中旬返青,4月下旬分蘖,6月初抽穗开花,7月中旬种子成熟,至11月上中旬枯黄。紫羊茅分蘖力极强,条播后无需几年即可形成稠密草地。再生性强,放牧或刈割30~40 d后即可恢复再用。利用年限长,一般可利用7~8年,管理条件好的草地可利用10年以上。

(三)栽培技术

紫羊茅种子细小,顶土力弱,覆土以不超过2 cm为宜。因此,种床要细碎平整紧实,必要时播前可镇压,并保持良好的墒情。北方宜春播和夏播,南方可春播或秋播。条播行距30 cm,播量7.5~15.0 kg/hm^2。与红三叶、白三叶、多年生黑麦草等混播,增产效果和改土效果更好。

苗期应注意除草，尤其春播除草更重要。每次利用后，应及时追肥灌水，每公顷施硫酸铵225~375 kg，酸性土壤苗期应追施过磷酸钙300~375 kg/hm^2。采种田春季不要放牧或刈割，因颖果不落粒，故待穗部完全变黄后才可收获。

（四）饲用价值

紫羊茅为典型放牧型牧草，春季返青早，秋季枯黄晚，利用期长达240 d。再生性良好，各茬次再生草产量均衡，有很强的耐牧性。紫羊茅属下繁草，抽穗前草丛中几乎全是叶子。因而营养价值很高，适口性好，各种家畜均喜食，牛尤嗜食。每公顷产鲜草约1.5×10^4 kg，折合干草约3 750 kg，产种子300~700 kg。

四、羊茅

学名：*Festuca ovina* L.

英文名：Sheep Fescue

别名：酥油草、绵羊狐茅

羊茅分布于欧洲、亚洲及美洲的温带区域，我国西南、西北、东北及内蒙古地区都有分布。

（一）植物学特征

羊茅（图4–10）为密丛型短期多年生下繁禾草，茎矮而细，株高15~35 cm。叶细长内卷，簇生于茎基部。圆锥花序，穗梗短而稀，小穗含4~5朵小花。颖披针形，外稃顶端有短芒。颖果细小，千粒重约0.25 g。

（二）生物学特性

羊茅为中旱生植物，适于在沼泽土以外的中等湿润或稍干旱的土壤上生长。抗寒性较强，为高山、亚高山草甸和高山草原习见草种。耐瘠薄，能适应pH为5~7的土壤。春季返青早，分蘖力强，基生叶丛发达，夏季生长迅速，抽穗前刈割可保持良好的适口性，而且还可形成再生草，枯黄晚，冬季能以绿色体在雪下越冬，利用期长。播后2~3年生长旺盛，4~5年以后生长衰退，应及时耕翻。

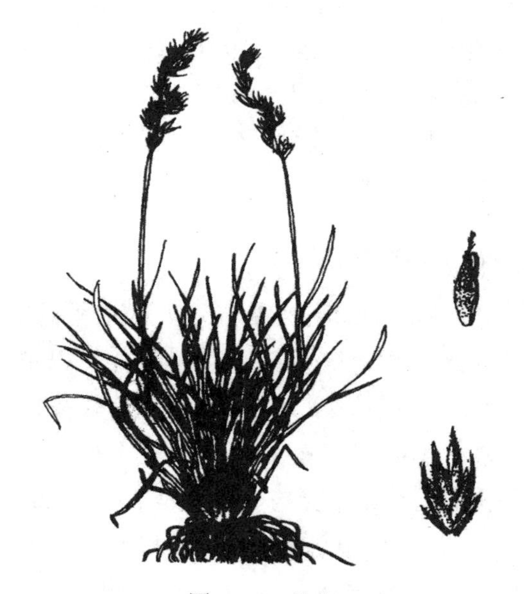

图4–10 羊茅

（引自《中国饲用植物》，陈默君、贾慎修主编，2002）

（三）栽培技术

羊茅有很多栽培种，欧洲70多种，应根据需要选择引用。因产量低不值得在栽培条件好的地方种植,适于在瘠薄干燥地建植放牧草场,可与小糠草、草地早熟禾、白三叶等牧草混播。每公顷单播量37.5~45.0 kg,混播量10.5~12.0 kg。

(四)饲用价值

羊茅适口性良好,牛、马、羊均喜食,尤以绵羊嗜食,耐牧性很强。虽矮小,但分蘖力强,营养枝发达,茎生叶丰富,绿色期长,且冬季不全枯黄,被牧民誉为上膘草、酥油草或硬草。

第六节 高粱属牧草

高粱属(*Sorghum* M.),属禾本科,分布于温带和亚热带地区。我国约5种,分布甚广,其中高粱各省多有栽培,品种甚多,谷粒供食用、制饴糖及酿酒,或榨取其秆汁以制糖,或取其茎叶为家畜的饲料。该属物种为一年生草本植物。

苏丹草

学名:*Sorghum sudanense* (Piper) Stapf

英文名:Sudan Grass

别名:野高粱

苏丹草是高粱属一年生草本植物,原产非洲北部的苏丹高原,故名苏丹草。野生种主要分布在尼罗河流域上游、非洲东北、埃及等地。由非洲南部传入美国、阿根廷、巴西和印度。1915年引入澳大利亚。1921—1922年在苏联大面积种植。20世纪30年代,我国开始引种,作为一种主要的一年生牧草。现已在全国许多地区栽培。

(一)植物学特征

苏丹草(图4-11)具有强大的根系,在50 cm以下的土层里亦有很大部分的根系存在,入土可达2 m。茎为圆柱形,较高粱细,高2~3 m,茎粗在13 mm左右,分蘖可达20~100个,叶呈宽线形,长45~60 cm,宽4.0~4.5 cm,每茎发出7~8片叶,主脉明显,叶片正面有白色蜡质物质,背面绿色。圆锥花序狭长卵形至塔形,长15~80 cm,花序类型因

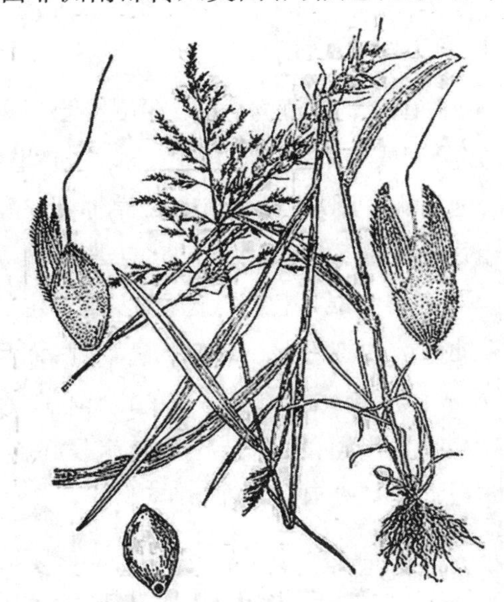

图4-11 苏丹草
(引自《饲草生产学》,董宽虎、沈益新主编,2003)

品种而有差异，有紧密型、侧锤型和周散型三种类型。小穗成对着生于小分枝上，无柄小穗，结实；另有柄小穗不孕。穗轴顶端着生3枚小穗，中央具柄，两侧无柄。种子为侧卵圆形，黄褐色至红褐色，千粒重10~15 g。

（二）生物学特性

1. 对环境条件的要求

苏丹草属于喜温植物，不抗寒，从播种至种子成熟所需的积温为2 200~3 000 ℃，种子发芽最适宜温度为20~30 ℃，最低为8 ℃，幼苗时期对低温较敏感，气温下降到2~3 ℃时即受冻害。我国春末至秋初各地受大陆性季风气候影响，热量及雨量相对较充沛，适于苏丹草生长，因此苏丹草作为牧草在我国南北方均广泛分布。

苏丹草具有强大的根系，能利用土壤深层水分和养分，在干旱年份也能获得较高的产量，耐旱性很强。但在生长旺季，必须要有充足的水分，缺水则影响产量。苏丹草不耐湿，水分过多，易遭受病害，尤其是锈病。在沙壤土、黏壤土、微酸性土壤和盐碱土均可种植，但在过于瘠薄的土壤和盐碱土上应多施肥。

2. 生长发育

苏丹草喜温、生育期短（100~120 d），生长快，再生性好，产量高。苏丹草幼苗初期生长缓慢，幼苗分蘖后，生长速度加快，水肥条件好时，一昼夜可生长10 cm左右。

在华北地区4月底播种，5月初齐苗，6月上旬分蘖，6月末拔节，7月中下旬开始抽穗和开花。由于花期较长，种子成熟极不一致，至9月中旬种子才大部分成熟。

3. 生产力

苏丹草再生力强，产量高，在我国北方每年可刈割2~3茬；在南方可刈割4~5茬，在南方水肥条件好时每公顷产鲜草可达7.5×10^4~1.2×10^5 kg。

（三）栽培技术

1. 整地

地块达到“齐、松、平、碎、净、墒”的要求就可以耕播，苏丹草的前作最好是豆类或麦类，忌连作，苏丹草也是其他多种作物的不良前作，其后作应安排豆科作物或牧草。有研究表明，氮钾肥配施是一项增产增收的好措施，所以要施足基肥。通常，每公顷施1.50×10^4~2.25×10^4 kg有机肥，结合耕地将有机肥翻入土中。施用适量的生活污泥可以提高苏丹草植株中全氮、全磷及叶绿素的含量，可结合整地将生活污泥施入土中。

2. 种子处理

选粒大饱满的种子，通过物理和化学方法打破其休眠，如进行晒种4~5 d，提高发芽率。在寒冷地区，可用催芽播种技术确保其种子的成熟，在播种前1周，用温水浸种6~12 h，在温度为20~30 ℃的地方堆积起来，覆以塑料布，并保持湿润，直至多半种子微露嫩芽时即可播种。

3. 播种

南方在3月中下旬至4月初，北方在4月底至5月初，地下10 cm左右土温稳定达到8~

10 ℃时即可抢播,多用条播。播深5 cm,水肥充足时,行距30~50 cm;气候干旱,水肥差时,行距20~30 cm。播种量37.5~55.5 kg/hm²。播后镇压,利于出苗。为延长青饲料利用时间,也可分期播种。在新疆昌吉州乃至新疆大部分地区,冬小麦套种苏丹草效益明显优于其他播种方式。在新疆和田地区,可以进行林果下小麦地复播苏丹草,此种模式既不影响小麦生育期,也不影响小麦产量,还能有效发展当地畜牧业。

4. 田间管理

苏丹草幼苗初期生长缓慢,宜在苗高20 cm时,中耕除草1次。以后生长较快,不怕杂草危害。苏丹草病虫害比较少,由于植株糖分含量较高,易遭蚜虫危害,必须及时防治。苏丹草根系发达,需肥量大,在分蘖至孕穗期须追肥,每次收割后也须追肥,并伴随灌溉。

5. 收获

青饲苏丹草最佳时期是孕穗初期,青贮用可延迟至乳熟期收割。在北方收割不宜过晚,否则第二茬草产量低。一般末茬草可用于放牧,种用苏丹草一般在穗变黄时及时收割。

(四)饲用价值

苏丹草再生性强,产量高,在北方地区往往作为夏季青饲草,或青贮和调制成干草备冬春饲草不足时利用;南方地区常做为家畜常年的青贮料及优良的鱼饲草,素有"渔业青饲料之王"美称。

刈割时期对苏丹草的品质有影响,抽穗期刈割的苏丹草,干物质中粗蛋白质含量比开花期刈割的要高出89%左右,而粗纤维含量则为开花期的72%。苏丹草在花期的各种营养物质含量为:蛋白质11.2%,脂肪1.5%,粗纤维26.1%,可溶性碳水化合物41.3%,矿物质9.5%,钙0.41%,磷0.26%。

苏丹草进行青贮时,添加蔗糖或甲酸都能显著改善苏丹草青贮饲料的发酵品质,提高乳酸含量,降低氨态氮含量。绿汁发酵液的添加也可明显改善苏丹草的青贮发酵品质,提高乳酸含量,降低氨态氮浓度和其占全氮的比例。

苏丹草也是池塘养鱼的最优青饲料,苏丹草栽培面积约占全国养鱼青饲料总栽培面积的70%左右。据报道,每25~30 kg苏丹草鲜草可使优质草鱼增重1 kg以上,苏丹草是夏、秋两季草鱼主要利用的优质饲草品种。

第七节　赖草属牧草

赖草属(*Leymus* Hochst.)在中国又称为滨麦属,是禾本科早熟禾亚科小麦族。全世界约有30种,分布于北半球温寒地带,多数种类产于亚洲中部、欧美。在中国赖草属大约有20种,其中有2个变种,可划分成3个组成,即多穗组、少穗组、单穗组,主要分布在新疆、甘肃、宁夏、内蒙古、四川、陕西、河北、山西以及东北三省等地。

一、羊草

学名:*Leymus chinensis*(Trin.)Tzvel.

英文名:Chinese Leymus,Chinese Aneurolepidium

别名:碱草

羊草是禾本科赖草属植物的一种,秆散生,直立,高40~90 cm,耐寒、耐旱、耐碱,耐践踏,羊草草原是草原植被中经济价值最高的一类,是优秀的草种。俄罗斯、朝鲜、蒙古等国都有分布。在我国东北、华北、西北、内蒙古等地的草原分布也很广。

羊草在寒冷、干燥地区也能生长良好。春季返青早,秋季枯黄晚,能在较长的时间内提供较多的青饲料。

(一)植物学特征

羊草(图4-12)为禾本科赖草属多年生根茎型禾草,羊草具有非常发达的地下根系,根深可超过1 m,主要分布在20 cm以上的土层中。秆散生,直立,高40~90 cm,具3~7节,叶鞘平滑,基部叶鞘呈枯黄色,纤维状;叶舌截平,顶端具齿裂;叶片长7~14 cm,宽3~5 mm,扁平或内卷,上面及边缘粗糙,下面较平滑。叶片较厚硬,灰绿或灰蓝绿色,具白粉;穗状花序直立,长12~18 cm,穗轴扁形,穗轴边缘具细小纤毛;小穗10~20 mm,通常孪生,含小花5~10朵;颖锥状,等于或短于第一花,不覆盖第一外稃的基部,质地较硬,具不明显3脉,背面中下部平滑,上部粗糙,边缘微具纤毛;第一外稃长8~9 mm;内稃与外稃等长。外稃披针形,基部裸露,顶端渐尖或形成芒状小尖头。颖果,深褐色,长5~7 mm。千粒重约2 g,花果期6~8月。

图4-12 羊草

(引自《饲草生产学》,董宽虎、沈益新主编,2003)

(二)生物学特性

1.对环境条件的要求

羊草喜温、耐寒,分布于温带半湿润到半干旱地区,在我国主要分布于东北平原及内蒙古高原的草甸草原及干草原外围,能耐受-42 ℃低温,在冬季-40.5 ℃的条件下可安全越冬,从返青到种子成熟所需积温为1 200~1 400 ℃,有效积温为550~750 ℃,生长期为100~110 d。

羊草对土壤条件要求不严格,具有抗寒、抗旱、耐盐碱、耐瘠薄的特点,通气、疏松的土壤及肥沃、湿润的黑钙土更有利于其生长。羊草的抗水涝能力较差,排水不良和长期积水会使其大量死亡,同时,羊草还具有较强的抗酸性土壤和抗碱性土壤的能力,在总盐量为0.1%~0.3%,

pH 8.5以下,钠离子含量低于0.02%的碱性土壤上生长最好;也能在排水不良的轻度盐化草甸土或苏打盐土上良好生长。在湿润年份,羊草茎叶茂盛,常不抽穗;干旱年份,草高叶茂,能抽穗结实。羊草根茎发达,根茎上具有潜伏芽,有很强的无性更新能力。早春返青早,生长速度快,秋季休眠晚,青草利用时间长。生育期可达150 d左右。生长年限长达10~20年。

2. 生长发育

羊草既可进行有性繁殖,又可进行无性繁殖。有性繁殖主要是利用羊草种子进行繁殖;无性繁殖主要利用羊草根茎生长点等无性繁殖器官萌发的新芽形成地上新枝,组成新的草丛。在自然生境中,羊草播种后10~15 d出苗,出土后的第一片真叶呈针形,纤细,3~4 d后高度达3~4 cm,1周后开始出现第二片真叶,小叶开始放扁,直到出现第五片真叶(30 d左右)。羊草苗期生长缓慢,竞争力弱,易受草害。羊草以无性繁殖为主,有性繁殖为辅;在人工种植的条件下,往往是前期以有性生殖为主,后期以无性生殖为主的繁殖方式。

羊草一些枝条在当年会抽穗、开花,但绝大多数以营养枝条的状态越冬。人工栽培的羊草第二年生长快,生长期长,孕穗、抽穗期生长速度达到高峰,之后又逐渐缓慢下来。一般随着栽培年限的增加,根茎越来越多,根茎层也越来越厚。导致通气性变差,使草群产量下降。因此,需划破草皮,切断根茎来恢复羊草草群生产力。

3. 开花

羊草开花最适宜的温度为20~30 ℃,最适宜的相对湿度为50%~60%,花序开放7~l0 d,低温、阴雨天不开放。以东北的中部和北部为例,羊草从返青到种子成熟为100~110 d。在3月中旬开始返青,4月中旬展叶、分蘖拔节,6月上旬抽穗,6月中下旬开花,开花期长达50~60 d。7月种子开始成熟。羊草开花授粉后15~20 d种子达乳熟,25~30 d蜡熟,30~35 d完熟。

(三)栽培技术

1. 选地与整地

羊草对土地要求不严,除低洼易涝地不适合种植外,一般土壤均可种植,但以土层深厚、排水良好、有机质丰富的肥沃耕地最好。羊草种子小,顶土能力弱,发芽时需水较多,较好的整地质量和措施是保障羊草出苗的重要条件。若在秋天翻地,深度不少于20 cm。退化草地应在前一年伏天翻地,次年进行补播或在退耕地种植羊草,于杂草盛行的6~7月翻耕,翻后耙地、压地,彻底消灭原有植被或杂草,促进羊草的生长和发育。

2. 播种

羊草以夏播最好,一般6月中旬到7月中旬播种,有灌溉条件的也可以春播。羊草种子小,成熟不一致,发芽率低,要经过筛选纯净率超过90%才能播种。播种量40~60 kg/hm^2,宜单播,条播行距15~45 cm,播种深度2~4 cm,播后镇压1~2次。羊草根茎是无性繁殖器官。人工种植时,将羊草根茎分成长5~10 cm的小段,每段有2~3节,按一定的株距、行距埋入整好的土中,栽后灌水,成活率高。

3. 施肥

适量施肥是提高羊草产量、改进品质、防止草地退化的重要措施。在瘠薄的土地上种植羊草应施足有机肥料，结合整地每公顷施厩肥 1.5×10^4~2.25×10^4 kg作基肥，基肥可维持肥效3年以上，每隔3~4年追施氮肥1次，追肥可以在返青后和生长速度最快的拔节期和抽穗期进行。追肥是提高羊草产量和品质，防止草地退化的重要措施。羊草结实率低，增施硼肥可以提高羊草结实率。

4. 病虫害防治

羊草易遭受草地螟、黏虫、土蝗、蝗虫等危害，造成草地严重减产，以至引起退化。要及早发现，及时防治。

(四)饲用价值

羊草叶量丰富，茎秆细软，适口性好，是优质的放牧型牧草，4月下旬至6月上旬，羊草拔节至孕穗期的40 d左右为适宜放牧期，各种家畜均喜食，羊、马最喜食。抽穗前后，适口性下降。羊草耐牧性强，耐践踏和牲畜啃食。羊草也是优质的刈割型牧草，割草利用时，割草时间要适当，过早过迟都会影响草的质量，从8月中旬以后开始到9月上旬结束较为适宜。每年可刈割2次，也可刈割1次。再生草放牧利用，其营养价值高，是牧区的“上膘草”“酥油草”。羊草一般每公顷产干草2 250~4 500 kg，高者达7 500 kg。羊草是有栽培前途的野生牧草之一，四川省阿坝地区在海拔3 500 m的地方种植羊草，鲜草可达 1.35×10^4 kg/hm^2。

表4-6 羊草各时期营养成分含量占风干物质百分比

生育期	粗蛋白/%	粗脂肪/%	粗纤维/%	无氮浸出物/%	粗灰分/%	钙/%	磷/%	胡萝卜素（mg/kg）
分蘖期	18.53	3.68	32.43	30.00	6.40	0.39	1.02	59.00
拔节期	16.17	2.76	42.25	22.64	6.06	0.40	0.38	85.87
抽穗期	13.35	2.58	31.45	37.49	5.19	0.43	0.34	63.00
结实期	4.25	2.53	28.68	44.49	5.52	0.53	0.53	49.30

(引自《牧草饲料作物栽培学》，陈宝书主编，2001)

二、赖草

学名:*Leymus secalinus* (Georgi) Tzvel.

英文名:Common Aneurolepidium, Common Leymus

别名:宾草、阔穗碱草、老披碱草。

赖草生于沙地、平原绿洲及山地草原带。分布于我国新疆、青海、陕西、四川、内蒙古、河北、山西等地,面积不大。俄罗斯、朝鲜、日本也有分布。赖草常出现在轻度盐渍化土地,是盐化草甸的优势种。在低山丘陵和山地草原中,有时作为伴生种出现。

(一)植物学特征

赖草(图4-13)为多年生草本,具横生根茎,繁殖力强;在农田中出现,因其根茎发达,难以清除,故名"赖草"。秆直立,较粗硬,呈疏丛或单生,上部密生柔毛;生殖枝高45~100 cm,营养枝高20~35 cm,幼嫩叶鞘上部边缘具纤毛,基部具有纤维状残留叶鞘。叶片长8~30 cm,宽4~7 mm,深绿色,叶片扁平或内卷。穗状花序直立,长10~15 cm,穗轴每节具小穗1~4枚,长10~15 mm,含4~7朵小花,小穗轴被短柔毛;颖锥形,长8~12 mm,具1脉,正覆盖小穗;外稃披针形,被短柔毛,先端渐尖或具1~3 mm长的短芒,第一外稃长8~10 mm;内稃与外稃等长,先端略显分裂。

图4-13 赖草植株

(引自《饲草生产学》,董宽虎、沈益新主编,2003)

(二)生物学特性

赖草是适应性较广的禾草。耐旱、耐寒,也能忍耐轻度盐渍化土壤。春季萌发早,一般在3月底到4月初返青,5月下旬抽穗,6月开花,7月中旬种子成熟。其生长形态随环境的变化较大。在干旱或盐渍化较重的生长环境,生长低矮,有时仅有3~4片基生叶;而在水分条件较好、盐渍化程度较轻的地区(河谷冲积平原荒地或水渠边缘),能长成繁茂的株丛,并以强壮的根茎迅速繁衍,成为独立的优势群落。叶层高达30~40 cm,能正常抽穗、开花,但结实率低,许多小花不孕,故采种较困难。赖草为中旱生植物,适应幅度相当广泛。既稍喜湿润,又耐干旱,能适应轻度盐渍化的生长环境,比同属羊草有更强的适应性。作为杂草,见于各地农田中,其根茎发达,繁殖力强,颇难清除。在一些短期荒地上,赖草能迅速繁生,形成茂盛的单优种群落。适宜赖草生长的土壤广泛,沙质、沙壤质、壤质,栗钙土、淡栗钙土、黑垆土、灰钙土、淡灰钙土、灰漠土、盐渍化草甸土均可分布。

(三)栽培技术

通过引种驯化，赖草可在干旱、轻盐渍化土壤地区栽种用于刈牧，在宁夏荒漠草原地区的栽培(实行根茎移栽)试验，效果良好，9 d后出苗，23 d开始分蘖，35 d拔节，65 d抽穗，70 d开花，100 d成熟。当年于6月7日、8月11日、9月15日刈割3次，产鲜草4.10×10^4 kg/hm^2(干草1.12×10^4 kg/hm^2)。三茬产草率分别为38.3%、50.1%、11.1%，花期株高约为103.7 cm，完熟期株高约为121.2 cm。每株平均分蘖数88个，茎叶比约1∶2，秋季产种子约622.5 kg/hm^2。

(四)饲用价值

赖草属中等品质的刈牧兼饲用牧草，叶量少且草质粗糙，但牛、骆驼终年喜食。赖草还可以用于保护生态环境如水土保持等。

第八节　狼尾草属牧草

狼尾草属(*Pennisetum* Rich.)，属禾本科蒺藜草亚族，全球130余种，分布于热带和亚热带地区，我国约11种(包括引种)，狼尾草几乎遍布全国，多为优良牧草，可供造纸、编织等用。该属物种为一年生或多年生草本植物。主栽有杂交狼尾草(*Pennisetum americarum* × *P. purpureum*)、御谷(*Pennisetum americarum*)、象草(*Pennisetum purpureum*)等。

一、象草

学名：*Pennisetum purpureum* Schum.

英文名：Napiergrass

别名：紫狼尾草

象草原产非洲，引种栽培至印度、缅甸、大洋洲及美洲。我国四川、广东等地在20世纪30年代引进象草，现已遍及广东、广西、海南、福建、云南、贵州、江西、湖南、四川等地，成为主要的栽培牧草，是我国南方饲养畜禽重要的青绿饲料。

图4-14　象草

(引自《饲草生产学》，董宽虎、沈益新主编，2003)

(一)植物学特征

象草(图4-14)为多年生丛生大型草本，植株高大，一般为2~4 m，最高可超过5 m。根系旺盛，具有强大伸展的须根，最深可入土4 m。气生根于中下部的茎节长出。茎丛生，直立，有节，直径

1~2 cm，圆形，分4~6节。分蘖多，通常达50~100个，叶互生，长40~100 cm，宽1~3 cm，叶面具茸毛。圆锥花序呈圆柱状，长15~30 cm，每穗有小穗250多个，每小穗有花3朵，种子易脱落，发芽率很低，初生苗生长较为缓慢，一般采用无性繁殖。

(二)生物学特性

象草适应性强，最宜于温暖湿润的气候条件下生长，适宜的年平均温度为18~24 ℃。象草能耐短时期轻霜，在广州、南宁能保持青绿过冬，如遇严寒，则可能冻死。抗病虫害能力强，在广东、重庆栽培多年，很少发现病虫害。适宜在海拔1 000 m以下，年降水量1 000 mm以上的地区栽培。12~14 ℃时开始生长，25~35 ℃为最佳生长气温，5 ℃以下停止生长。具强大根系，耐旱性较强，遇30~40 d的干旱，仍能生长；在极度干旱的季节，叶片卷缩，叶尖端有枯死现象，但水分充足时，很快就会恢复生长。在温度适宜的条件下，一般种植后7~10 d即可出苗，15~20 d开始分蘖，土壤肥力越高，分蘖能力越强。

(三)栽培技术

一般应选择排灌方便，土层深厚、疏松、肥沃的土地建植。土地深耕翻20 cm，并进行平整。按宽1 m左右作畦，同时施入22.5~37.5 t/hm^{2}的有机肥作底肥。栽植期以春季为好，两广地区为2月，两湖地区为3月。应选择生长100 d以上的粗壮、无病虫害的茎秆作种茎，按2~4节切成一段，每畦为2行，株距为50~60 cm，斜播或平埋，覆土4~6 cm，种茎斜插。需种茎3 000~ 6 000 kg/hm^2，栽植后及时灌水。

象草喜肥，适时适量灌水和追肥，可以加速分蘖和壮苗。栽种后要注意灌溉，保持湿润，并及时查苗补栽。生长期间和每次刈割后也应注意中耕除草和施肥，追肥以氮肥（施尿素75~ 105 kg/hm^2）为主，促进再生。

冬季温暖地区种茎可在留种田自然过冬，冬季温度较低的地区需采取适当保护才可越冬。比如选干燥且高的地方挖坑，除去茎梢，平放于坑内再覆土50 cm，并覆盖地膜，以保护种茎越冬。

案例4-5：

海南岛种植的象草在年刈割3次的情况下，每株分蘖数约为26个；年刈割4次的约为43个；年刈割6次的约为91 个。

提问：分蘖能力除了与刈割有关还跟什么因素有关?

(四)饲用价值

象草是热带、亚热带地区一种高产的多年生牧草，株高100~130 cm时可刈割。南方一般每年可收割5~8次，留茬高6~10 cm，一般产鲜草35~75 t/hm^2，高者可达150 t/hm^{2}左右。

象草柔软多汁，适口性很好，利用率高，是牛、马、兔、鹅喜食的饲草。幼嫩时期可饲喂猪、禽，也可作养鱼饲料。不仅可以放牧利用，还可调制成干草或青贮备用，营养价值高（表4-7），其中蛋白质含量和消化率相比其他热带禾本科牧草均较高。象草根系发达，具有保持水土的作用。

表4-7　象草的营养成分质量分数

单位：%

草样	粗蛋白	粗脂肪	粗纤维	无氮浸出物	粗灰分
鲜草	1.29	0.24	4.04	5.45	1.17
干草	6.70	1.60	30.60	34.20	15.30

（引自《牧草学各论》，王栋原著，任继周等修订，1989）

二、御谷

学名：*Pennisetum americarum*（L.）Leeke

英文名：Pearl Millet，Cattail Millet

别名：珍珠粟、蜡烛稗、非洲粟、唐人稗、美洲狼尾草

御谷起源于非洲撒哈拉沙漠以西的地区，后来先传到非洲南部，再传到南亚地区，适应性很强，我国南北一些省区都有栽培。

（一）植物学特征

御谷属一年生植物。根系发达，须根。茎直立，常单生，圆柱形，直径1~2 cm，株高1.25~3.00 m。基部分枝，每株可分蘖5~20个，叶鞘平滑，叶舌不明显，叶舌连同纤毛长2~3 mm；叶线形，长80 cm，宽2~5 cm，基部近心形，两面稍粗糙，边缘具细刺，每株有叶片10~15个。密生圆筒状穗状花序，小穗通常双生于一总苞内成束，倒卵形，长3.5~4.5 cm，基部稍两侧压扁，通常双生成簇，第二花双性。种子长0.30~0.35 mm，成熟时由内外颖突出而掉落，千粒重4.5~5.1 g，花果期9~10月。

（二）生物学特性

御谷原产于热带非洲，是喜温植物，但对温热条件适应幅度大，在原产地年平均生长温度为23~26 ℃，在我国温带半湿润、半干旱地区，即年均温度为6~8 ℃，≥10 ℃的积温为3 000~3 200 ℃的地区，能正常生长。种子最适发芽温度为20~25 ℃，最适生长温度为30~35 ℃。

御谷抗旱性较强，一般在年降水400 mm的地区可生长，但是在极其干旱地区必须要灌溉，否则会导致生长不良，分蘖少，产量低。抗寒性较差，在早春霜冻严重的地区，不宜早春播种。耐瘠薄能力强，对土壤要求不高；喜水、喜肥，尤其对氮肥敏感。

御谷为短日照植物，我国从南往北推移，生育期延长。南方地区生育期仅120~122 d，而北方地区御谷生育期在130 d以上。

(三)栽培技术

宜选择土层深厚,排水良好的土壤进行平整耕翻。在新垦地种植时,要提前做好秋翻,使土壤充分熟化,消灭杂草。种子田可穴播,行距50~60 cm,株距30~40 cm。收草田宜密,条播行距40~50 cm,株距20~30 cm。播种时要施足底肥,播深3~4 cm,播后应视土壤墒情进行镇压。青饲用播种量为15.0~22.5 kg/hm^2,收种用播种量为4~8 kg/hm^2。

(四)饲用价值

御谷是一种高产优质的牧草,茎秆坚硬,节间较短,木质素多,缺少汁液和糖分,抽穗前适口性好,品质优良(见表4-8),牛、羊、兔、鱼皆喜食。青饲和干草应在抽穗初期刈割,此时叶量多,粗纤维少,营养价值高。刈割过晚养分含量降低,适口性差。青贮时刈割可以稍晚些,但不宜晚于抽穗中期。一年可以刈割5~6次,一般年产鲜草45~60 t/hm^2,高者可达100~120 t/hm^2,每公顷产干草45~52 t。

表4-8 御谷的营养成分质量分数 单位:%

草样	水分	粗蛋白	粗脂肪	粗纤维	无氮浸出物	粗灰分	钙	磷
鲜草	80.25	2.60	0.60	5.80	8.50	1.90	0.29	0.06

(引自《牧草饲料作物栽培学》,陈宝书主编,2001)

三、杂交狼尾草

杂交狼尾草(*Pennisetum americarum*×*P. purpureum*)是以象草为父本,御谷为母本的杂交种,广泛分布在我国海南、广东、广西、福建、江苏、浙江等地。我国栽培的杂交狼尾草是江苏省农业科学院于1981年从美国引进,以及海南华南热带作物科学院(现中国热带农业科学院)于1984年从哥伦比亚国际热带农业中心引进的。杂交狼尾草在世界热带及亚热带地区都有栽培。

(一)植物学特征

杂交狼尾草(图4-15)为多年生草本植物,是御谷与象草的杂种一代。植株高为3.5~4.5 m,须根发达,根系在20 cm左右的土层内扩展很广,由下部茎节长出气生根。茎秆圆形、直立,分蘖20个左右,经过多次刈割后,分蘖数成倍增加。每个分蘖茎约有20~25个节。叶长条形,叶面有茸毛,长60~80 cm,宽2.5 cm左右,丛生。圆锥花序密生为穗状,黄褐

图4-15 杂交狼尾草
(引自《饲料生产学》,南京农学院主编,1980)

色。杂交种为三倍体，不结实。杂交狼尾草抗倒伏、抗旱、耐湿、耐酸能力较强，较耐盐，在中度盐土上可以生长，在生产上常采用茎秆或株进行无性繁殖。

(二)生物学特性

杂交狼尾草原产于热带、亚热带地区，所以温暖湿润的气候最适宜其生长。耐旱、耐湿、耐盐碱能力强。杂交狼尾草在日平均气温达15 ℃时开始生长，25~30 ℃生长最快，低于10 ℃生长明显受到抑制，气温低于0 ℃时间过长会被冻死。

杂交狼尾草在沙土、黏土、微酸性土壤和轻度盐碱土都可生长。在土层深厚和保水良好的黏性土壤生长最好。杂交狼尾草喜肥，尤其对氮肥敏感性强，对锌肥也敏感。随着刈割次数的增加分蘖性增强。

(三)栽培技术

杂交狼尾草由于种子小，幼芽顶土能力差，整地的好坏对出苗的影响很大。因此整地要精细，以利于出苗。杂交狼尾草根系发达，需要深厚的土层，一般深耕30 cm，最好在冬天深耕，确保土壤疏松。3月份耙地作畦，畦宽4 m，开好沟，避免田间积水。5月上中旬播种，播种时要土壤水分适宜，气温达15 ℃左右最宜。春季栽植，选择生长100 d以上的茎秆用作种茎，将有节的部分插入土中1~2 cm，行距为60 cm，株距为30 cm定植，茎芽朝上斜插，以下部节埋入土中而上部节腋芽刚入土为宜。也可以分根移栽，移栽密度稀一些，一般行距为60 cm，株距为45~50 cm，分根移栽有时2~3个苗连在一起，成活率较高。播后覆土深度1.5 cm左右。播种后5~6 d即可出苗。刈草一般采用条播，播种量为10.5~15.0 kg/hm^2，行距50 cm；也可以育苗移栽，长出5~6个叶片时移栽到大田。移栽密度为每公顷6.0×10^4~7.5×10^4株，行距45 cm，株距20~25 cm。

杂交狼尾草要注意防治地下害虫和蚂蚁，可以用农药拌种或施毒土。杂交狼尾草苗期生长慢，易被杂草侵入，所以要做好除杂工作。施肥可以促进早分蘖，一般施用优质有机肥7.25×10^4 kg/hm^2，缺磷的土壤，施过磷酸钙2 250~3 000 kg/hm^{2}作基肥，每次刈割后都要追肥一次，施尿素75 kg/hm^2(或其他氮肥、人畜粪尿)。

(四)饲用价值

与象草相比，杂交狼尾草叶量更丰富，茎叶质地更柔嫩，且苞叶上毛量较少，故其饲用价值高于象草，食草家畜、家禽(如鹅)均喜采食。杂交狼尾草营养价值较高，当杂交狼尾草营养生长期株高为1.2 m时，茎叶干物质中分别含粗蛋白10%、粗脂肪3.5%、粗纤维32.9%、无氮浸出物43.4%、粗灰分10.2%。草鱼对杂交狼尾草的粗蛋白消化率为82.71%，所以可以作食草性鱼类的优质青饲料，其产草高峰和鱼的需食高峰是同一时期。杂交狼尾草在我国北纬27°以南地区为多年生，一次播种，多年利用。在长江中下游地区，运用高产栽培技术，在中等肥力的土壤上，鲜草产量可达150 t/hm^2。生长期180~200 d，从6月中旬直至初霜前均可供草，7、8月份生长最旺。

四、王草

以象草为母本,御谷为父本的杂交种称王草或皇草(*P. purpureum*×*P. americarum*)。

(一)植物学特征

王草(图4-16)是多年生丛生型高秆禾草。形似甘蔗,高1.5~4.5 m,每株具节15~35个,节间长4.5~15.5 cm;基部各节可生气生根,每节产气生根15~20条,少数秆中部至中上部还会产生气生根。叶呈长条形。圆锥花序密生呈穗状。颖果纺锤形,浅黄色,有光泽。小穗披针形,每3~4个簇生成束。

图4-16 王草

(引自《饲草生产学》,董宽虎、沈益新主编,2003)

(二)生物学特征

王草原产于热带地区,最宜于温暖湿润气候条件下生长,不耐严寒。根系发达,耐干旱,在干旱少雨季节,不会枯死,仍可获得一定的产量;根部在长期水淹的情况下,不会淹死,但是长势差;耐火烧。对土壤的适应性广泛,在酸性红壤或轻度盐碱土上生长良好,尤其在土层深厚,有机质丰富的壤土至黏土上生长最盛。栽种后7~10 d出苗,20~30 d开始分蘖。种子千粒重为0.54~0.67 g。

(三)栽培技术

平整土地,开挖行距60 cm、宽20 cm、深15 cm的沟,施有机肥7.5×10^3~1.5×10^4 kg/hm²或磷肥150~225 kg/hm²作底肥,并起好排水沟。春季气温在15 ℃以上最适宜种植。取健壮种茎,每1~2节为一段,以株距30~40 cm斜插成45°,芽朝两边,盖土压实,以种茎露出地面3~4 cm为宜。用种茎2 250~3 000 kg/hm²,扦插后要浇水和施肥。种植后要及时进行补苗,经20~30 d开始分蘖,当苗长到30~50 cm高时,可兑水喷施尿素300~450 kg/hm²。

在种后第3个月开始第1次收割,20~30 d收割1次,每次收割应留茬10 cm,年收割期可达8~9个月。每次收割后应追施适量氮肥。气温低于0 ℃时,种茎的保存必须采取一些保温措施,可把它放入地窖或用沙土和地膜将其覆盖。常见的病害有炭疽病,虫害有地老虎、钻心虫等。可用50%的多菌灵连喷2遍进行防治。

(四)饲用价值

王草植株高大,茎嫩多汁,略具甜味,牛、羊、鹿、鱼极喜食,兔、猪、鸡、火鸡、鸭、鹅喜食。适宜刈割青饲或调制青贮饲料。王草的产草量和蛋白质含量都较象草高,冬季缺草期较象草更短,鲜草产量225~450 t/hm²。以王草代替象草,每年可多产鲜草30~75 t/hm²,多产粗蛋白1.50~2.25 t/hm²。

第九节　狗牙根属牧草

狗牙根属牧草属禾本科多年生草本植物，植株矮小，茎匍匐状，约10个种，分布于暖温带、亚热带和热带地区，在美国的南部、非洲、欧洲、亚洲的南部均有分布，我国有2个种，1个变种。

一、狗牙根

学名：*Cynodon dactylon*（L.）Pers.

英文名：Bermudagrass

别名：铁线草、绊根草、爬地草、行仪芝

狗牙根原产于非洲，在我国广泛分布于黄河以南各地区，新疆南北疆也有分布。

常见的国外品种有“岸杂1号”狗牙根，“Tiffine”“Tifgreen”“Tifway”“Tifwarf”“Midiawn”。其中“岸杂1号”为牧草型品种，其他为草坪型品种。

我国审定登记的品种主要有“兰引1号”狗牙根，野生栽培品种喀什狗牙根、南京狗牙根，育成品种有“新农1号”“新农2号”“新农3号”狗牙根，多以草坪型品种为主。

（一）植物学特征

狗牙根（图4-17）属多年生禾草，秆细而坚韧，下部匍匐地面蔓延生长，节间不等长，节上常生不定根，直立部分高10~30 cm，直径1.0~1.5 mm，秆壁厚，光滑无毛，有时略两侧压扁。叶片条形，长2~10 cm，宽1~4 mm。穗状花序，3~6枚，长2~6 cm，呈指状排列于茎顶。小穗灰绿色或带紫色，长2.0~2.5 mm，每小穗仅1小花；颖长1.5~2.0 mm，第二颖稍长，均具1脉，背部成脊而边缘膜质；外稃舟形，具3脉，背部明显成脊，脊上被柔毛；内稃与外稃近等长。颖果长圆柱形，千粒重0.25 g左右。

图4-17　狗牙根
（引自《饲料生产学》，南京农学院主编，1980）

（二）生物学特性

狗牙根喜温暖湿润的气候，不耐寒冷，气候寒冷时生长差，容易受到霜害。日平均温度24 ℃以上时，生长最好。日平均温度下降至6~9 ℃时生长缓慢，叶片开始变黄；温度在-3~-2 ℃时，其茎叶死亡；温度在-14.4 ℃时，地上部绝大多数凋萎，但地下部分仍可存活，至翌年春天转暖时，很快萌发生长。在我国南方一般3~4月萌发，6~8月生长旺盛，11月后渐枯，青草期8个月以上，生育期250~280 d。

狗牙根营养繁殖能力强，匍匐茎接触地面后，每节都能生根，有增强抗旱能力作用，但由于根系入土比较浅，故长时间干旱会影响其生长。栽培在灌溉方便或湿润地，生长较好。各种土壤均能生长，但以湿润而排水良好的中等黏重的土壤上生长最好。在温暖多雨的4~8月，肥料充足的情况下，新老匍匐茎在地面上互相穿插，交织成网相互支撑，短时间内即能成坪，形成占绝对优势的植物群落。

（三）栽培技术

土地需细致平整，种子发芽最适宜温度约为18 ℃，最好春播，选用发芽率在80%以上的种子，播种量3.75~11.75 kg/hm^2，狗牙根种子细小，播种时需混合撒播，如用泥沙、木屑等拌种，浅覆土。狗牙根的繁殖方法主要有分株移栽法、块植法、种茎切断繁殖法和条植法。分株移栽法即取狗牙根草皮，使植株及芽向上，分株栽植在整理好的穴中，每段留3~4个茎节，露出地面1~2节。块植法即将已育成的草皮连根挖起，切成长宽各15~20 cm的草皮种块，点植铺建新草坪。种茎切断繁殖法是把挖起的草皮，打成土块，把匍匐茎切成6~10 cm长的草段，均匀撒在已整好的苗床上，石磙轻压一遍，使茎节接触土壤一周后茎节即生根发芽。条植法即选节间粗短的种茎，当天采茎，当天种完。条插行距在40~50 cm，阴雨天，且土温在26~32 ℃时最易成活，生根速度最快。

狗牙根田间管理要注意根据土壤情况适当灌水，保持土壤湿润以利于芽苗成活。狗牙根芽期比较脆弱，所以要注意消灭杂草。当春暖开始萌发时，可用氮素肥料75~110 kg/hm^2，兑水后多次泼施，以促进生根。在刈割之后宜追施氮肥，可再加施过磷酸钙150~225 kg/hm^2。据美国资料显示，氮、磷、钾肥的施用比例以4∶1∶2为佳。每年在10~12月，停止刈割或放牧，让狗牙根在地上部长有一定草量，以利抗寒越冬。

（四）饲用价值

狗牙根生长快，产量高，叶量丰富，草质柔软，味淡，其茎微酸，适口性好，被各种家畜喜食，幼嫩时猪及家禽也喜食。在气候适宜、水肥充裕的地区，植株生长较高，可刈割晒制干草和青贮。在草株高35~50 cm时开始刈割，每4~6周刈割1次，最后一次刈割应在初霜来临前8周进行，提高刈割高度，保证再生草的产量。每年可刈割3~4次，一般可收干草2 250~3 000 kg/hm^2；在土壤肥沃、管理条件较好的土地上，可收鲜草7.50×10^3~1.13×10^4 kg/hm^2。狗牙根营养期干草粗蛋白含量占干物质的17.58%，粗脂肪占1.95%，粗纤维占29.64%，无氮浸出物占36.54%，粗灰分为14.29%（表4-9）。

表4-9　狗牙根的营养成分及可消化养分

单位:%

样品	生育期	水分	占风干物质					钙	磷	可消化蛋白质	总消化养分
			粗蛋白	粗脂肪	组纤维	无氮浸出物	粗灰分				
干草	—	9.40	7.95	1.99	28.59	53.74	7.73	0.37	0.19	3.70	44.21
鲜草	—	65.00	10.29	2.00	28.00	49.71	10.00	0.14	0.07	1.90	20.80
干草	营养期	69.30	17.58	1.95	29.64	36.54	14.29	—	—	—	—
鲜草	开花期	—	8.80	1.60	27.40	47.90	14.30	—	—	7.10	—

(引自《中国饲用植物志》第一卷,贾慎修主编,1987)

第十节　其他禾本科牧草

一、冰草

学名:*Agropyron cristatum* (L.) Gaertn.

英文名:Wheatgrass, Crested Wheatgrass

别名:扁穗冰草、羽状小麦草、野麦子

冰草为冰草属牧草,是世界温带地区最重要的牧草之一,广泛分布于西伯利亚西部和亚洲中部寒冷、干旱地区。主要生长于干燥的草地、山坡、丘陵以及沙地,不适合在酸性强的土壤和沼泽、潮湿的土壤上种植。在我国,主要分布于东北、西北和华北的干旱草原上。

(一)植物性特征

冰草(图4-18)系多年生禾草,须根系,深达1 m左右,有时也具有短小根茎。

常分为直立型和根茎型两种。结实性很好,种子的产量和质量都很高。秆成疏丛,上部紧接花絮,高20~75 cm。叶片长5~20 cm,宽2~5 mm,常内卷,粗糙且质地较硬。穗状花序较粗壮,矩圆形或两端微窄,长2~6 cm,宽8~15 mm;小穗紧密平行排列成两行,含4~7朵花,长10~13 mm,颖舟形,脊上连同背部脉间被长柔毛,第一颖长2~3 mm,被短刺毛;外稃长6~7 mm,被有稠密的长柔毛或显著地被稀疏柔毛,顶端具短芒

图4-18　冰草
(引自《饲草生产学》,董宽虎、沈益新主编,2003)

长2~4 mm,内、外稃等长。内稃脊上具短小刺毛。种子千粒重2 g左右。

(二)生物学特性

冰草为多年生旱生禾草,具有抗寒、抗旱、耐放牧及种子结实率高等特性,在干燥寒冷、年降水量230~380 mm的地区生长良好。对土壤要求不严,适宜在草原地区的栗钙土壤上生长,不耐酸,不适宜在黏土壤上种植。

冰草生存年限长,可超过10年。分蘖能力强,能很快形成丛生状。播种当年一般处于营养生长时期,第2年开始进行生殖生长,正常结实。第2年鲜干草产量以及种子产量最高。栽培冰草头茬草和再生草产量均在开花期最高。冰草种子采集应在蜡熟期进行,以免种子自行脱落。

(三)栽培技术

播种前需精细整地,彻底清除杂草,施用有机肥。在寒冷地区春夏季均可播种,4~5月最佳;在冬季气候温和的地区以秋播为宜。一般条播或撒播。播种量为10.0~22.5 kg/hm^2,覆土1~3 cm。抽穗期适宜刈割,每年可刈割2~3次。若延迟刈割,营养成分和适口性下降,饲用价值下降。

(四)饲用价值

冰草草质柔软,适口性较好,营养价值高,在幼嫩时马和羊以及牛和骆驼喜食。用冰草饲喂反刍家畜,消化率和可消化养分也较高。在干旱草原区,冰草是一种优良的天然牧草,其种子产量高,易于收集,发芽力颇强。由于冰草既可用于放牧,又可用于刈割,不少地方进行了引种栽培,并将其作为重要的栽培牧草。单种或与豆科牧草混播,播种当年每公顷可产干草1 500 kg,高者可产2 000 kg。此后每年可刈割2~3次,一般每公顷产鲜草15.0~22.5 t,可晒制干草3.0~4.5 t。冬季枝叶不易脱落,仍可放牧。冰草宜在抽穗期刈割,延迟收割,茎叶比例变大,草质变得粗硬,粗纤维含量高,蛋白含量低导致营养成分低,饲用价值降低。

案例4-6:

在四川某地区4月种植冰草,播种前精细耕地,进行了杂草清理。可是在6月份对样地进行采样时发现,冰草长势低矮,发育不良,植株矮小,大部分枯黄并且有死亡的现象。

提问:请根据所学知识,简述出现这种现象的原因。

二、虉草

学名:*Phalaris arundinacea* L.

英文名：Reed Canarygrass

别名：草芦、园草芦

虉草是虉草属（*Phalaris* L.）牧草，原产于欧洲、北美洲、亚洲中部。主要分布于我国东北各地区以及江苏、浙江等省。

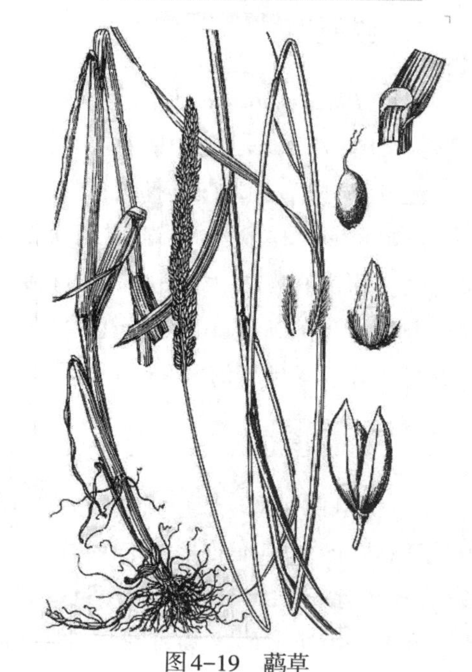

图4-19　虉草

（引自《饲草生产学》，董宽虎、沈益新主编，2003）

（一）植物学特征

虉草（图4-19）属于多年生禾本科植物，须根系，有根茎，呈黄色。直立茎，高60~140 cm，有5~8节，茎秆通常单生，少数丛生，光滑无毛。叶片扁平状，浅绿色，长10~30 cm，宽6~20 mm。叶舌薄膜质，长2~3 mm，没有叶耳。圆锥花序，种子淡灰、浅棕色，有光泽。圆锥花序紧密狭窄，圆锥花序长7~16 cm，披针形，顶生1枚两性小花，下有2枚退化不孕花。分枝直向上举，密生小穗；小穗长4~5 mm，无毛或有微毛。颖沿脊上粗糙，上部有极狭的翼，脉纹3条。孕花外稃宽披针形，长3~4 mm，内稃舟形，背具1脊。花果期6~8月。种子椭圆，千粒重0.7~0.9 g。

（二）生物学特性

虉草适应冷凉气候，-17 ℃时仍然能越冬。对土壤要求不高，以在黏土或黏性土壤上生长最好。耐湿、耐水淹，在潮湿多水的地方生长茂盛。生长期长，早春萌生，秋季仍能继续生长。种子易脱落，但结实率高。

（三）栽培技术

播前需清除杂草，施足基肥，春秋季均可播种。可用种子条播，播深3~4 cm，行距为30 cm，适宜播种量为22.5~30.0 kg/hm^2。根茎无性繁殖行距为40 cm，穴距30 cm，每穴栽种2~3个分蘖。虉草具有植株高大，叶茂等特点，所以不宜混种。喜肥，充足的水肥有利于增加产量，提高营养品质。因种子容易脱落，需及时收种，可收种子230~300 kg/hm^2。

（四）饲用价值

虉草虽然质地粗糙，但产量高而多汁，可供放牧、晒制干草和调制青饲料。植株高大，生长繁茂，与其混种的豆科牧草不易成活。幼嫩时，为牲畜喜食的优良牧草，收割或放牧以后再生力很强；秆可编织用具或造纸。虉草再生性好，产量高，每年可刈割3~4次，鲜草产量为$3×10^4$~$6×10^4$ kg/hm^2。抽穗期分别含粗蛋白9.5%，粗脂肪2.3%，粗纤维25.5%，粗灰分12.3%，钙0.63%，磷0.26%。其利用的最适期为抽穗之前，制成干草后，适口性较好。

三、猫尾草

学名:*Phleum pratense* L.

英文名:Timothy

别名:梯牧草、鬼蜡烛、梯英泰

猫尾草是禾本科猫尾属,属疏丛型多年生草本植物,主要分布在北纬40°~50°的寒冷湿润地区。原产自欧亚大陆的温带,印度、斯里兰卡、中南半岛、马来半岛,南至澳大利亚北部也有分布。我国新疆等地有野生种,现主要分布在我国福建、江西、广东、海南、广西、云南及台湾等地区。多生于海拔850 m以下干燥旷野坡地、路旁或灌丛中。

(一)植物学特征

猫尾草(图4-20)茎直立,株高80~120 cm,须根发达,入土浅,具有根状茎,节间短。叶扁平细长,光滑无毛,长10~30 cm,宽5~8 mm;叶舌膜质,为三角形;叶耳圆形。圆锥花序,小穗稠密。每小穗有小花1朵;颖膜质,外稃,有7条脉,膜质,透明,截形;外稃略长于内稃。种子圆形,淡棕黄色,表面有网纹,易与稃分开。千粒重0.36~0.40 g。

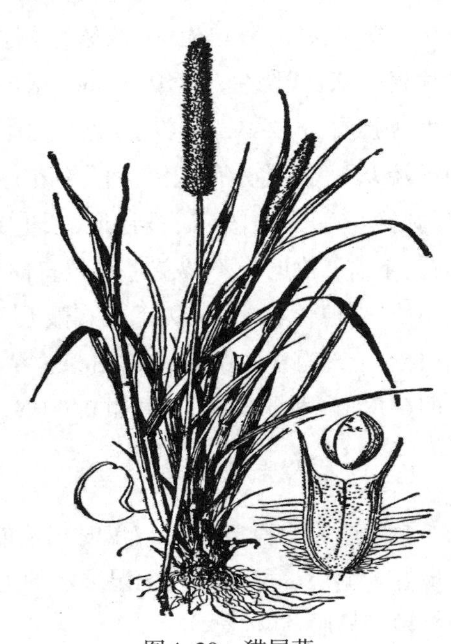

图4-20 猫尾草

(引自《饲草生产学》,董宽虎、沈益新主编,2003)

(二)生物学特性

猫尾草是多年生禾本科植物,喜冷凉湿润气候,具抗寒性强、越冬性好、耐淹浸等特点,但不耐干旱,最适年降水量为700~800 mm。在中性及酸性土壤上生长最佳,在强酸性土壤和石灰质含量较高的土壤中生长发育不良,其耐碱性弱,pH 5.2~7.7为最适宜环境,寿命较长。

(三)栽培技术

播种前要精细整地,春夏两季均可播种,也可雨季秋播,覆土1~2 cm,播后适当镇压,苗期注意除杂。收草适宜播种量为每公顷7.50~12.00 kg,行距20~30 cm;收种适宜播种量为每公顷3.75~7.00 kg,行距30~40 cm。在开花期借助人工辅助授粉,可提高结实率。猫尾草可与黑麦草、鸭茅、牛尾草、紫花苜蓿、红三叶、白三叶等混播,其中与红三叶混播效果较佳。喜水肥,灌水结合施肥可提高产量,一般追施氮肥150 kg/hm^2,磷肥37.5 kg/hm^2,钾肥75 kg/hm^2。

(四)饲用价值

猫尾草植株高大,叶量丰富,叶片较大,产草量高而稳定。在始花期测定,叶重占全株总重的50%以上。在岷县旱作条件下，从1979年到1984年连续种植5年，据测定鲜草产量为1.54×10⁴~2.50×10⁴ kg/hm²。宜用于刈割青饲、青贮或调制干草。不耐牲畜践踏，过多的放牧利用会使其寿命缩短。但与紫花苜蓿、红三叶等混播的草地，仍可用于短期放牧。猫尾草饲用价值高，是家畜的好饲草，尤其骡、马最喜食。但不宜喂羊，羊食过多，容易引起食欲衰退。

四、扁穗牛鞭草

学名：*Hemarthria compressa*（L.f.）R.Br.

英文名：Compressed Hemarthria

别名：牛鞭草、牛子草、铁马鞭

牛鞭草属（*Hemarthria* R. Br.）在全世界约20个种。主要分布在热带、亚热带地区，少数分布于北半球温带湿润地区。我国牛鞭草属资源丰富，分布在广东、广西、云南和四川等地区。主要应用在热带、亚热带地区草地畜牧系统中。

（一）植物学特征

扁穗牛鞭草（图4-21）是禾本科牛鞭草属多年生草本植物，具根茎，根茎具分枝，株高70~100 cm。茎直立，中部多分枝，淡绿色，下部暗紫色。叶片线形或广线形，较多，长10~25 cm，宽3~4 mm，无毛。叶舌小，具茸毛。总状花序，长5~10 mm，直径约1.5 mm，略扁状。节上有成对小穗，1对小穗有柄，1对小穗无柄，长5~7 mm。有柄小穗与肥厚的穗轴并连扁平，有1朵发育良好的两性花。无柄小穗长5~7 mm，内含1朵完全花，1朵不育花膜质透明。颖果长卵形，呈蜡黄色。

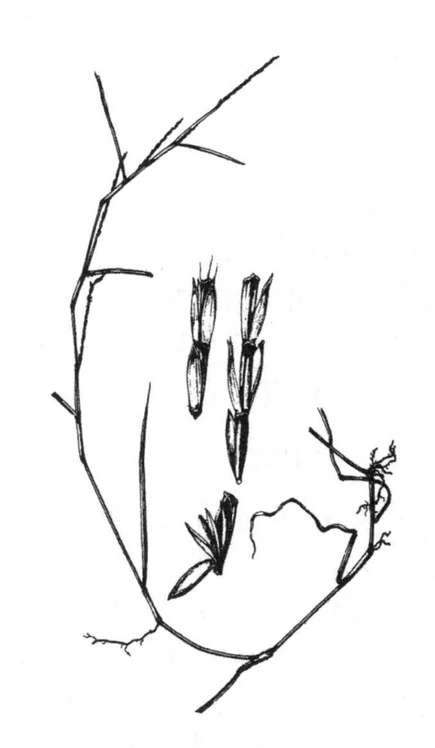

图4-21　扁穗牛鞭草

（引自《中国主要植物图说——禾本科》，耿以礼主编，1959）

（二）生物学特性

扁穗牛鞭草喜温暖湿润气候，对土壤要求不严，以微酸性土壤、酸性黄壤最为适宜。既耐热也耐寒，39.8 ℃时仍能良好生长，-3 ℃时也能保持青绿。在低湿处生长旺盛，潮湿低洼处常见野生禾草。四川地区，扁穗牛鞭草7月中下旬抽穗，8月中上旬开花，9月初结实，种子9~10月成熟。因其种子小且结实率低，不易收获。一般采用无性繁殖。扁穗牛鞭草每年可刈割4~6次，再生性好。刈割能促进分蘖，在刈割后50 d左右，再生草便可生长到100 cm以上。

(三)栽培技术

扁穗牛鞭草生长期需水较多,多在排灌方便地区种植,扁穗牛鞭草对整地要求不严。扁穗牛鞭草宜无性繁殖,全年均可栽培,但以5~9月份栽插为宜。雨前扦插或栽后灌水,成活率高。在温度为15~20 ℃时,7 d长根,10 d露出新芽,移栽成活率极高。扁穗牛鞭草最适宜刈割时期为孕穗期,此时产量高、营养品质好。据四川农业大学研究报道,"广益"扁穗牛鞭草在洪雅县种植,年产鲜草可达$1.49×10^5$ kg/hm^2,1年可刈割5~6次。具有再生力强等特性,其刈割高度视其饲喂对象和利用方式而定,青饲禽类、猪,刈割高度为20~30 cm;青饲牛,刈割高度为40~70 cm;青饲羊,刈割高度为35~60 cm;青贮用,刈割高度为80~100 cm。扁穗牛鞭草也可与红三叶、白三叶等豆科牧草混播建植人工草地。

(四)饲用价值

扁穗牛鞭草植株高大,叶量丰富,适口性好,是牛、羊、兔的优质饲料,各种家畜喜食。青贮效果好,利用率高。调制干草不易掉叶,但水分损失慢,易腐烂。扁穗牛鞭草粗蛋白含量较高,为优良牧草之一。

五、大黍

学名:*Panicum maximum* Jacq.

英文名:Guinea Grass

别名:坚尼草、几内亚草

大黍原产于非洲,在印度、斯里兰卡、印度尼西亚、澳大利亚、美国南部等地区都有栽培。在我国广东、广西、台湾等地也有栽培。

(一)植物学特征

大黍(图4-22)是多年生禾草,须根发达,根茎短状,茎直立丛生,光滑粗壮,株高1 m左右,有的可达2~3 m。叶鞘密生粗毛,叶片条形,平展,边缘粗糙,叶长20~90 cm,宽1~3 cm。圆锥花序直立散开,长23~40 cm。籽粒具横皱纹,呈淡黄色,长2.5 mm左右,千粒重约1.5 g。

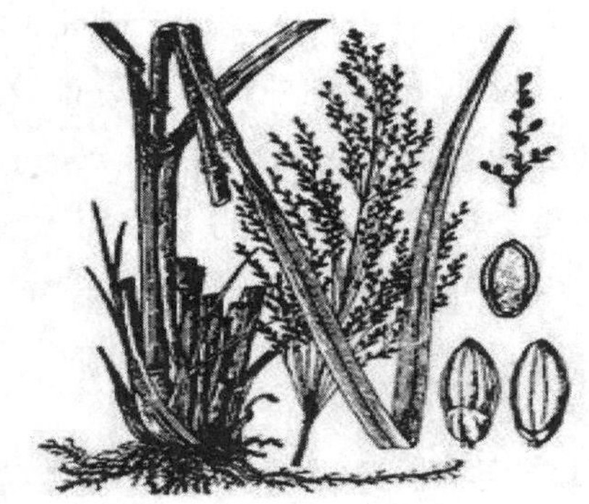

图4-22 大黍

(引自《中国主要植物图说——禾本科》,耿以礼主编,1959)

(二)生物学特性

大黍喜湿热气候,在-2.2 ℃的低温时,植株生长受冻害,成株不耐-7.8 ℃低温,易冻死。在广东、广西,6~9月高温多雨季节,生长迅速,冬季生长缓慢。大黍的适应性强,耐酸,耐旱,亦耐瘠薄,在pH 4.5~5.5的地区能生长,在中等以上肥力的土壤中生长良好,是热带地区的一种优良牧草。

（三）栽培技术

大黍既可用种子繁殖也可进行无性繁殖。宜春播，行距50~60 cm为宜，播种量每公顷7.5 kg。播前施足基肥，刈割后追施氮肥，在一定的施肥范围内，能提高鲜干草产量以及蛋白质含量。分株繁殖即割去上部茎叶，留茬20 cm左右，然后将全株挖起，分成4~5苗一束，按60 cm×90 cm的株行距进行穴植，深度15 cm。雨季移植极易成活，干旱季节移植需浇定根水。可与豆科牧草混播，每年刈割4~7次。种子成熟不一致，边熟边落，采种较困难。

（四）饲用价值

大黍在南亚热带四季常青，茎、叶软硬适用，牛、羊、马，鱼都喜食，尤以牛最喜食，冬季茎秆稍粗硬，适口性稍差。其茎叶量比为1∶1。既可作青饲料，亦可刈割调制干草，干草率为33%。再生力强，在华南年刈割4~7次，产鲜草45~75 t/hm^2。据华南热带作物研究所（现中国热带农业科学院）资料，年刈割4次，产鲜草为69.13 t/hm^2，产粗蛋白为990 kg/hm^2。

六、巴哈雀稗

学名：*Paspalum notatum* Flugge

英文名：Bahiagrass

别名：百喜草

巴哈雀稗是暖季型草本植物，原产于古巴、墨西哥、加勒比海群岛和南美洲沿海地区，在我国主要分布在广东、广西、海南、福建、四川、贵州、云南、湖北、安徽等地区。

（一）植物学特征

巴哈雀稗（图4-23）是禾本科多年生草本植物，根系发达，入土深，具有粗壮多节的木质根状茎，株高30~75 cm。叶片长20~30 cm，宽3~8 mm，扁平对折，叶舌极短，膜质。总状花序两枚对生，长约6.5 cm，斜展，卵形种子。

图4-23　巴哈雀稗
（引自《中国主要植物图说——禾本科》，耿以礼主编，1959）

（二）生物学特性

巴哈雀稗喜温热，耐潮湿，耐干旱，能在沙地生长，通过匍匐茎可形成坚固稠密的草皮。该草不耐寒，低温保绿性比锥穗钝叶草、假俭草和地毯草略好点。耐荫，极耐旱，干旱过后其再生性很好。巴哈雀稗适应的土壤范围很广，从干旱沙壤到排水差的黏土均可，尤其适于海滨地区干旱、粗质、贫瘠的沙地，适于pH为6.0~7.0的土壤。耐盐，但耐淹性不好。生长粗放，对土壤要求不严，能在疏松的沙地生长，形成致密坚固的草皮，是南方优良的道路护坡、水土保持的绿化植被。耐牧性较强。

(三)栽培技术

巴哈雀稗仅需较低的栽培水平。巴哈雀稗盛产种子,故主要为种子繁殖。不利的是种子柄大。巴哈雀稗大部分是无融合的异花授粉,染色体数为20和40。它的种子发芽率很低,但可用稀硫酸或热处理来提高发芽率。

(四)饲用价值

巴哈雀稗茎叶柔嫩,营养丰富,氨基酸种类齐全,谷氨酸含量高,适口性好,是牛、羊、猪、兔、鹅、鱼等的优质饲草。耐牧性较强,适合放牧,但家畜采食易患麦角病,对牛尤甚。

七、狗尾草

学名:*Setaria viridis*(L.)Beauv.

英文名:Green Bristlegrass

别名:莠、谷莠子、绿毛莠、绿狗尾草

狗尾巴草在世界各地均有分布。在我国南方各省普遍生长,为常见杂草。适应性强,干湿地均可生长。

(一)植物学特征

狗尾草(图4-24)是禾本科一年生草本,直立茎或基部膝曲,基部稍扁,带青绿色。株高20~90 cm。叶片扁平,长5~30 cm,宽2~18 mm。叶舌极短,边缘带有纤毛。圆锥花序,呈圆柱状。颖果椭圆或长圆形,千粒重0.9~1.0 g。

图4-24 狗尾草
(引自《中国主要植物图说——禾本科》,耿以礼主编,1959)

(二)生物学特性

狗尾草耐旱耐贫瘠,适应性强,酸性土壤、碱性土壤、干湿地均可生长,常见于荒地、林间隙地、路旁、沟坡、田埂和旱田等处。

(三)饲用价值

狗尾巴草是牛、驴、马、羊爱吃的植物。茎叶柔软,营养价值较高,适口性好,各种家畜喜食,属于良等牧草。青贮或调制干草最适时期为开花期。

思考题

1.我国南方及北方主要的禾本科牧草分别有哪些?

2.禾本科牧草的主要收获对象有哪些?收获对象不同,栽培措施有哪些异同?

3.禾本科牧草的主要利用方式有哪些?

4.与豆科牧草相比,禾本科牧草在青贮和调制干草上有何优势?

参考文献

1. 董宽虎,沈益新. 饲草生产学[M]. 北京:中国农业出版社,2003.

2. 许能祥,顾洪如,程云辉,等. 不同多花黑麦草品种萌发期耐盐性评价[J]. 草业科学,2011,28(10):1820-1824.

3. 戴全裕,陈钊. 多花黑麦草对啤酒废水净化功能的研究[J]. 应用生态学报,1993,4(3):334-337.

4. 戴全裕,蔡述伟,张秀英. 多花黑麦草对黄金废水净化与富集的研究[J]. 环境科学学报,1998,18(5):553-556.

5. 泮进明,应义斌. 营养液膜技术栽培牧草净化循环流水水产养殖废水的试验[J]. 水产学报,2005,29(5):695-699.

6. 丁成龙,顾洪如,许能祥,等. 不同刈割期对多花黑麦草饲草产量及品质的影响[J]. 草业学报,2011,20(6):186-194.

7. 胡生荣,高永,武飞,等. 盐胁迫对两种无芒雀麦种子萌发的影响[J]. 植物生态学报,2007,31(3):513-520.

8. 田宏,刘洋,张鹤山,等. 扁穗雀麦种子萌发吸水特性与萌发温度的研究[J]. 中国草地学报,2009,31(2):53-58.

9. 马青枝,李造哲. 披碱草和野大麦及其杂种苗期抗旱性研究[J]. 中国草地,2005,27(6):23-27.

10. 中国科学院中国植物志编辑委员会. 中国植物志[M]. 北京:科学出版社,1999.

11. 顾梦鹤,杜小光,文淑均,等. 施肥和刈割对垂穗披碱草(*Elymus nutans*)、中华羊茅(*Festuca sinensis*)和羊茅(*Festuca ovina*)种间竞争力的影响[J]. 生态学报,2008,28(6):2472-2479.

12. 崔向超,胡君利,林先贵,等. 发酵牛粪对苏丹草根系丛枝菌根(AM)真菌侵染及磷吸收效率的影响[J]. 土壤,2011,43(4):590-594.

13. 徐玉鹏,武之新,赵忠祥. 苏丹草的适应性及在我国农牧业生产中的发展前景[J]. 草业科学,2003,20(7):23-25.

14. 许光辉,柏彦超,汪莉,等. 生活污泥对滩涂土壤性质和苏丹草生长及重金属累积的影响[J]. 农业环境科学学报,2011,30(7):1321-1327.

15. 中国科学院中国植物志编辑委员会. 中国植物志[M]. 北京:科学出版社,2004.

16. 肖文一,陈德新,吴渠来. 饲用植物栽培与利用[M]. 北京:农业出版社,1991.

17. 刘铁梅,张英俊. 饲草生产[M]. 北京:科学出版社,2012.

18. 陈默君,贾慎修. 中国饲用植物[M]. 北京:中国农业出版社,2002.

19. 中国饲用植物志编辑委员会. 中国饲用植物志[M]. 北京:中国农业出版社,1991.

20. 南京大学生物学系,中国科学院植物研究所. 中国主要植物图说——禾本科[M]. 北京:科学出版社,1959.

21. 黄勤楼,钟珍梅,陈恩,等. 施氮水平与方式对黑麦草生物学特性和硝酸盐含量的影响[J]. 草业学报,2010,19(1):103-112.

相关网站

http://bk.xumu001.cn/

第五章　豆科牧草

第一节　苜蓿属牧草

苜蓿属(*Medicago* L.)植物有60余种，广泛分布于欧洲、亚洲和北非。我国有12个种，3个变种，6个变型，栽培种6个，即紫花苜蓿、黄花苜蓿、杂花苜蓿、天蓝苜蓿、褐斑苜蓿和矩镰荚苜蓿。主要分布于黄河流域及新疆、东北等地。紫花苜蓿是我国栽培面积最广，经济价值最高的品种。再次为黄花苜蓿，在内蒙古西北部等草原中常有野生，也是牲畜的优良牧草。

案例5-1：

紫花苜蓿是优良豆科牧草，营养价值高，根系发达，能与根瘤菌建立共生关系，既能提高土壤肥力，又可以改良土壤结构和理化性质。贵州作为南方的一个草地畜牧业大省，为满足牲畜对饲草料的需要，已经在全省多个地区大力推广种植紫花苜蓿。贵州龙里县水热充足，适合牧草生长，因此贵州省某科学研究院在该县设立试验点，针对草地产量低，土地肥力下降，缺乏优良牧草问题，以退耕还草模式，将紫花苜蓿加以推广。但是，经过一段时间的种植，发现紫花苜蓿生长情况不是很好。

提问：为什么贵州该县紫花苜蓿栽种效果不好?

答：原因有以下几点：

(1)紫花苜蓿喜碱性土壤，但贵州大部分地区是酸性土壤；

(2)播种时没有为紫花苜蓿接种根瘤菌；

(3)播种前多用石灰进行土壤改良，石灰具有杀菌作用，若在石灰未降解完全前播种、接种紫花苜蓿，会杀灭根瘤菌；

(4)紫花苜蓿不耐水淹，积水会导致烂根，贵州龙里县雨水充足，土壤为黏性，排水效果较差。

一、紫花苜蓿

学名:*Medicago Sativa* L.

英文名:Alfalfa,Lucerne

别名:紫苜蓿、苜蓿

紫花苜蓿原产于伊朗,抗逆性强、产量高、品质好、利用方式多、适口性好、经济价值高,具有其他豆科牧草所不能比拟的许多优点,是当今世界栽培最早,分布最广的牧草,有“牧草之王”的美称。主要栽培于温带地区,美国种植面积超过1×10^7 hm^2,约占世界种植总面积的33%,是种植面积最大的国家。紫花苜蓿在我国已有2 000多年的栽培历史,汉武帝时期张骞出使西域带回紫花苜蓿,如今已广泛栽培于西北、华北和东北地区,江淮流域也有种植。我国种植面积约1.33×10^6 hm^2,居世界第6位。

(一)植物学特征

紫花苜蓿(图5-1)为豆科苜蓿属,多年生草本。直根系,入土深度可达3~4 m;侧根主要分布在20~30 cm土层中;根颈为根的最上部,位于地表以下,抗旱、耐寒;密生许多茎芽,颈蘖枝条一般有25~40个。茎直立或斜生,光滑,高约1 m。羽状三出复叶,稀多小叶,小叶长圆形或卵圆形,先端有锯齿,中叶略大。短总状花序簇生,每簇有小花20~30朵,蝶形花有短柄,雄蕊10枚,1离9合,组成联合雄蕊管,有弹性,紫色或蓝紫色;雌蕊1个。荚果螺旋形,2~4回,表面光滑,有不甚明显的脉纹,幼嫩时淡绿色,成熟后呈黑褐色,不开裂,每荚含种子2~9粒。种子肾形,黄色或黄绿色,表面有光泽,陈旧种子暗褐色;千粒重约2 g。细胞染色体$2n=16,32,64$。

图5-1 紫花苜蓿
(引自《饲草生产学》,董宽虎、沈益新主编,2003)

(二)生物学特征

紫花苜蓿适应性广,喜温暖、半干燥气候,能在5~6 ℃时萌发,最适生长温度为25 ℃。耐寒能力强,幼苗可忍受−6~−5 ℃的低温,成株可忍受−30~−20 ℃的低温,被雪覆盖下可忍受−44 ℃的低温。非常喜温,灌溉时,能耐土壤表面70 ℃和株高平面40 ℃的气温。耐旱能力较强,抗旱能力大小和根中贮藏的碳水化合物量及根颈入土深度正相关。在年降水量400~800 mm的区域生长良好,超过1 000 mm则生长不良。在温暖干燥有灌溉条件下生长最适宜。对土壤的要求不严,适宜在土层深厚疏松且富含钙的壤土上生长。忌积水,故紫花苜蓿草地须排水通畅。喜中性或偏碱性土壤,适宜pH 7~9。耐盐性强,可在可溶性盐0.3%以下土壤中生长。根部共生根瘤菌,常结成较多根瘤,固氮能力强。特别需要磷肥,根外追施硼、锰、钼元素对紫花苜蓿,尤其是种子的增产效果显著。

紫花苜蓿具有秋眠性,又称休眠性,指秋季北纬地区光照减少和气温下降导致苜蓿形态和生产力发生的一种变化。品种的秋眠习性与其再生能力、潜在产量,特别是耐寒性相关。秋眠型品种抗寒性强,但产量相对较低,再生较慢。非秋眠型品种抗热抗病性强,产量高,再生快,但耐寒性差。半秋眠型品种介于两者之间。紫花苜蓿为总状花序,是严格的异花授粉植物,自交授粉率一般不超过2.6%。多年生豆科牧草,寿命很长,一般20~30年,最长可达100年。

(三)栽培技术

1. 品种选择

紫花苜蓿品种繁多,对环境条件要求各异,应根据各地自然条件选择适宜品种。首先考虑秋眠性,在北方寒冷的地区适宜种植秋眠性较强、抗寒的品种,如皇冠、CW300和敖汉苜蓿等;在长江流域等温暖地区应选用秋眠性较弱或非秋眠、耐湿的品种,如维多利亚。对于盐碱土壤,应选择耐盐性较强的品种,如中苜一号。

2. 种子处理与播种

紫花苜蓿种子硬实率为5%~15%,新收种子硬实率达25%~65%,所以播前种子要经过清选,使种子的净度达到90%,并晒种2~3 d进行硬实处理。紫花苜蓿种子小,幼苗较弱,顶土能力差。为使根系能充分生长,前作收获后,应立即浅耕灭茬,然后深翻,播前整地应精细,要求做到土碎、地平、无杂草,以促进幼苗健壮生长。播种前,可将农药、除草剂、根瘤菌和肥料按比例配合,以降低病虫和杂草的危害。播种时间要因地制宜。以北方为例,春季需在清明前(3月底至4月初)播种,此时土壤刚解冻,湿度大,易获全苗;过晚正逢春旱大风,出苗困难。夏播在6~7月份,此时气温高,雨水多,幼苗生长快,但杂草也多,病虫害频发。秋播一般在8月底到9月初,此时土壤墒情好,温度适宜,杂草长势减慢,播种成功率高。不论哪种播种方式,均应结合降雨或灌溉,雨前雨后均可,但雨后更好,播后要镇压以利种子发芽。

紫花苜蓿的播种方式分为条播、撒播和穴播;但以条播为宜,方便田间管理,生长期间通风透光,便于中耕、施肥和灌水。在草地补播及改良草场时用撒播。播种量每公顷7.5~15.0 kg,覆土深度2~4 cm,沙质土3~4 cm,黏土2 cm。盐碱地上可适当增加播种量。干燥时每公顷播种11.25 kg左右,湿润时每公顷播种15.00~18.75 kg。紫花苜蓿不仅适合单播,也可与禾本科牧草混播,与鸡脚草、多年生黑麦草、无芒雀麦、鹅冠草等混播效果良好。

3. 田间管理

紫花苜蓿苗期生长速度缓慢,出苗前及时破除板结,以利出苗。控制和消灭杂草是田间管理的关键,特别是幼苗期、返青后、二次刈割前后要勤除草。越冬前应结合除草进行培土,以利于越冬。早春返青及每次刈割后,进行中耕、松土、清除杂草,促进再生。化学除草剂的药效要在刈割前2~3周能够失效,以免造成家畜中毒。紫花苜蓿抗旱性强,但对水分要求比较严格，水分充足能促进生长和发育。在生长季节较长的地区，每次刈割后进行灌溉，可获得较大的增产效果。根系不耐淹，秋冬田间长期积水和春季温度的急剧变化会导致死亡。

合理施肥是高产、稳产、优质的关键。多次刈割会不断消耗土壤矿物元素。在有机质含量低的土壤上，施用少量氮有助于幼苗生长。在贫瘠荒地、盐碱地、土壤含氮量太低地区，播种时要加入尿素作种肥，苗期或返青后，弱苗或第1~2年在根系未建成前都要施氮肥。刈割后施少量氮对再生有利。为获得高产，磷肥施用量应远高于吸收量，除播前作底肥外，每年还需追施一次，但就磷肥施用来说，短期内较大量的集中施用比较合适。在播前、播后皆可施用钾肥，在土壤湿度较好的情况下，早春施钾对植株越冬及再生有促进作用。刈割后施钾肥，有利于植株再生和下茬的高产优质。钾肥应该分期施用，至少每年施一次，以每年2次为宜。每生产干草1 000 kg，需氮12~13 kg，磷2.0~2.6 kg，钾10~15 kg、钙15~20 kg。

4. 刈割

初花期刈割比较合适，此时蛋白质含量最高。盛花期刈割，产草量最高，植株寿命最长。每年可刈割2~3次，条件好的地区可刈割4~5次，增加刈割次数可降低植株茎叶比。秋季最后一次刈割时间对干物质产量和品质影响较大，最后一次刈割应该保证以后发枝的良好生长，应在早霜来临前30 d左右停止刈割，留茬高度3~5 cm。干旱和寒冷地区最后一次刈割留茬高度应高些，留7~8 cm，以保持根部养分和利于冬季积雪，对越冬和春季萌生有良好作用。

5. 放牧

紫花苜蓿是优等牧草。为保持其在草层中的组成相对稳定和旺盛生长，应进行划区轮牧。为避免放牧过度并减轻放牧的损坏，可先刈割1~2次，或先行适量放牧，以后留备刈割。在单播草地上放牧或用刚刈割的鲜草饲喂家畜时，应注意臌胀病的发生。

6. 种子生产

紫花苜蓿种子田的栽培要求要比割草地高，如整地要精细，播种量要少，苗要稀，行距要宽，磷钾肥要足。在栽培地附近养蜂效果较好，也可实行人工授粉。一年中第一茬花最多，故头茬收种。南方也可用头茬收草，二茬收种。种子产量以第2~4年最多，割下植株晒干后再脱粒。脱粒用磙子碾轧，或用脱粒机脱粒。

(四)饲用价值

紫花苜蓿被誉为“牧草之王”，是上等饲草。不论青饲、放牧或调制干草，适口性均较好，各类家畜都喜食，青干草的消化率也比较高。产量高而稳定，生产成本低，1次种植可利用7~8年。1年可收割2~3次，每公顷产鲜草37.5~52.2 t。开花期收割鲜草的干物质含量为25%~30%，最高达35%，每公顷产干草可超过15 t。干物质中粗蛋白含量高(表5-1)，消化率高达70%~80%。蛋白质中氨基酸含量丰富。另外，紫花苜蓿还富含多种维生素和微量元素，同时还含有一些对畜禽生长发育具良好作用的未知促生长因子。

紫花苜蓿营养价值因其生育阶段不同而异。幼嫩时粗蛋白含量高，粗纤维含量低。但

随着生长阶段的延长，粗蛋白含量减少，粗纤维含量显著增加，且茎叶比增大。青饲是紫花苜蓿的一种主要利用方式，每头牛每天的喂量一般为：泌乳母牛20~30 kg，青年母牛10~15 kg，绵羊5~6 kg，兔0.5~1.0 kg，成年猪4~6 kg，断乳仔猪1 kg，鸡50~100 g。喂猪、禽时应将其切碎或打浆，且只利用植株上半部幼嫩枝叶，而下半部老枝叶则用于饲喂大家畜。青草中含大量皂苷，含量为0.5%~3.5%，可在瘤胃内形成大量的泡沫，阻塞嗳气排出，青饲或放牧反刍家畜时，易得臌胀病。因而青饲时，应在刈割后让其凋萎1~2 h，放牧前先喂一些干草或粗饲料，有露水和未成熟的紫花苜蓿草地上不要放牧。

表5-1 紫花苜蓿营养成分(占风干物质的百分比) 单位：%

生育期	粗蛋白质	粗脂肪	粗纤维	无氮浸出物	粗灰分
现蕾期	19.67	5.13	28.22	28.52	8.42
20%开花期	21.01	2.47	23.27	36.83	8.74
50%开花期	16.62	2.73	27.12	37.26	8.17
盛花期	3.80	0.30	9.40	10.70	2.00

(引自《中国饲用植物志》第一卷，贾慎修主编，1987)

紫花苜蓿干草或干草粉是家畜的优质蛋白和维生素补充料。但在饲喂单胃动物时，喂量不宜过多，否则对其生长不利。调制青贮饲料是保存紫花苜蓿营养物质的有效方法，青贮料也是家畜的优质饲料。紫花苜蓿可单独青贮，但与禾本科牧草混贮效果更好。

二、黄花苜蓿

学名：*Medicago falcata* L.

英文名：Yellow Alfalfa，Sickle Alfalfa

别名：苜蓿草、野苜蓿、黄苜蓿、花苜蓿、镰荚苜蓿

黄花苜蓿是被子植物门豆科一种多年生草本植物。主要分布于中国东北、华北和西北等地。原产于西伯利亚，欧洲各国、阿富汗和中国北部均有野生分布。黄花苜蓿富含蛋白质，是优良饲用植物。

(一)植物学特征

图5-2 黄花苜蓿
(引自《牧草及饲料作物栽培学》，陈宝书主编，2001)

黄花苜蓿(图5-2)为多年生草本。根粗壮，深152~182 cm，有时可超过3 m，分蘖多，每个根管可分为20~30枝。茎斜生或平卧，茎秆

光滑或有微毛,长30~60 cm,多分枝。三出复叶,小叶倒披针形、倒卵形或长圆状倒卵形,边缘上部有锯齿。总状花序密集成头状,腋生,花黄色,蝶形。荚果稍扁,镰刀形,稀近于直立,长1.0~1.5 mm,被伏毛,含种子2~4粒。千粒重1.20~1.51 g,平均为1.36 g。

(二)生物学特征

抗寒性和耐旱性比紫花苜蓿强,在一般紫花苜蓿不能越冬的地区,它可越冬生长。积雪条件下,能忍受-60 ℃低温,属耐寒的中旱生植物。适于在年积温1700~2000 ℃及年降水量350~450 mm的地区生长。在盐碱地也可生长,但入土不深,发育不良。因其生长慢,再生性能差,每年可刈割1~2次。黄花苜蓿耐牧性强,是一种优质放牧型牧草。喜湿润而肥沃的沙壤土,在黑钙土、栗钙土上生长良好。黄花苜蓿用于放牧或刈割均可,但其茎多为斜生或平卧,刈割调制干草很不方便,可选择直立型的进行驯化栽培。

(三)栽培技术

黄花苜蓿栽培技术与紫花苜蓿相似。但黄花苜蓿苗期生长缓慢,应加强管理。新种子硬实率较高,最高可超过70%,所以播种前应进行种子处理,以提高出苗率。播后当年生长比紫花苜蓿慢,刈割或放牧后再生缓慢,种子产量低,易落粒,是生产中值得注意的问题。常见病害有白粉病、霜霉病、春季黑茎病、叶斑病、匍柄霉叶斑病、锈病和花叶病等。常见虫害有小翅雏蝗、草原毛虫类、盲蝽类、苜蓿籽蜂、蛴螬、小地老虎、黄地老虎、大地老虎、白边地老虎、苜蓿夜蛾、小麦皮蓟马、叶蝉类和甜菜夜蛾等。

(四)饲用价值

黄花苜蓿草质优美,可供放牧或刈割利用,为羊、牛、马等家畜所喜食。饲喂黄花苜蓿能增加产奶量,促进幼畜发育,且有催肥作用。种子成熟后,其植株仍被家畜所喜食。冬季虽叶多脱落,残株保存尚好,适口性尚佳。干草也为家畜所喜食。利用时间较长,产量也较高,每公顷产鲜草7 500~9 000 kg。黄花苜蓿具有优良的营养价值,纤维素含量低于紫花苜蓿,粗蛋白含量和紫花苜蓿不相上下。但结实后粗蛋白含量下降较明显,其营养成分见表5-2。

表5-2 黄花苜蓿营养成分(占风干物质的百分比) 单位:%

生育期	粗蛋白	粗脂肪	粗纤维	无氮浸出物	粗灰分	钠	磷
现蕾期	26.10	4.80	14.80	38.50	8.90	—	—
盛花期	17.70	1.40	40.20	19.30	7.80	0.51	0.15

(引自《中国饲用植物志》第一卷,贾慎修主编,1987)

第二节　三叶草属牧草

三叶草属(*Trifolium* L.)也称车轴草属，有250余种，为豆科中分布最广的一属。一年生或多年生草本植物。茎直立或匍匐，全株光滑或有毛，掌状三出复叶，由三片无柄小叶组成，聚生于叶柄顶端，小叶全缘或有齿。原产于亚洲南部和欧洲东南部，是栽培历史最悠久的牧草之一，现已遍布世界各国，目前栽培较多的是白三叶、红三叶和杂三叶。

案例5-2:白三叶的侵占性

白三叶是匍匐生长的多年生豆科牧草，寿命较长，喜温暖湿润气候，适应性较广。南方近年的种植经验表明，白三叶是改良南方草山最重要的豆科牧草。白三叶在贵州种植面积较大，适宜与多年生黑麦草、鸭茅、高羊茅等禾本科牧草混播。在贵州某些地区发现，白三叶与黑麦草等禾本科牧草混播草场，第一年长势很好，但是第2~3年后就只见到白三叶，其他种类的牧草几乎看不见。

提问:为什么会出现这样的情况？有什么解决办法？

一、白三叶

学名:*Trifolium repens* L.

英文名:White Clover

别名:白车轴草、荷兰三叶草、荷兰翘摇、金花草、菽草、白花苜蓿、白告洛花

白三叶原产于欧洲，16世纪后期荷兰首先栽培，1700年左右传入英国，随后传入美国和新西兰。我国辽宁、吉林、黑龙江、新疆、湖北、湖南、云南、贵州、四川等地均有分布，长江以南各省大面积栽培。

图5-3　白三叶
(引自《饲料生产学》，南京农学院主编，1980)

(一)植物学特征

白三叶(图5-3)是豆科三叶草属多年生草本植物，高10~30 cm，主根可达1 m，侧根和须根发达。茎匍匐生长，茎节上可长不定根，可无性繁殖。根系主要分布于10~20 cm的表土，最深可达60 cm，叶片光滑无毛，三出复叶，互生，小叶中部有“V”字形白斑，蝶形花，白色，总状花序密集成球状，具长腋生花柄，荚果，种子千粒重0.75 g，硬实

多。白三叶有大叶型、中叶型和小叶型三种类型,小叶直径大小间隔1~2 cm。细胞染色体 $2n=32,48$。

(二)生物学特征

喜温凉湿润气候,不耐干旱和长期积水,适宜生长温度为19~24 ℃,适宜年降水量为800~1 200 mm。抗寒,幼苗和成株能忍受-6~-5 ℃的寒霜,在-8~-7 ℃时仅叶尖受害;耐热,在炎热的盛夏,生长虽已停止,但并不枯萎,基本无夏枯现象。耐荫,在遮荫的林园下也能生长。耐土壤贫瘠,对土壤要求不严,只要排水良好,各种土壤皆能生长,尤喜富含钙质及腐殖质的黏性土壤。耐酸性土壤,土壤适宜pH为6.0~7.0,在pH 4.5时也能生长。需水较多,不仅生长盛期要供给充足水分,在越冬和种子发芽时也需要充足水分。水分不足,叶小而稀,匍匐枝减少,颜色不绿。再生力极强,为一般牧草所不及。夏季高温干旱时生长不佳。

(三)栽培技术

1. 种子处理与播种

白三叶种子硬实率高,播前要进行硬实处理。播种前,可将农药、除草剂和肥料按比例配合,降低病虫和杂草的危害。春秋均可播种,最好秋播,但秋播宜早,迟则难以越冬。春播适宜在3月中上旬,迟则易受杂草危害。单播需种子3.75~7.50 kg/hm^2,行距30 cm,播深1.0~1.5 cm。宜与红三叶、黑麦草、鸭茅、牛尾草等混种,尤宜与丛生禾本科牧草如鸭茅混种,以充分利用其丛生时留下的隙地。

2. 田间管理

白三叶由于种子细小,苗期生长速度缓慢。要达到齐苗、壮苗和全苗,就必须精细整地,耕深约20 cm。结合整地施用适量优质厩肥,施肥量为22.5~30.0 t/hm^2。白三叶苗期生长缓慢,应注意适时中耕除草。一旦长成即竞争力很强时,不必再行中耕。由于其草层低矮应经常清除杂草,特别是高大杂草,以免影响光照进而影响其生长。白三叶能固定空气中的氮素,因而成株可不施或少施氮素,应以施磷钾肥为主。混播草地中,若禾本科牧草生长过旺时,应经常刈割,以利于白三叶生长。

3. 刈割和种子生产

初花期便可刈割。春播当年,可收鲜草 1.13×10^4~1.50×10^4 kg/hm^2,第二年可多次刈割,其鲜草产量可达 3.75×10^4~4.50×10^4 kg/hm^2,高者可超过 7.5×10^4 kg/hm^2。由于白三叶草层低矮,花期约长达2个月,种子成熟期不一致,成熟花序晚收往往被掩埋在叶层下,造成收种困难,并易落粒和吸湿发芽,故应分批及时采收。每公顷可收种子150~225 kg,最高可达675 kg。

(四)饲用价值

白三叶营养价值高,粗纤维含量低,干物质消化率75%~80%。干物质中分别含有粗蛋白24.7%,粗脂肪2.7%,粗纤维12.5%,粗灰分13%,无氮浸出物47.1%。草质柔嫩,适口性好,牛、羊喜食。由于草丛低矮,适宜放牧利用,但家畜过量采食会发生臌胀病,故适宜与禾本科的黑麦草、鸭茅、羊茅混播，以便安全利用。也可喂猪、兔、禽、鱼、鹿等。放牧反刍家畜的混播草地，白三叶与禾本科牧草的混播比例以1∶2为宜，这样既可获得单位面积最高的干物质和蛋白质产量，又可防止牛羊等食入过量的白三叶引起的臌胀病。白三叶茎枝匍匐，再生力强，耐践踏，适宜放牧利用，是温带地区多年生放牧地不可缺少的豆科牧草。四川农业大学把白三叶加入奶牛日粮中，用以取代粗饲料，3 d后即提高产奶量11.87%，净收益增加23.7%~34.6%。贵州省威宁彝族回族苗族自治县用本地老龄黄牛做育肥试验，在补播的白三叶草地放牧，不补充任何精料，日增重可达902 g。

二、红三叶

学名：*Trifolium pratense* L.

英文名：Red Clover

别名：红车轴草、红荷兰翘摇

原产于小亚西亚及欧洲西南部，3~4世纪欧洲开始栽培，1500年传入西班牙，随后至意大利、荷兰、德国、英国、俄国，1790年由德国传入美国，是欧洲、美国东部、新西兰等海洋性气候地区的重要牧草。我国云南、贵州、湖北、湖南、江西、四川和新疆等地均有栽培，并有野生种分布。红三叶有许多适应不同环境的优良品种，各地可因地制宜选用。

（一）植物学特征

红三叶（图5-4）为豆科三叶草属多年生草本植物。一般利用3~4年。主根深入土层达1 m；侧根发达，多分布在表土层；根上结有很多粉红色根瘤。主茎分枝10~48个，呈丛状，直立或半直立。茎高80 cm左右。植株表面有疏毛。三出掌状复叶，叶互生，有长柄，叶片椭圆形或卵形，边缘有茸毛及不明显细齿，叶表中央有白色或淡灰色“V”形斑纹，也有少数无“V”形斑纹。托叶卵形，急转缩小成一长细尖状。密集头状花序，几乎无柄，花冠暗红或紫红色。花序两侧有2片无柄的叶，约由100朵小花组成。花冠长1.40~1.95 cm；花筒长0.85~0.95 cm，每个头状花序具有种子32~52粒。荚果近卵形，每荚含种子1粒。种子肾形或椭圆形，呈褐黄色或紫色，千粒重1.5~2.2 g。

图5-4　红三叶
（引自《饲料生产学》，南京农学院主编，1980）

（二）生物学特征

长日照植物，能耐荫，喜温暖湿润气候。最适气温为15~25 ℃，年降水量为700~2 000 mm，超过35 ℃或低于-15 ℃都无法生长。红三叶喜黏壤土或粉沙壤土，较耐酸性，耐碱性较差，pH6~7时最适宜生长，pH低于6则应施用石灰调节土壤的酸度。不耐干旱，也不耐涝，要种植在排水良好的地块。

(三)栽培技术

1. 种子处理与播种

红三叶种子细小，播种前要精细整地。种子具有硬实特征，播种前应进行处理，以破坏其不透水种皮，促进吸水发芽。南方多秋播，9月为宜，北方春播在4月。条播行距为30~40 cm，播深为1~2 cm。播前用红三叶根瘤菌拌种，可使根部快速形成根瘤，提高固氮能力，尤其在第一次种植红三叶的地区，尤为重要。

2. 田间管理

红三叶出苗快，但苗期生长缓慢，要注意防除杂草。在瘠薄地种植时，每亩可施厩肥1 000 kg左右。可同时施用磷钾肥。基肥施用有利于土壤微生物及根瘤生长，促进根瘤发生。酸性土壤可施用石灰，调节pH到适当水平。

土壤板结时要用钉齿耙或带齿圆形镇压器等及时破除板结层。干旱地区应适时灌溉。红三叶不耐高温，7~8月高温时灌溉可降低土温，以安全越夏。红三叶病虫害不多，常见的有菌核病，易发生在多雨季节，喷施多菌灵可以防除。忌连作，一次种植以后须间隔5~6年方可再种，否则产量低，且容易发生病虫害。首次种植红三叶的地块可接种根瘤菌，增产效果显著。

3. 刈割和种子生产

红三叶生长发育较苜蓿慢，一般在初花至盛花期刈割。刈割后可根据土壤养分情况追施磷钾肥，同时酌量施用氮肥。在现蕾、初花前鲜见茎秆，只见叶丛，现蕾开花后茎秆迅速延伸，易倒伏。延期收割，常因倒伏、郁闭而降低饲草品质和再生能力。苗高为40~50 cm可放牧利用。春播当年刈割2~3次，每亩产鲜草2 000 kg左右；秋播当年和次年共刈割3~5次，每亩产鲜草4 000~5 000 kg或更高。

红三叶花期长，种子成熟期不一致，在大部分花序变为褐色时，要收获。种子产量300~450 kg/hm^2。生长第2~3年要注意增施磷肥，并清除杂草，保持草地旺盛长势。一般第5年后要进行更新，或采取放牧利用与刈割相结合方式，使部分种子自然落粒，形成幼苗，达到自然更新目的。

(四)饲用价值

红三叶饲用价值较高，草质柔嫩多汁，适口性好，多种家畜都喜食，也可以青饲、青贮、放牧、调制青干草、加工草粉和各种草产品。红三叶现蕾以前叶多茎少，现蕾期茎叶比例接近1∶1，始花期1∶0.65，盛花期1∶0.46。蛋白质含量高，开花期干物质中分别含粗蛋白17.1%，粗纤维21.5%，粗脂肪3.6%，粗灰分10.2%，无氮浸出物47.6%，还有丰富的氨基酸及维生素。

红三叶也是很好的放牧型牧草，放牧牛羊时发生臌胀病的情况也较紫花苜蓿少，但仍应注意防止臌胀病发生。红三叶是新西兰最重要的豆科牧草，每公顷干物质年产量一般为9.46×10^3~1.08×10^4 kg。每月割3次，集约管理的可达2.625×10^4 kg。常与白三叶、黑麦草混种供放牧之用。红三叶草地又是放牧猪禽的良好牧场，仅次于紫花苜蓿和白三叶。

三、杂三叶

学名：*Trifolium Hybridum* L.

英文名：Alsike Clover

别名：杂车轴草、瑞典三叶草

杂三叶原产于欧洲，现广泛分布于欧洲中部、北部。在美国、加拿大、澳大利亚和日本等国都有栽培。我国华北、华中等湿润地区适宜种植，也可在南方高海拔、雨量较多的地区栽培，但雨量也不宜过多，虽短期淹没也可生长，但长期水淹容易造成根部腐烂。

（一）植物学特征

杂三叶（图5-5）为豆科三叶草属多年生草本植物，寿命4~6年，生长习性与红三叶相似，形态介于红三叶和白三叶之间，但杂三叶不是红三叶与白三叶的杂交种，而是一个单独种。株高50~80 cm。直根系，主根穿透力强，侧根发达，耐寒力强。茎光滑，横向生长，分枝力强，一般10~20条，多者30条，生长习性为主轴无限生长，即使在花期腋芽也不断分枝。叶冠丰满，叶丰富；三出掌状复叶，小叶卵形或倒卵形，叶面有灰白“V”形斑纹；整个生长季都开花，总状花序，花朵为粉红色或白色，花冠约1 cm，种子小，颜色为黄绿混色，千粒重0.7~0.8 g。

图5-5　杂三叶

（引自《牧草饲料作物栽培学》，陈宝书主编，2001）

（二）生物学特征

喜温暖湿润气候条件，比红三叶耐寒。根系浅，不耐干旱，适宜年降水量为600~1 000 mm。对土壤要求不严，黏重、疏松、微碱、微酸的土壤都可生长，最适土壤pH 6.5~7.5。种子发芽温度为5 ℃，最适生长温度为22~25 ℃。返青后，能耐−5~6 ℃低温。生长期较长，在北京地区4月中旬播种，5月中旬开花，6月上旬种子成熟，花期可到9月下旬，10月下旬至11月上旬枯黄，翌春4月中旬返青，生长期200 d左右。在乌鲁木齐4月中旬播种，6月中旬分枝，7月上旬开花，8月上旬种子成熟。较抗热，在我国南方越夏良好。较耐荫蔽，能在疏林下生长。春秋生长快，再生性差。

(三)栽培技术

杂三叶种子细小,播前精细整地,在瘠薄土壤或未种过杂三叶的土地上,应施足底肥,并用相应的根瘤菌拌种。春、夏、秋等季节均可播种,北方多为春播或夏播,春播宜在3月进行,南方以秋播为宜,宜早不宜晚。条播行距20~30 cm,播深1.0~1.5 cm,播种量11.25~15.00 kg/hm^2,撒播要适当增加播量,苗期生长缓慢应注意中耕除草。杂三叶再生性差,年刈割2~3次,前后两次刈割至少间隔40~50 d以上,宜以初花期初次刈割,青贮宜在初花期刈割,调制干草应在盛花期刈割。最好结合放牧利用,效果更好。杂三叶开花不整齐,60%以上的种球干枯变黑时即可收获。

(四)饲用价值

杂三叶生长速度快,茎细叶多,适口性好,富含蛋白质,营养价值略次于白三叶和红三叶。家畜均喜食,可用于放牧、青饲或调制干草,也可打浆喂猪。产草量介于红三叶和白三叶之间。据Essig(1985)报道,在美国密西西比州,杂三叶产量在7.7~10.7 t/hm^2,初花期干物质中含粗蛋白质16.5%,消化能10.9 MJ/kg。据中国农业科学院测定,花期粗蛋白含量为14.59%。据测定,粗蛋白含量为17.49%,可见其营养价值比较高。含钙1.29%、磷0.26%、镁0.32%、钾2.74%,比红三叶含钾量高46%,综合评价为优良牧草。杂三叶与多年生黑麦草、鸭茅等混播草地可为家畜提供近乎全价的饲草。与禾本科牧草混合青贮,效果良好。

四、绛三叶

学名:*Trifolium incarnatum* L.

英文名:Crimson Clover

别名:意大利车轴草、地中海三叶草

原产于意大利、非洲南岸和地中海沿岸地区。18世纪,在欧洲作为牧草和绿肥种植,后传入美国。我国20世纪50年代引入试种,已在长江中下游地区栽培成功,是很有发展前途的牧草。

绛三叶(图5-6)为一年生或越年生丛生型下繁豆科草本植物。株高30~100 cm。主根深入土层达50 cm。茎直立或斜生,粗壮,被长柔毛,具纵棱。掌状三出复叶;托叶椭圆形,膜质,大部分与叶柄合生,每侧具脉纹3~5条,先端离生部分卵状三角形或圆形,被毛;茎下部的叶柄甚长,上部的较短,被长柔毛;小叶阔到卵形至近圆形,长1.5~3.5 cm,纸质,先端钝,有时微凹,基部阔楔形,渐窄至小叶柄,边缘具波状钝齿,两面疏生长柔毛,侧脉5~10对,与中脉呈

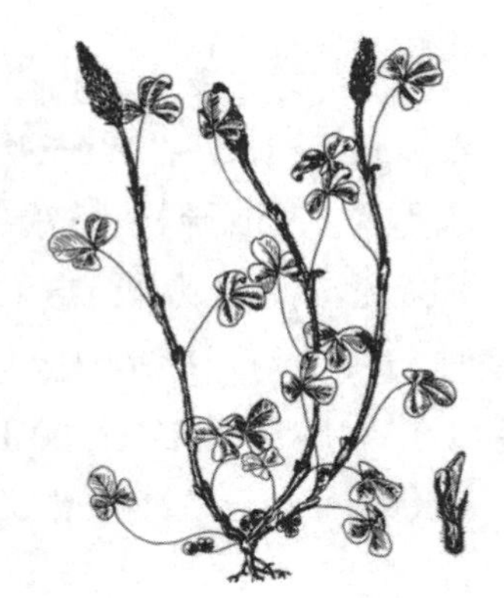

图5-6 绛三叶

(引自《牧草饲料作物栽培学》,陈宝书主编,2001)

40°~50°角展开，中部分叉，纤细，不明显。花序圆筒状顶生，花期继续伸长，长3~5 cm，宽1.0~1.5 cm；总花梗比叶长，长2.5~7.0 cm，粗壮；无总苞；具花50~80朵，甚密集；花长10~15 mm；几乎无花梗；萼筒较短，萼喉具一多毛的加厚环，果期缢缩闭合；花冠深红色、朱红色至橙色，旗瓣狭椭圆形，锐尖头，明显比翼瓣和龙骨瓣长；子房阔卵形，花柱细长，胚珠1粒。荚果卵形；有1粒褐色种子。

五、草莓三叶草

学名：*Trifolium fragiferum* L.

英文名：Strawberry Clover

别名：草莓三叶、本莓三叶草

草莓三叶草长10~30 cm，具主根。茎平卧或匍匐，节上生根。托叶卵状披针形，膜质，抱茎呈鞘状，先端离生部分狭披针形，尾尖，每侧具脉纹1~2条；叶柄长5~10 cm；小叶倒卵形或倒卵状椭圆形，长5~25 mm，宽5~15 mm，先端钝圆，微凹，基部宽楔形，两面无毛或中脉被稀疏毛，苍白色，侧脉10~15对，二次分叉，近叶边处隆起，伸达齿尖；小叶柄短，长约1 mm。花序半球形至卵形，直径约1 cm，花后增大，果期直径可达2~3 cm；总花梗甚长，腋生，比叶柄长近1倍；总苞由基部10~12朵花的发育苞片合生而成，先端离生部分披针形；具花10~30朵，密集；花长6~8 mm；花梗甚短；苞片小，狭披针形；萼钟形，具脉纹10条，萼齿丝状，锥形，下方3齿几无毛，上方2齿稍长，连萼筒上半部均密被绢状硬毛，被毛部分在果期间强烈膨胀成囊泡状；花冠旗瓣长圆形，明显比翼瓣和龙骨瓣长。荚果长圆状卵形，位于囊状宿存花萼的底部；有种子1~2粒，种子扁圆形。花果期5~8月。

适于温带湿润气候，在年降水量500 mm以上或有灌溉条件地区生长良好。最大特点是耐水淹能力强，即使被水淹3个月也能经受得住，比白三叶更耐盐碱、潮湿和干燥，但在春、夏季的生长不如白三叶旺盛。常生于盐碱性土壤、沼泽、水沟边。30~60 cm深的土层里生长良好，在pH5.5的酸性沙壤至pH9.0的碱性泥炭土上能生长繁茂，在盐分达1%~3%的地区也能存活。耐寒力很强，适于滨海和盐碱性土壤的湿润地区栽培。

六、地三叶

学名：*Trifolium subterraneum* L.

英文名：Subteeanean Clover

别名：地下三叶草。

地三叶为一年生或越年生牧草，原产于近东及地中海沿岸地区。现为澳大利亚南部湿润地带主要牧草，中国南方云、贵等地区可以种植。茎匍匐贴地生长，着地不生根。叶面有白色或棕色弧形斑纹。托叶较大，卵圆形，全株被茸毛。花梗腋生，自花授粉，受精后，花梗及小花反转向下延伸，并形成具锚形钩爪的种球钻入土中，收种困难，每荚含种子1粒。种子大，黑色或紫黑色，千粒重6~11 g。适宜于冬季温暖、气温7~13 ℃，夏季干燥、气温20~30 ℃，年降水量380~760 mm的地区生长。每公顷播种子22~30 kg，播种深度2 cm左右，需磷钾肥较多，播前应接种根瘤菌。营养价值与白三叶相近，蛋白质含量丰富，茎叶柔嫩多汁，适口性好，各种家畜均喜食，可青饲或制成干草。

第三节　紫云英属牧草

紫云英属(*Astragalus* L.)又叫黄芪属，一年或多年生草本或矮灌木。本属植物有2 200余种，除大洋洲外，亚热带和温带地区均有分布，我国有130余种。利用价值较大，可作饲用的有紫云英、草木犀状黄芪、鹰嘴紫云英、达乌里黄芪等。其中，紫云英是我国南方传统绿肥牧草。

一、紫云英

学名：*Astragalus sinicus* L.

英文名：Chinese Milkvetch

别名：翘摇、红花草、米布袋

原产于中国，现分布于亚洲中、西部，多作为稻田绿肥来种植。长江流域以南均广泛栽培，以长江下游各省栽培居多。近年已推广至陕西、郑州及徐淮各地，是我国水稻产区的主要冬季绿肥牧草，也可作为猪的优质饲料。

(一)植物学特征

紫云英(图5-7)豆科黄芪属一年生或越年生草本植物。主根肥大而侧根发达，根瘤密布，主要分布在15 cm以上土层中。茎直立或匍匐，长30~100 cm，分枝3~5个。奇数羽状复叶，每复叶有小叶7~13片，小叶倒卵形或椭圆形。总状花序近伞形，多为腋生，每花序有小花7~13朵。荚果呈条状长圆形，顶端喙状，横切面为三角形，成熟时黑色，每荚内含种子5~10粒。种子肾形，千粒重3.0~3.5 g。

图5-7　紫云英
(引自《饲料生产学》，南京农学院主编，1980)

(二)生物学特性

喜温暖湿润气候，不耐寒，最适生长温度为15~20 ℃，最适发芽温度为20~30 ℃。喜沙壤或黏壤土，也适应非石灰性冲积土，不耐瘠薄，耐湿性中等，耐旱性差，最忌积水。耐酸性较强，适合于pH 5.5~7.5的土壤，耐盐性较差，土壤含盐量超过0.2%就会死亡。有一定耐荫

性，但开花结荚期间仍需充足光照，故在稻田套种紫云英时应注意控制共生期。

在南方，紫云英秋播1周即可出苗，出苗后1个月形成6~7片叶时开始分枝。次年开春前以分枝为主，开春后茎枝开始生长。4月上中旬开花，5月上中旬种子成熟。初花期茎伸长最快，终花期便停止生长。根据生育期长短和开花的迟早，可分为早熟、中熟和晚熟三个类型，早熟种叶小、茎短、鲜草产量低、种子产量较高，晚熟种则相反。

（三）栽培技术

在南方常秋播，是轮作中的重要作物，且多与水稻轮作。秋播最早可在8月下旬播种，最迟到11月中旬，以9月上旬到10月中旬为宜。未播过紫云英的土壤应接种根瘤菌有助于提高固氮效率。播种量一般为22.5~30.0 kg/hm^2，与禾本科牧草如多花黑麦草混播时，播种量15 kg/hm^2即可。我国南方地区，多在水稻收获后直接撒播或翻耕土壤后撒播，也可整地后条播或点播。播种时施以草木灰拌磷肥，利于萌芽和生长。紫云英种子萌发需较湿润的土壤，而幼苗及以后的生育期需中等湿润而通气良好的土壤，故不同时期适度排灌水是一项主要的管理工作。

紫云英对磷肥非常敏感，充足的磷肥能提高固氮能力，使植株生长旺盛。留种田应选择排水良好、肥力中等、非连作的沙质土壤为宜。播种量22.5 kg/hm^2，每公顷增施过磷酸钙150 kg及225~450 kg草木灰，可显著提高种子产量。当荚果80%变黑时，即可收获。种子产量600~750 kg/hm^2。紫云英易感病，菌核病可用1%~2%的盐水浸种灭菌，白粉病可用1∶5硫黄石灰粉喷治。对甲虫、蚜虫、潜叶蝇等主要虫害可用乐果、敌百虫等防治。

（四）饲用价值

紫云英茎叶柔嫩，产量高，适口性好，各类家畜均喜食，而且营养价值高，可作为家畜的优质青绿饲料和蛋白质补充饲料，多用以喂猪，为优等猪饲料。牛、羊、马、兔等喜食，鸡、鹅少量采食。可青饲，也可调制干草或青贮。

紫云英也可作为绿肥牧草兼用植物。在我国南方利用稻田种紫云英已有悠久历史，栽培经验丰富，利用上部2/3做饲料喂猪，下部1/3及根部做绿肥，1 hm^2紫云英绿肥可肥田3 hm^2，连续3年栽培可增加土壤有机质16%，远高于冬闲地，既养猪又肥田。紫云英固氮能力强，氮素利用效率高，株体腐解时对土壤氮素的激发量大。可直接用紫云英作绿肥，也可先用紫云英喂猪，后以猪粪肥田，既可保持水稻高产，又能促进养猪业的发展。紫云英可为土壤提供较多有机质和氮素，在我国南方农田生态系统中，对维持农田氮循环有重要意义。

二、鹰嘴紫云英

学名：*Astragalus cicer* L.

英文名：Cicer Milkvetch

别名：鹰嘴黄芪

鹰嘴紫云英原产于欧洲,20世纪70年代初从美国、加拿大引入我国,在我国北方地区种植表现良好。

(一)植物学特征

多年生草本植物。根状茎发达,在表土中向四周匍匐生长。奇数羽状复叶,小叶呈长椭圆形。总状花序腋生,每花序有花5~40朵。荚果膀胱状,幼嫩时有黄色茸毛,成熟后黑褐色,前端有钩尖,形似鹰嘴,黑色,内含种子3~11粒。种子肾形,千粒重7~8 g。

(二)生物学特性

喜冷凉湿润气候。抗寒性强,在哈尔滨等严寒地区能安全越冬,也抗高温。耐瘠薄能力比紫花苜蓿强,也耐酸,不耐盐碱和水渍。适宜在排水良好、土层深厚的酸性或中性土壤上种植。

(三)栽培技术

鹰嘴紫云英种子的硬实率高达70%~80%,播前需进行硬实处理。北方多以秋播或春播为宜,也可夏播,南方要求不严。最好条播,行距30~40 cm,播种量7.5~15.0 kg/hm^2,播深2~3 cm,也可用枝条或根茎进行无性繁殖。苗期生长速度缓慢,易受杂草危害,应及时中耕除草。株高在40~50 cm时可刈割青饲利用,调制干草或青贮饲料则在开花期刈割,放牧利用在株高30~40 cm时进行。北方年刈割2~3次,产鲜草45~60 t/hm^2;南方年刈割3~4次,鲜草产量60.0~67.5 t/hm^2。留茬高度10~15 cm。当荚果2/3变黄干枯时采种,种子产量750~900 kg/hm^2,种子易受蜂类害虫危害,危害严重时种子产量大大降低,所以从现蕾期开始至种子成熟,每隔10~15 d应用乐果类内吸剂防治1次。

(四)饲用价值

鹰嘴紫云英具有营养丰富、产量高和适口性好等特点,且含皂苷低,食后不会引起臌胀病。干物质中含粗蛋白19.54%,粗纤维20.37%,无氮浸出物41.43%,粗灰分10.61%。干草粉在畜禽日粮中的比例,蛋鸡可占3%~5%,肉鸡可占2%~3%,母猪可占30%~40%,育肥猪可占15%~25%。用青贮饲料喂奶牛和肉牛,每头日喂30~40 kg。

案例5-3:

贵州省地形复杂,气候多样,地区间差异较大。因此宜选用不同的种植模式进行优质牧草的种植。在一些市、县,晚稻收割前补种苕子、紫云英等,可以扩大冬季种植面积,消灭白茬田。野豌豆是贵州省历史悠久的作物之一。对不适宜种植冬季粮油作物的农田,种植野豌豆具有很好的效果。尽管如此,全省仍有一定面积的冬闲白茬田,这些冬闲白茬田,绝大部分都是曾经种植或者可以种植野豌豆的农田,具有扩大野豌豆种植面积的潜力。发展野豌豆生产是减少贵州省冬闲白茬田面积、提高农田利用率的有效途径。

第四节　野豌豆属牧草

野豌豆属(*Vicia* L.)又名蚕豆属、巢菜属，该属约有200种，该属分布于北半球温带至南美洲温带和东非，在北温带(全温带)间断分布，但以地中海地域为中心。我国有43个种5个变种，广泛分布于我国各省区，在西北、华北、西南较多。有不少栽培种在生产上应用，如蚕豆、箭筈豌豆、毛苕子、光叶苕子、匈牙利苕子、山野豌豆和广布野豌豆等作为牧草推广栽培。目前栽培的以毛苕子和箭筈豌豆为最多。

一、毛苕子

学名：*Vicia villosa* Roth.

英文名：Hairy Vetch，Russia Vetch

别名：冬箭筈豌豆、冬巢菜、长柔毛野豌豆、蓝花草

毛苕子原产于欧洲北部，广布于东西两个半球的温带，主要是北半球温带地区。毛苕子在我国栽培历史悠久，分布广阔，主要分布在安徽、河南、四川、陕西、甘肃等省，东北、华北也有种植。毛苕子是世界上栽培最早、在温带国家种植最广的牧草和绿肥作物。

(一)植物学特征

毛苕子(图5-8)为一年生或越年生草本植物，全株密被长柔毛。根系发达，主根明显，入土深1~2 m；侧根分枝多，密集分布在20~30 cm深土层中；根瘤扇形、姜形或鸡冠状。茎四棱中空，匍匐蔓生，长达2~3 m，攀缘，草丛高度40~60 cm，基部有3~6个分枝节，每个分枝节有3~4个分枝，每株分枝20~30个，全株密生银灰色白茸毛；叶为偶数羽状复叶，每复叶有小叶7~9对，顶端有分枝的卷须3~5个；总状花序，每个花梗有小花10~30朵，聚生于花梗上部的一侧，花冠紫色或蓝紫色。萼钟状，有毛，下萼齿比上萼齿长。荚果矩圆状菱形，长15~30 mm，无毛，含种子2~8粒。种子球形，黑色，千粒重25~30 g。

图5-8　毛苕子

(引自《饲料生产学》，南京农学院主编，1980)

(二)生物学特性

毛苕子是春性和冬性的过渡类型，偏冬性。生育期比箭筈豌豆长，而开花期较箭筈豌豆迟半个月左右，种子成熟期也晚些。

毛苕子不耐高温,喜温暖湿润气候,最适生长温度为20 ℃。耐寒性好,能耐-20 ℃的低温。耐旱性也较强,在年降水量少于450 mm的地区均可栽培。但其种子发芽时需较多水分,表土含水量达17%时,大部分种子能出苗,低于10%则不出苗。不耐水淹,水淹2 d,20%~30%的植株死亡。

毛苕子喜沙土或沙质壤土。耐盐性和耐酸性均强,在土壤pH 6.9~8.9生长良好,在土壤pH 8.5,含盐量0.25%的苏北垦区和在pH5.0~5.5的江西红壤土上能良好生长。

(三)栽培技术

1.轮作

毛苕子可与高粱、谷子、玉米、大豆等轮作,其后茬可种水稻、棉花、小麦等作物。在甘肃、青海、陕西关中等地可春播或与冬作物、中耕作物以及春种谷类作物进行间作、套作、复种,于冬前刈割做青饲料,根茬肥田种冬麦或春麦,也可于次年春季翻压做棉花、玉米等的底肥。种过毛苕子的地种小麦,可增产15%左右。

2.播种

毛苕子根系入土较深,须深翻土地,创造疏松的根层,利于根系生长。播前施厩肥和磷肥,特别需要施用有明显增产效果的磷肥。毛苕子春、秋播均可。南方宜秋播,在江淮流域以9月中下旬播种为宜。播种过迟生长期短,植株低矮,产草量低。西北、华北及内蒙古等地多为春播,以4月初至5月初播种较适宜。冬麦收获后也可复种。

毛苕子的硬实率约为15%~30%,因此播量应适当加大。收草用的播量一般为45~60 kg/hm^2,收种用的为30~37.5 kg/hm^2。播前对种子进行硬实处理可提高种子发芽率。单播时可撒播、条播、点播,以条播或点播较好。条播行距20~30 cm,点播穴距约25 cm,若以收种为目的,则行距45 cm,播深3~4 cm。

3.田间管理

在播前施磷肥和厩肥的基础上,生长期可追施1~2次草木灰或磷肥。土壤干燥时,应于分枝期和盛花期灌水1~2次,多雨地区需挖沟排水,防止茎叶萎黄腐烂,落花落荚。

4.收获

毛苕子青饲时,从分枝盛期至结荚前均可分期刈割,或草层高度达40~50 cm时即可刈割利用。调制干草者,宜在盛花期刈割。毛苕子的再生性差,刈割越迟再生能力越弱,若利用再生草,必须及时刈割并留茬10 cm左右,齐地刈割严重影响再生能力。刈割后待侧芽萌发后再行灌溉,以防根茬被水淹死亡。与麦类混播者应在麦类作物抽穗前刈割,以免麦芒长出降低适口性,并对家畜造成危害。毛苕子为无限花序,种子成熟不一致,当茎秆由绿变黄,中下部叶片枯萎,50%以上荚果变成褐色时即可收种,每公顷可收种子450~900 kg。

(四)饲用价值

毛苕子茎叶柔软,蛋白质含量丰富(表5-3),无论鲜草还是干草,适口性均好,各种家畜都喜食。毛苕子的营养期可用于短期放牧,再生草用来调制干草或收种子。南方冬季在毛苕子和禾谷类作物混播地上放牧奶牛可显著提高产奶量。但需要注意的是在毛苕子单播草地上放牧牛、羊时，要防止臌胀病的发生。

表5-3 毛苕子的营养成分（占干物质百分比）

单位：%

生育期	粗蛋白质	粗脂肪	粗纤维	无氮浸出物	粗灰分
开花期	23.38	5.81	22.03	41.35	7.43

（资料引自西北农林科技大学农学院分析结果）

二、箭筈豌豆

学名：*Vicia sativa* L.

英文名：Common Vetch

别名：普通苕子、春箭筈豌豆、普通野豌豆、救荒野豌豆、春巢菜

箭筈豌豆原产于欧洲南部和亚洲西部。在我国甘肃、陕西、青海、四川、云南、江西、江苏、台湾等省的草原和山地均有野生种分布。现在西北、华北地区种植较多，其他地区也有种植，其产种量高而稳定，适应性强，是一种优良的饲草。

（一）植物学特征

箭筈豌豆（图5-9）为一年生草本植物。茎细软，斜升或攀缘，有条棱，多分枝。偶数羽状复叶，每复叶具小叶8~16枚，叶轴顶端具分枝的卷须；小叶椭圆形、长圆形至倒卵形，先端截形凹入，基部楔形，全缘，两面疏生短柔毛；托叶半边箭头形。1~3朵花生于叶腋，花梗短；蝶形花冠，多紫色或红色，少量白色。荚果条形，稍扁，长4~6 cm，每荚含7~12粒种子。种子球形或扁圆形，种子千粒重50~60 g。

图5-9　箭筈豌豆

（引自《中国饲用植物》，陈默君、贾慎修主编，2002）

（二）生物学特性

箭筈豌豆喜凉爽，抗寒性比毛苕子差，当苗期温度为-8 ℃，开花期为-3 ℃，成熟期为-4 ℃时，大多数植株会死亡。耐旱能力和对土壤的要求与毛苕子相似。耐盐力略差，适宜的土壤pH为5.0~6.8，对长江流域以南的红壤、石灰性紫色土、冲积土都能适应。箭筈豌豆为长日照植物，缩短日照时数，植株低矮，分枝多，不开花。

(三)栽培技术

箭筈豌豆是谷类作物的良好前作,一般在冬作物、中耕作物及春谷类作物之后进行种植。北方宜春、夏播,南方宜秋播,迟则容易遭受冻害。种子较大,播种量也较大,用作饲草或绿肥时播种量为60~75 kg/hm²,收种时播种量45~60 kg/hm²。单播易倒伏,严重影响产量和饲用品质,通常与燕麦、黑麦、苏丹草等混播,混播时其与谷类作物的比例应为2:1~3:1,这种比例下,蛋白质的收获量最高。其播种的方式、方法及播后的田间管理与毛苕子相似。

(四)饲用价值

箭筈豌豆因其茎叶柔软,叶量大,营养丰富,适口性好,是各类家畜的优良牧草。茎叶可青饲、调制干草和放牧利用。籽实中粗蛋白含量高达30%,较蚕豆、豌豆种子蛋白质含量高,粉碎之后可做精饲料。其籽实中含有生物碱和氰苷两种有毒物质。生物碱含量为0.1%~0.55%,氰苷含量在7.6~77.3 mg/kg之间,高于卫计委规定的允许量(即氢氰酸含量<5 mg/kg)。饲用时需做去毒处理,因氢氰酸遇热挥发,遇水溶解即可降低,所以就可将其籽实烘炒、浸泡、蒸煮、淘洗,使氢氰酸含量降低到规定标准以下。

三、山野豌豆

学名:*Vicia amoena* Fisch

英文名:Broadleaf vetch

别名:芦豆苗、宿根草藤、豆豆苗、透骨草、山里豆、山豆苗

山野豌豆分布于我国黑龙江、吉林、辽宁、内蒙古、河北、山西、山东、陕西、甘肃、青海、河南等地区;在俄罗斯、日本、蒙古、朝鲜等均有分布。

(一)植物学特性

山野豌豆为多年生草本。主根发达,2年后入土深2 m以上,主根上着生密集浅粉色根瘤。有根茎,每株主茎水平生长8~12个根茎。每隔4~5 cm根茎向上形成新芽,发育成独立植株。茎四棱形,长90~120 cm,蔓生,株丛高50~60 cm,偶数羽状复叶,顶端有卷须。小叶8~12个,长椭圆形,先端圆钝有微凹,有细尖,茎部圆形,全缘,上面绿色,下面灰绿色,两面疏生柔毛。总状花序腋生,有花10~20朵,花冠紫色或蓝紫色。荚果长圆形,两端极尖,两侧扁,黄褐色,有光泽,每荚含种子2~4粒,球形,黑褐色有花斑,千粒重17.9 g。

(二)生物学特性

山野豌豆属中旱生植物,成株的抗旱性很强,依靠强大的根吸收土壤下层水分。抗旱能力可以和沙打旺媲美。由于其茎秆蔓生,覆盖土壤面积大,能有效地保持表土层水分,防止水土流失。山野豌豆耐寒性强,在东北、内蒙古因寒冷不能种植苜蓿的地区,其均能安全越

冬。冬季气温降至-40 ℃,若有厚雪覆盖仍能安全越冬。春播当年大量开花,基本不结实。第二年生长迅速,一般地温10 ℃以上、平均气温13 ℃返青,后经50~60 d开花,花期80 d左右,花后7~10 d结荚,结荚30 d后成熟。成熟期持续60 d左右。气温12℃植株枯黄,生育期90 d,积温1 800 ℃,在北京生长期200 d。花序在一、二级分枝中部,每株有花序15~20个,属无限花序。开花习性是同一株先下部后上部,同一花序中自下而上,花期连续2个多月。每个花序开花6~13 d,一日内开花的时间为12~15 h,夜间闭合,结实率55%~60%。开花最适温度24~25 ℃,相对湿度55%。

(三)栽培技术

山野豌豆硬实率高达30%~50%,播前可进行磨擦处理。播种时间春秋均可,高寒地区最好在初夏雨季到来前播种。可单播,也可与禾本科牧草,如老芒麦、无芒雀麦、冰草等混播。由于苗期很长,也可和一年生饲料作物燕麦等混播,以保护其不受杂草抑制。山野豌豆可套种,也可条播、撒播,条播行距为50~60 cm。每公顷播种量45~75 kg,播深3~4 cm。山野豌豆播后当年生长缓慢,生长头1~2年内不宜放牧,在其后的年份中,可于盛花期进行轮牧,刈割青草时留茬高度宜3 cm左右。成熟后荚易裂,应在2/3荚果变成茶褐色时收获。

(四)饲用价值

山野豌豆茎叶柔嫩,营养价值高,适口性好,各种家畜均喜食。柔嫩时牛喜食,马多秋冬采食,骆驼一年四季都采食。山野豌豆在开花结实后直至深秋时仍能保持绿色。其粗蛋白含量和紫花苜蓿相差无几,粗纤维含量更低(表5-4)。其所含必需氨基酸苗期为0.18%~1.41%,开花期为0.18%~1.21%,用于青饲、放牧或调制干草均可。

表5-4 山野豌豆营养成分表

单位:%

样品	生育期	水分	占风干物质百分比					钙	磷
			粗蛋白质	粗脂肪	粗纤维	无氮浸出物	粗灰分		
茎	开花期	7.86	11.04	0.09	42.09	33.50	4.89	0.97	0.24
叶	开花期	8.96	21.79	1.64	20.62	40.15	6.84	1.43	0.29

(引自北京农业大学畜牧系分析结果)

第五节 草木犀属牧草

草木犀属(*Melilotus*)为豆科草本直立型一或二年生植物。原产于欧亚温带地区,约有20种,分布于中亚、欧洲和北非。中国有9种,广泛分布于黄河流域和长江流域,为很好的绿肥植物和饲料。生产上常用的有白花草木犀和黄花草木犀。草木犀与苜蓿的幼苗相似,但草木犀幼苗叶片无茸毛,有异香味,幼苗嚼之有苦味,而苜蓿则无;且叶缘具锯齿,而苜蓿只上部1/3有锯齿。

一、白花草木犀

学名:*Melilotus albus* Desr.

英文名:White sweet clover

别名:白花草木犀、白花车轴草、白甜车轴草、臭苜蓿、马苜蓿

原产于亚洲西部,现广泛分布于欧洲、亚洲、美洲和大洋洲。我国东北、华北、西北有栽培,以甘肃、陕西、山西栽培最多。

(一)植物学特征

白花草木犀(图5-10)为二年生草本,高70~200 cm。茎直立,叶为三出羽状复叶,小叶狭长,叶缘具锯齿,有托叶,腋生总状花序,花白色或黄色,花冠易脱落,荚果椭圆或卵圆形,具网纹,不开裂,含种子1~2粒,落粒严重。千粒重1.7~2.5 g。

图5-10 白花草木犀
(引自《饲草生产学》,董宽虎、沈益新主编,2003)

(二)生物学特性

白花草木犀的适应性很广,喜温凉半干燥气候条件,抗旱、耐寒、耐盐碱、耐瘠薄,对环境的适应能力极强,在苜蓿难以生存的地区,仍能良好生长。最适宜温润气候,在年降水量400~500 mm、年平均气温6~8 ℃的地区生长最好。对土壤要求不严,除低洼积水地不宜种植外,其他土壤均可种植。耐瘠薄,喜富含石灰质的中性或微碱性壤土,适宜pH为7~9。耐碱性在豆科牧草中最强。具有抑制返盐和脱盐的作用,因此还可改良盐碱性土壤。

(三)栽培技术

1.播种

白花草木犀可与农作物轮作、间作或与林木间作,也可与其他牧草混播。播前需精细整地,并施足基肥。种子硬实率高,尤其是新鲜种子,可高达40%~60%,因此播种前必须对种子进行硬实处理,可划破种皮、冷冻低湿处理,或用10%的稀硫酸浸泡30~60 min。春、夏、秋三季均可播种,但以春播为最好,秋播不宜太迟,否则幼苗不易过冬。播种量为每公顷11.25~22.75 kg,留种田7.5~15.0 kg。以条播为主,收草用的行距为15~30 cm,采种田的行距为30~60 cm,播深2~3 cm。播后镇压,防止跑墒。

2. 田间管理

播种当年要及时中耕除草，以利于幼苗生长。在分枝期、刈割后要追施磷、钾肥，并及时灌溉、松土等。追施磷肥可显著增加产草量和种子产量。种子田要注意在现蕾期至盛花期保证水分充足，而在后期要控制水分。常见病害有白粉病、锈病、根腐病，防治方法是早期刈割或用粉锈宁、百菌清、甲基托布津等药物防治。常见虫害有黑绒金龟子、象鼻虫、蚜虫等，可用甲虫金龟净、马拉硫磷等药物驱杀。

3. 收获

青饲在株高50 cm时开始刈割，调制干草时在现蕾期刈割。白花草木犀刈割后新枝由茎叶腋处萌发，因此要注意留茬高度，一般为10~15 cm。早春播种当年每公顷可产鲜草15~30 t，第二年产30~45 t，高者可达60~75 t。采种均在生长的第二年进行。种子成熟期不一致，易脱落，采收要及时。当有2/3的荚果变成深黄褐色或褐色，下部种子变硬时，在有露水的早晨采收，一般每公顷收种子600~900 kg。

（四）饲用价值

白花草木犀质地细嫩，营养价值较高（表5-5），含有丰富的粗蛋白质和氨基酸，是家畜的优良饲草。可青饲、放牧、调制干草或青贮。

表5-5　白花草木犀的营养成分

单位：%

样品	干物质	占干物质百分比				
		粗蛋白质	粗脂肪	粗纤维	无氮浸出物	粗灰分
叶	88.00	23.50	4.40	9.60	30.60	9.00
茎	96.30	8.30	2.20	48.80	31.00	5.50
全株	92.63	17.51	3.17	30.35	34.55	7.05

（引自《中国饲用植物化学成分及营养成分价值表》，中国农科院草原研究所，1990）

白花草木犀株体内含有香豆素（cumarin），其含量为1.05%~1.40%，花中最多，叶和种子次之，具有苦味，影响适口性。因此，饲喂时应由少到多，数天之后，家畜开始喜食。白花草木犀调制成干草后，香豆素会大量散失，其适口性较好。家畜咀嚼后，释放出游离香豆素，因香豆素受霉菌作用，成为有毒的双香豆素（或称出血素），会取代维生素K，阻止凝血素的形成，延长凝血时间，致使家畜出血过多而死亡。因此，霉变的白花草木犀不能饲喂家畜，应在现蕾前刈割，并在饲喂时加一半其他干草，最好是喂含维生素K多的苜蓿，或注射维生素K。可用浸泡的方法去除香豆素和双香豆素，清水浸泡24 h去除率达42.30%和42.11%；用1%的石灰水浸泡去除率为55.98%和40.35%。

二、黄花草木犀

学名：*Melilotus officinalis*（L.）Pall

英文名:Yellow Sweet Clover

别名:黄花车轴草、黄甜车轴草

原产于欧洲,欧洲各国认为其是重要牧草,亚洲栽培较少。我国东北、西北、华北有野生种,在东北各省区栽培较多。

黄花草木犀系二年生草本植物,茎叶繁茂,营养丰富,为优良牧草,也可作绿肥和水土保持及蜜源植物。与白花草木犀相比,产量较低,但主根入土较深,根系较发达,抗逆性较强,在白花草木犀不能很好生长的地区,可以种植黄花草木犀。栽培和利用技术与白花草木犀相同。

第六节　柱花草属牧草

柱花草属(*Stylosanthes* Sw.)植物约50种,大部分原产于南美洲,现广布于亚洲、非洲和南美洲的热带、亚热带地区。我国于20世纪60年代引种栽培,目前,引入栽培的主要有圭亚那柱花草、矮柱花草、柱花草、加勒比柱花草和灌木状柱花草等,现已推广到华南和西南地区。

一、圭亚那柱花草

学名:*Stylosanthes guianensis* (Aubl.) Sw.

英文名:Guyana Stylosanthes

别名:巴西苜蓿、热带苜蓿、笔花豆

圭亚那柱花草原产于南美洲。20世纪60年代以来,先后引入我国试种的有斯柯非(*S. guianensis* cv. Schofiald)、库克(*S. guianensis* cv. Cook)、奥克雷(*S. guianensisvar. intermedia* cv. Oxly)、恩迪弗(*S.guianensis* cv. Endeavour)和格拉姆(*S guianensis* cv. Graham)等品种,其中奥克雷、格拉姆更耐低温,抗病性更强,且开花早,易留种,故发展更快。在广西南部和西部及广东主要用于改良天然草地。

(一)植物学特征

圭亚那柱花草(图5-11)为多年生丛生性草本植物,茎直立或半匍匐。主根发达,深可超过1 m,草层高1.0~1.5 m。粗糙型的茎密被茸毛,老时基部木质化,分枝多,长达0.5~2.0 m。三出羽状复叶,小叶披针形,中间小叶稍大,长4.0~4.6 cm,宽1.1~1.3 cm,顶端极尖。托叶与叶柄愈

图5-11　圭亚那柱花草
(引自《饲草生产学》,董宽虎、沈益新主编,2003)

合包茎成鞘状，先端二裂。细茎型的茎较纤细，小叶较小，很少细毛。花序为数个花数少的穗状花序聚集成顶生复穗状花序，花小，蝶形，黄色或深黄色。荚果小，具喙，2节，只结1粒种子。种子椭圆形，两侧扁平，淡黄至黄棕色，大小因品系而不同，长1.8~2.7 mm，宽约2 mm，千粒重2.04~2.53 g。

（二）生物学特性

圭亚那柱花草属于热带牧草，喜温怕冻，适宜生长在南方热带地区。耐旱性很强，也可忍受短时间水淹，但不能在低洼积水地生长。圭亚那柱花草对土壤适应性广，有较强的吸取土壤中钙和磷的能力，是热带豆科牧草中最耐贫瘠和酸性土壤的草种。可耐pH4.0的强酸性土壤，能在热带砖红壤、潜育土和灰化土上生长，干燥沙质土至重黏土均生长良好，但以排水良好、质地疏松的微酸性土壤为最好。圭亚那柱花草为短日照植物，晚熟类型在12 h以下的日照时才开花，最适日照是10 h。

（三）栽培技术

1. 种子处理

圭亚那柱花草种子硬实率高达80%，播前须进行机械擦破种皮处理，或用80 ℃热水浸种1~2 min，可使发芽率提高到95%。

2. 整地和播种

在3月或9月下旬至11月上旬间均可播种，播前可进行半翻耕，用重耙或旋耕机处理地表，或行全翻耕。多条播，行距50 cm，播深1~2 cm，播量每公顷5~8 kg；也可点播，行距50~80 cm，株距30~40 cm；还可育苗移栽。苗床应选土质肥沃、排水良好、阳光充足的地区，精细整地后，按（250~300）g/100 m^{2}播量进行密播，将催芽处理过的种子均匀撒播在苗床上，待苗高5~20 cm时趁阴雨天气，按行株距80 cm×80 cm，每穴2株进行移栽。育苗移栽较直播容易成功。播种时最好结合施肥，每公顷施含钼的过磷酸钙200~400 kg。除单播外，也可混播，圭亚那柱花草与大黍、无芒虎尾草、狗尾草、毛花雀稗等禾本科牧草混播可持久混生，不仅能抵御杂草入侵，而且自身能侵入天然草地。

3. 田间管理

圭亚那柱花草早期生长缓慢，尤其是出苗后6周内，往往被杂草掩盖，因此应加强苗期除草工作。

4. 收获

播种后4~5个月，草层高40~50 cm时即可刈割，留茬30 cm，以利于再生。播种当年可刈割1~2次，每公顷产鲜草3.0×10^4~4.5×10^4 kg，或干草6 750~9 750 kg。因花期长，种子成熟期不一致且易落粒，所以应分期分批采收，或在上部花苞种子大部分成熟时一次性收获。

（四）饲用价值

圭亚那柱花草全株干物质含粗蛋白8.06%~18.10%，粗纤维34.38%~37.70%。有人分析，

其含粗蛋白11.8%，消化率为52.6%，粗纤维可消化率为42.2%，其所含养分及消化率均低于紫花苜蓿(紫花苜蓿蛋白质消化率可达81.7%)，营养物质含量见表5-6。

表5-6　圭亚那柱花草营养物质的质量分数

单位:%

品种	生育期	占干物质百分比					钙	磷
		粗蛋白质	粗脂肪	粗纤维	无氮浸出物	粗灰分		
斯柯非	开花期	8.06	2.24	34.38	50.87	4.45	1.46	0.25
格拉姆	分枝期	14.72	2.81	30.19	43.51	8.77		
格拉姆	开花期	15.32	1.44	31.91	42.93	8.40		

(引自《中国饲用植物志》第二卷，贾慎修主编，1989)

粗糙型的圭亚那柱花草生长早期适口性比较差，到后期逐渐为牛所喜食；细茎型的适口性很好，生长各时期都为牛、羊、兔等家畜所喜食，叶量较丰富，开花期茎叶比为1∶0.76，茎占总重的56.71%。除放牧、青刈外，调制干草也为家畜所喜食。10~11月份茎叶达到最高产量，此时又是少雨季节，利于调制干草过冬。收种脱粒后的茎秆，牛也喜欢吃，含有粗蛋白6.55%，比稻草还高。此外，还可制成优良的干草粉，在尼日利亚每年刈割45 cm以上的枝条打成干草粉，含粗蛋白17.17%，可作为商品出售。草粉青绿色，有香味，与水调和后具有很好的黏稠性，猪很喜欢吃。另外，圭亚那柱花草根瘤多，每公顷可固氮180~216 kg，茎叶又易腐烂分解，可作良好的绿肥覆盖物。

二、矮柱花草

学名：*Stylosanthes humilis*

英文名：Dwarf Stylosanthes

别名：汤斯维尔苜蓿

矮柱花草原产于南美洲巴西、委内瑞拉、巴拿马和加勒比海岸等地，在热带地区主要用于改良天然草地。于1965年引入我国，在广西和广东试种，生长良好，近年逐渐扩大繁殖，我国现已扩大到北纬26°的范围，且生长表现较好。

(一)植物学特征

矮柱花草为一年生草本，平卧或斜生。草层高45~60 cm。根深，粗壮，侧根发达，多根瘤。茎细长，达105~150 cm。羽状三出复叶，小叶披针形，长约2.5 cm，宽6 mm，先端渐尖，基部楔形；托叶和叶柄上被疏柔毛。总状花序腋生，花小，蝶形，黄色。荚果稍呈镰形，黑色或灰色，上有凸起网纹，先端具弯喙，内含1粒种子；种子棕黄色，长2.5 mm，宽1.5 mm，先端尖。

（二）生物学特征

矮柱花草性喜温暖，最适宜生长在年平均气温为27~33 ℃，年降水量为630~1 800 mm的地区。抗旱力强，可耐长期干旱。耐酸和耐瘠薄性特别强，可在pH 4.5~6.5的酸性土壤上生长，也可在黏重的砖红壤土、水稻土、新垦土等土地上生长。

（三）栽培技术

矮柱花草对栽培条件要求不严格，可选择退化的草地，不宜农作的荒地、休耕地或栽培土地进行栽培。要提早翻晒，使土壤充分风化，然后精耙细碎，以便播种。矮柱花草前期生长缓慢，采种地或刈草地都应及时除草。6~7月为矮柱花草生长盛期，杂草受到抑制。当前期杂草生长过盛时，可用重牧控制禾本科草的生长。矮柱花草硬实种子多，播种后一般要15~30 d出土，为使其发芽率提高，多用机械方法摩擦种皮。矮柱花草前期生长缓慢，宜早播争取提前出土，有利于幼苗发育，增强对杂草的竞争能力。矮柱花草和圭亚那柱花草一样，也可进行育苗移栽建植草地。当年可刈割1~2次，每次刈割后留茬25 cm，每公顷鲜草产量2.25×10^4~4.50×10^4 kg，其中叶量占饲草产量的40%左右。一般每公顷的种子产量225~375 kg，有的可超过750 kg。

（四）饲用价值

矮柱花草适口性良好，为上等质量的牧草。鲜草为牛、羊等所喜食，开花至结荚期仍可保持良好的适口性和较高的营养价值。矮柱花草所含粗蛋白量与红三叶接近。营养生长期长，在不同的物候期都含有较高的营养成分，对家畜的发育、肥育和过冬保膘起到很好的作用。据广西畜牧研究所分析，其营养成分含量如表5-7所示。

表5-7 矮柱花草的营养成分质量分数

单位：%

分析项目	占干物质百分比				
	粗蛋白	粗脂肪	粗纤维	无氮浸出物	粗灰分
开花期	11.27	2.25	25.49	54.80	6.19
成熟期	10.15	3.73	36.28	46.08	3.77
干草粉	10.14	3.73	36.28	45.78	4.06

（引自《中国饲用植物志》第一卷，贾慎修主编，1987）

注：数据四舍五入，可能合计未100%

第七节　其他豆科牧草

一、银合欢

学名:*Leucaena leucocephala* (Lam.) de Wit

英文名:Leucaena

别名:萨尔瓦多银合欢

银合欢原产于美洲的墨西哥,现广泛分布于热带、亚热带地区。我国最早引进银合欢的是台湾地区,至今已有300多年的历史,华南热带作物研究院(现中国热带农业科学院)于1961年引种,现已在海南、广东、广西、福建、云南、浙江、台湾、湖北大面积栽培。

(一)植物学特征

银合欢(图5-12)为常绿灌木或小乔木。干直立,高2~10 m或更高,幼枝被短柔毛,老枝无毛,具褐色皮孔。二回羽状复叶,有羽片4~8对,长6~9 cm。头状花序,球形,每个花序有160多朵小花,花白色。荚果每荚有种子15~25粒,成熟时开裂。种子褐色,千粒重48 g。

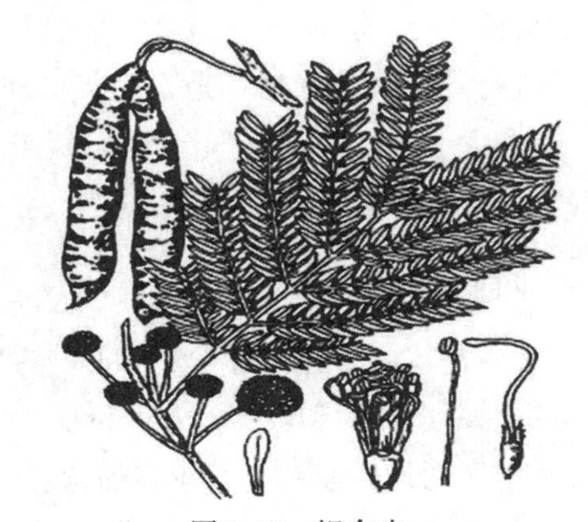

图5-12　银合欢

(引自《中国饲用植物》,陈默君、贾慎修主编,2002)

(二)生物学特征

银合欢原产于热带地区,喜温暖湿润的气候条件,但耐寒力较强。生长最适温度为25~30 ℃,10 ℃以下或35 ℃以上停止生长。在年降水量1 000~2 000 mm的地区生长良好,但不耐水淹。对土壤要求不严,最适在中性或微碱性(pH 6.0~7.7)的土壤上生长,岩石缝隙中也能生长。再生力强,可刈割4~6次/年,每公顷年产鲜嫩枝叶45~60 t。

(三)栽培技术

银合欢可种子繁殖,也可插条繁殖。种皮坚硬,表面有蜡质,吸水能力差,硬实率高,播前需进行处理,以提高种子发芽率。

一般选择土层深厚的碱性土壤种植。在机耕整地后可直接播种,也可育苗后进行打穴移栽。直接播种宜在3月进行,多条播,行距60~80 cm,播种量15~30 kg/hm^2,播种后覆土2~3 cm。育苗移栽需等幼苗长至30~50 cm时进行。移栽时每穴深50 cm,直径50 cm,株行距1 m×1 m。施基肥,每公顷用有机肥30~40 t,过磷酸钙225~375 kg,石灰1.0~1.5 t。移栽后每日需淋水1次,直至成活。移栽后6~8个月可开始收割利用,留茬30~50 cm。收割后注意施氮肥和磷肥,以促进再生,当植株高度达到1.2 m时,可以再行收割。

（四）饲用价值

银合欢的茎叶和种子含有丰富的营养物质（表5-8），因其具有较好的适口性，牛、马、羊、兔等均喜食；另外，其叶片中含有大量的叶黄素和胡萝卜素，可沉积在鸡皮肤和蛋黄中，使之变成消费者喜好的深橘色；茎秆可饲喂牛，叶粉是猪、鸡、兔的优质补充饲料。

表5-8　银合欢的部分营养成分质量分数

单位：%

采样部位	干物质	占干物质百分比					钙	磷	镁	钾
		粗蛋白	粗脂肪	粗纤维	粗灰分	无氮浸出物				
叶片	35.69	26.69	5.10	11.40	6.25	50.56	0.80	0.21	0.38	1.80
嫩枝	30.90	10.81	1.44	46.77	6.01	34.97	0.41	0.18	0.41	2.45
荚果	80.99	10.75	1.06	37.06	4.99	46.14	0.61	0.06	0.81	1.37
种子	82.78	32.69	3.33	15.70	4.25	44.03	0.32	0.37	0.35	1.43

（引自《中国饲用植物志》，贾慎修主编，1992）

二、绿叶山蚂蝗

学名：*Desmodium intortum*

英文名：Greenleaf Desmodium

别名：旋扭山绿豆

绿叶山蚂蝗原产于中美洲热带地区，澳大利亚将其引入后作为沿海地区改良草地重要牧草之一。我国于20世纪70年代从澳大利亚引入，在广西、广东、福建等省区均已引种栽培，表现良好。

（一）植物学特征

绿叶山蚂蝗是多年生草本植物。其根系发达，主根入土较深，侧根多。茎秆粗壮，匍匐蔓生或缠绕，密生茸毛。三出复叶，叶互生，小叶卵状菱形或椭圆形。总状花序腋生，荚果弯曲，每荚7~8粒种子，千粒重约1.3 g。

（二）生物学特性

喜温暖湿润气候，最适宜生长在气温25~30 ℃，年降水量900~1 270 mm的地区。温度30 ℃以上时，生长受抑制，耐荫性较好，宜于果园间种植或与同大型禾草混种。对土壤的适应性强，pH5~7为最适范围。不耐寒，怕霜冻，尤其花荚期易受霜冻，故收种较为困难。

（三）栽培技术

绿叶山蚂蝗可种子繁殖，也可扦插繁殖。播前需进行硬实处理，并用根瘤菌剂拌种。

春、秋均可播种,最宜在3~4月播种。条播行距30~45 cm,播深2~3 cm,每公顷播量3.75~7.50 kg。扦插的插条宜选生长1年的中等老化枝条,插条下部浸根瘤菌泥浆最佳,在雨季扦插易成活。施肥可增加产量,幼苗期生长较弱,需及时中耕除草。

(四)饲用价值

绿叶山蚂蝗的产草量高,播种当年可刈割2~3次,每公顷产鲜草约60 t。其叶质柔软,适口性较好,猪、兔、鱼等均喜食。茎叶营养价值高,可放牧利用,也可调制干草,其营养成分见表5-9。

表5-9　绿叶山蚂蝗营养成分的质量分数　单位:%

类别	水分	粗蛋白	粗脂肪	粗纤维	无氮浸出物	粗灰分
鲜草	83.93	2.54	0.30	5.49	6.23	1.51
干草	10.54	14.14	1.66	30.55	34.69	8.42

(引自《牧草学各论》新一版,王栋原著,任继周等修订,1989)

三、百脉根

学名:*Lotus corniculatus* L.

英文名:Birdsfoot Trefoil

别名:五叶草、鸟趾豆、牛角花

百脉根原产于欧洲和亚洲的湿润地带,被广泛用于瘠薄地的改良和饲草生产。美国在100多年前引入,目前种植面积已超过9.3×10^5 hm^2。现分布于整个欧洲、澳大利亚、新西兰、北美、印度、朝鲜、日本等地。我国的华南、西南、西北、华北等地均有栽培。

(一)植物学特征

百脉根(图5-13)为豆科百脉根属多年生草本植物,主根粗壮,侧根发达。茎丛生,高60~90 cm,无明显主茎,直立或匍匐生长。叶为三出复叶,托叶大,位于基部,大小与小叶片相近,因而被称为"五叶草"。伞形花序顶生,每花序有小花4~8朵。荚果长而圆,每荚有种子10~15粒。种子肾形,千粒重1.0~1.2 g。

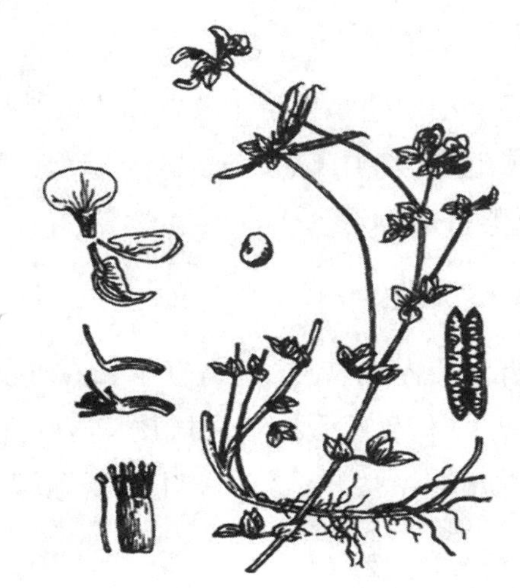
图5-13　百脉根
(引自《中国饲用植物志》第一卷,贾慎修主编,1987)

(二)生物学特征

百脉根喜温暖湿润气候,有较强的耐旱力,其耐旱性强于红三叶而弱于紫花苜蓿,适宜的年降水量为210~1 910 mm，最适年降水量为550~900 mm。对土壤要求不严，在弱酸和弱碱性、湿润地或干燥、沙性地或黏性、肥沃地或瘠薄地均能生长，适宜的土壤pH为4.5~8.2，结瘤的最适pH为6~6.5。不能忍耐长期水渍，在低凹地水淹4~6周会受害。百脉根耐热性较强，36.6 ℃的高温持续19 d，其仍表现为叶茂花繁，比苜蓿和红豆草耐热性好。耐寒性差，在北方寒冷且干燥的地区不能越冬。在温带地区，百脉根全生育期为l08~117 d。

（三）栽培技术

百脉根种子细小，幼苗生长缓慢，竞争力弱，易受杂草抑制，要求播前精细整地，创造良好的幼苗生长条件。百脉根种子硬实率高，播前应进行硬实处理，以提高出苗率，并进行根瘤菌接种。春、夏、秋播均可，但秋播不宜过迟，否则幼苗易冻死。播种量为6~10 kg/hm^2，条播行距30~40 cm，播深1.0~1.3 cm。百脉根可与无芒雀麦、鸭茅、高羊茅、早熟禾等禾本科牧草混播，既可防止百脉根倒伏和杂草入侵，又能组成良好的放牧场或割草场。百脉根的根和茎均可用来切成短段扦插繁殖。

刈割以初花期最好，一般每年可收获2~3次。百脉根每年春季只从根颈产生一次新枝，放牧或刈割后的再生枝条多由残枝腋芽产生，因而控制刈割高度和放牧强度以保持6~8 cm留茬，是其保持良好再生性的关键。百脉根由于花期长，种子成熟期不一致，又易裂荚落粒，有条件的地区可分批采收，也可在多数荚果变黑时一次性刈割收种，每公顷产种子225~525 kg。

（四）饲用价值

百脉根茎细叶多，产草量高，具有较高的营养价值（表5-10），适口性好，各类家畜均喜食，特别是羊极喜食。茎叶保存养分的能力很强，在成熟收种后，蛋白质含量仍可达17.4%，品质仍佳。刈割利用时期对营养成分影响不大，因而饲用价值很高。可刈割青饲、调制青干草、加工草粉和混合饲料，还可用作放牧利用。用于青饲或放牧时，其青绿期长，含皂苷低，耐牧性强，不会引起家畜臌胀病，为一般豆科牧草所不及。因其耐热，夏季一般牧草生长不良时，百脉根仍能良好生长，延长利用期。

表5-10 百脉根的营养成分

单位：%

分析种类	生育期	水分	占鲜草百分比					磷
			粗蛋白	粗脂肪	粗纤维	无氮浸出物	粗灰分	
鲜草	开花期	82.91	3.60	0.65	6.17	7.37	1.31	0.09

（引自《中国饲用植物志》第一卷，贾慎修主编，1987）

四、白刺花

学名：*Sophora davidii*（Franch.）Skeels

英文名:Vetchleaf sophora

别名:狼牙刺、马蹄针、马鞭采等

白刺花为豆科苦参属灌木,原产于中国华北、西北和西南部。生于山坡路旁灌木丛中或草坡,分布在云南、四川、贵州、陕西、甘肃、河南、山西、河北等地。其花花冠蝶形,白色,有香味,花期3~5月,干制之后可入中药,有清热解毒功效。

(一)植物学特征

白刺花为灌木或小乔木,高1.0~2.5 m。枝多开展,小枝初被毛,旋即脱净,不育枝末端明显变成刺,有时分叉。羽状复叶;托叶钻状,部分变成刺,疏被短柔毛,宿存;小叶5~9对,形态多变,一般为椭圆状卵形或倒卵状长圆形。总状花序着生于小枝顶端;花萼钟状,稍歪斜,蓝紫色;花冠白色或淡黄色,有时旗瓣稍带红紫色,旗瓣倒卵状长圆形,长14 mm,宽6 mm,先端圆形,基部具细长柄,柄与瓣片近等长,反折,翼瓣与旗瓣等长,单侧生,倒卵状长圆形,宽约3 mm,具1锐尖耳,明显具海棉状皱褶,龙骨瓣比翼瓣稍短,镰状倒卵形,具锐三角形耳;荚果非典型串珠状,稍压扁,长6~8 cm,宽6~7 mm,表面散生毛或近无毛,有种子3~5粒;种子卵球形,长约4 mm,径约3 mm,深褐色。花期3~8月,果期6~10月。

(二)生物学特征

白刺花的根系发达,主根穿透力强,能通过岩缝石隙向土层深处下扎,抗逆性强,生态适应幅度广,寿命长,在荒山荒坡及砾石山地皆能生长且发育良好。白刺花喜光,不耐荫,耐旱,耐瘠薄,在沙壤土上生长良好,在阳坡可形成群落,对气候、土壤要求不严,一般在瘠薄、深厚、沙质土壤上均能生长,在含盐(以氯化物为主)量0.4%以内的土壤条件下也可正常生长。

(三)栽培技术

1.种子繁殖

(1)圃地选择:圃地应选在地势平坦、排水良好、土壤较肥沃、有灌溉条件、无污染且交通方便的地块。

(2)营养土配制:育苗营养土的配制,采用4成左右腐殖质土加6成左右黄土再加适量的有机肥。如果条件允许,可适当加大腐殖质土在营养土中的含量,但比例不能超过60%。

(3)播种时间:3月中旬到4月中旬为春播的最佳播种期,雨季播种不得迟于7月中旬,否则幼苗难以越冬。

(4)播种密度:采用条播时,播幅5 cm,行距15 cm为宜,播种量为90~120 kg/hm^2,每公顷留150万株为宜。

2.扦插繁殖

(1)扦插时间:扦插时气温以20~25 ℃为宜,空气湿度以70%~90%为好,较低或较高的温度和空气湿度都不利于插穗生根,因此扦插时间一般选择在春季中后期为妥。

(2)插穗剪切：插穗长度6~10 cm，每段插穗上有3个以上完整饱满的芽即可。扦插时用锋利的剪刀截条，切口平滑，不破皮，不劈裂，不伤芽。

(3)插穗处理：插穗处理主要是用生根剂或生根粉对插穗进行处理，以利于插穗快速生根和提高生根率。大多数生根剂和生根粉都忌与碱性药物混用，忌用碱性水稀释；同时要注意避光保存，开启包装后最好一次用完，否则会影响插穗处理的效果。

(4)扦插操作：经药剂处理的插穗要马上扦插于准备好的苗床上或容器袋中，扦插时注意营养土的疏松度，过硬的营养土易造成插穗皮层和腋芽受伤。扦插深度以上部第1个腋芽刚露出营养土，插穗下部两个芽全插入营养土中为标准，扦插时千万不要将极性颠倒（插穗颠倒）。

(5)扦插密度：根据培育时间长短自行确定扦插密度，培育一年生苗可以扦插120万~150万株/hm^2，培育两年生苗可扦插45万~75万株/hm^2。

3. 苗期管理

(1)水分管理：刚扦插时若土壤墒情较差，必须马上灌水，以增强土壤与插穗接触的紧密度。以后苗期视土壤墒情而定，土壤不干时不需浇水；若长时间下雨，为防止根腐死苗现象，应及时排水。

(2)松土除杂：根据土壤板结和杂草情况，每月松土除草一次。除草要以不影响幼苗生长为原则，化学除草应选择对白刺花没有影响的除草剂。

(3)施肥：根据土壤肥力、土壤结构和幼苗生长情况等因素而定，原则是少量多次。

(4)病虫害防治：苗期可喷洒0.2%的高锰酸钾溶液，每周喷洒1次，连续喷洒2~3次进行消毒。为了预防蚜虫、蛴螬、菜青虫、造桥虫、介壳虫等害虫损害幼苗，可以人工捕虫，也可以购买相应的农药喷洒，减轻损害。苗期要特别注意害虫对幼苗生长中心的损伤。

(四)利用价值

白刺花在贵州分布较广，资源丰富。其分枝多，嫩枝叶量大，营养丰富，嫩枝叶粗蛋白质为27.40%~28.63%，粗纤维含量较低，是牛羊喜食的木本饲用植物，且牛羊食后不会发生臌胀病，是解决当前种草养羊时蛋白质饲料缺乏的有效途径。白刺花为药饲两用灌木，含有生物活性物质或未知生长素，具有清热、凉血、解毒、杀虫之功效，对家畜具有药用保健助长作用，有利于改善畜产品品质。开花期长、蜜量大而稳定，常年每群蜂可产蜜15~30 kg，蜜质优良，是夏季主要的蜜源植物；另一方面它根系发达，固氮能力强，抗旱、耐瘠薄，在荒山荒坡及砾石山地皆能生长，可固定石灰岩裸露的山坡和侵蚀坡面，具有良好的固土作用和较高的水土保持效果，是喀斯特地区十分有效的防治石漠化和水土流失的多用途植物。

五、多花木兰

学名：*Magnolia multiflora* M.C. Wang et C. L. Min

英文名：Magnolia

别名:马黄消、野蓝枝、槐蓝

多花木兰为中旱生草本、半灌木、灌木。原产于我国的海南、广东、广西、台湾、福建和云南等热带、南亚热带地区,主要野生分布于这类地区的山坡、丘陵地带,从20世纪90年代开始人工驯化栽培,目前种植面积约1 500 hm^2。它具有抗旱、耐寒、耐瘠薄等特性,是优良的水土保持树种,其适口性好,粗蛋白质和粗脂肪含量高;返青早、枯黄晚、绿期长,是改良干旱、半干旱区退化草地和建植人工放牧地的优良饲用灌木;另外,还具有医用等多方面的用途。

(一)植物学特征

多花木兰为豆科木兰属多年生灌丛饲用植物。植株高0.8~2.4 m,茎秆直立,枝条密被白色“丁”字形茸毛。奇数叶,具小叶7~15个,倒卵形或倒卵状长圆形,长1.5~4.0 cm,宽1~3 cm,先端圆形,基部宽楔形,全缘。总状花序腋生,蝶形花冠。每个花轴着生小花20~70朵,荚果条形,棕褐色,种子呈矩圆形,淡褐色,千粒重约8 g。

(二)生物学特征

多花木兰适应性广,对土壤要求不严,在pH4.5~7.0的红壤、黄壤或紫红壤上能良好地生长。该灌木在夏季良好的水、热条件下生长旺盛,日均增高1.1~1.3 cm;冬季无持续霜冻情况下可保持青绿,遇重霜时则叶片脱落,呈休眠状态,但枝条仍能安全越冬。再生力强,多花木兰的茎干和根茎着生大量休眠芽,冬季和早春离地面10~20 cm的主茎部位刈割后,3月底至4月初,从根茎和茎干上发出大量嫩芽。耐旱性强,在0~40 cm的根层土壤含水量只有16.2%时,仍能正常生长,并具有一定的耐渍水能力。

(三)栽培技术

1. 播种技术

适宜春夏播种,当日平均温度在18 ℃以上时即可播种。播种时应翻耕,适当增施磷肥。条播、穴播和撒播或育苗移栽均可。条播行距0.5~0.7 m,每公顷播量为10~12 kg,播种深度2~3 cm。穴播穴距45 cm,覆土深度2 cm。可单播,也可与其他牧草混播。多花木兰种子的硬实率较高。为了提高种子的出苗整齐度,一般播前采用机械磨擦法进行种子处理,少量的种子可用浓硫酸浸泡10 min,洗去酸液,晾干播种。移栽在早春进行,一般以1~2年龄苗为宜,挖苗时要注意深挖,以防伤害根系。

2. 田间管理

多花木兰幼苗阶段生长缓慢,应注意及时清除杂草,苗期可追施少量速效氮肥。在幼苗生长期间极易受虫、鼠的危害,严重时可造成整行的毁灭。因此,要及时采取措施加以防治。株高80 cm以上时,大部分杂草受到抑制,适时中耕即可。多花木兰耐高温干旱,但不耐水渍,故不宜种植于低洼地。收种地要在开花结荚期注意保墒,提高结荚率。在每年春季萌发时施用以磷钾肥为主的肥料。多花木兰苗期生长比较慢,在苗期可以通过中耕除草,来减弱杂草对多花木兰的影响,以加速多花木兰的生长,这时也应将牲畜移开以增加干草的产

量。当株高超过100 cm时,即可刈割利用,留茬高度应不低于15 cm,每次刈割之后,每公顷追施磷、钾肥各150 kg。

3. 更新复壮

多花木兰植株最高可达4 m左右。每年深冬和早春结合收种刈割1次,既可提供生活能源,又可使植株变矮,加快更新繁殖。多花木兰平茬后萌蘖的枝条是原来的4~5倍,生长量和生物量头3年增长较快,第4年减弱。

(四)饲用价值

多花木兰营养丰富,植株无刺,无异味,茎叶柔嫩,不含有毒有害成分,具甜香味。牛、羊、兔特别喜食其嫩叶、花及果实,作为青饲料鸡和猪也爱吃。成熟的豆荚,羊最爱啃食,是牛、羊在冬季保膘育肥的精料;同时多花木兰可以作为草食性鱼类良好的蛋白质和维生素补充饲料。

多花木兰为很好的饲用灌木,营养丰富,各种营养成分含量高。其开花期粗蛋白含量为25%~28%,粗纤维为17%~20%,有机物消化率为57%,粗灰分为9%~10%。此外,多花木兰叶片还含有丰富矿物质、维生素以及氨基酸。因此,也可作为干饲料和优良的饲料添加剂。

六、紫穗槐

学名:*Amorpha fruticosa* L.

英文名:Indigobush

别名:棉条、穗花槐

紫穗槐原产于美国东部、中部和南部以及墨西哥一带,世界各大洲也都有种植,是水保护坡、防沙治沙、改良土壤、园林绿化观赏地被建设的优良灌木。

(一)植物学特征

豆科穗槐属落叶灌木。高1~4 m,丛生,枝叶繁密,直伸,皮暗灰色,平滑,小枝灰褐色,有凸起锈色皮孔,幼时密被柔毛;侧芽很小,常两个叠生。叶互生,奇数羽状复叶,小叶11~25片,卵形,狭椭圆形,先端圆形,全缘,叶内有透明油腺点。总状花序密集顶生或枝端腋生,花轴密生短柔毛,萼钟形,常具油腺点,旗瓣蓝紫色,翼瓣、龙骨瓣均退化。荚果弯曲短,长7~9 mm、棕褐色,密被瘤状腺点,不开裂,内含1粒种子。花期5~6月,果期9~10月。种子具蜡质光泽和特殊气味,千粒重10 g,每千克含种子7.5万~9.5万粒。

(二)生物学特征

紫穗槐根系发达,主根可深入土层70 cm,水平根长达1 m,3年生的根长在1 m以上,根系有70%~80%分布在60 cm以内土层中,抗旱性极强。根无萌芽能力,不能用分根法繁殖,茎萌芽力强,每丛可达20~50根萌条,平茬后一年生枝条高达1~2 m。次年开花结果,发芽率70%~80%。耐盐碱,在根际土壤含盐量0.3%~0.5%时能正常生长。抗旱、耐涝,再生性强,耐刈割。

紫穗槐是耐寒、耐旱、耐湿、耐盐碱、抗风沙、抗逆性极强、再生性强的灌木，在荒山坡、道路旁、河岸、盐碱地均可生长，广布于我国东北、华北、华东等地区，是很好的水土保持植物。

(三)栽培技术

犁深20~30 cm，耙碎整平。最好是结合犁地，施入厩肥1.5×10^4~3.0×10^4 kg/hm^2。因荚皮上含有蜡质，种子吸水困难，发芽慢，播前用草木灰水或食盐水或温水浸种催芽。用种子直播，以春播为好，播种期4月上旬至5月下旬，也可在雨季直播，一般播后10 d左右即可出苗。插条繁殖以雨季为宜，选用二三年生枝条，在其中下部剪成15~20 cm插条进行插植。行距一般1 m以上，株距50~100 cm。

(四)利用价值

利用紫穗槐的嫩枝和叶作饲料，营养丰富。因枝叶有异味，家畜不喜吃，不宜用作青饲或放牧，可晒干后饲用。因茎叶含有丰富的有机质，可割作绿肥。由于抗逆性很强，又有根瘤菌的固氮作用，也可用作改良荒地、荒坡的先锋植物和水土保持植物。

思考题：

1. 紫花苜蓿饲喂过量往往导致反刍动物发生臌胀病，如何解决这一问题？

2. 白三叶种子在播种前应做怎样的处理？

3. 混播草地中，适宜的禾豆比（即禾科植物与豆科植物的数量比例）是多少？选择合适的禾豆比有什么好处？

4. 如何去除草木犀中所含的香豆素？

参考文献

1. 洪绂曾. 苜蓿科学[M]. 北京: 中国农业出版社, 2009.

2. 董宽虎，沈益新. 饲草生产学[M]. 北京: 中国农业出版社, 2003.

3. 陈宝书. 牧草饲料作物栽培学[M]. 北京: 中国农业出版社, 2001.

4. 中国饲用植物志编辑委员会. 中国饲用植物志·第一卷[M]. 北京: 农业出版社, 1987.

5. 玉柱，贾玉山，张秀芬. 牧草加工贮藏与利用[M]. 北京: 化学工业出版社, 2004.

6. 中国科学院中国植物志编辑委员会. 中国植物志[M]. 北京: 科学出版社, 2004.

7. 南京农学院. 饲料生产学[M]. 北京: 农业出版社, 1980.

8. 云南省草地学会. 南方牧草及饲料作物栽培学[M]. 昆明: 云南科技出版社, 2001.

9. 中国农科院草原研究所. 中国饲用植物化学成分及营养成分价值表[M]. 北京: 农业出版社, 1990.

10. 韩建国，马春晖. 优质牧草的栽培与加工贮藏[M]. 北京: 中国农业出版社, 1998.

11. 陈默君，贾慎修. 中国饲用植物[M]. 北京:中国农业出版社, 2002.

12. 中国饲用植物志编辑委员会. 中国饲用植物志·第二卷[M]. 北京: 农业出版社, 1989.

13. 中国饲用植物志编辑委员会. 中国饲用植物志·第四卷[M]. 北京: 农业出版社, 1992.

14. 王栋原著，任继周等修订. 牧草学各论（新一版）[M]. 南京：江苏科学技术出版社, 1989.

15. 程子卿. 胡枝子栽培技术[J]. 中国西部科技, 2011, 10(17): 46, 70.

16. 杨特武，李平. 一种草料兼用的豆科饲料植物——多花木蓝[J]. 牧草与饲料, 1990, (2): 33-34.

17. 陈功，毕玉芬，管春德. 林草植被与水土保持[M]. 昆明: 云南科技出版社, 2005.

18. 中国饲用植物志编辑委员会. 中国饲用植物志·第三卷[M]. 北京: 农业出版社, 1991.

第六章　饲料作物

第一节　禾谷类饲料作物

禾谷类饲料作物资源丰富，分布最广。栽培用以饲喂畜禽的禾谷类作物，包括燕麦、大麦、黑麦、小黑麦、玉米、高粱、粟等，是家畜优良的精料、青饲料和青贮料。禾谷类饲料作物基本是禾本科一年生草本植物，形态上具有共同的特征：均为单子叶植物，植株高大，通常具有单一种根和很多须根，茎多圆柱形，通常中空有节，只有玉米、高粱的茎有髓，叶狭长，多互生，平行脉，有叶鞘，叶片与叶鞘相接处生有叶舌，叶耳；花序通常多为穗状花序（如麦类）和圆锥花序（如燕麦、高粱、粟及玉米的雄花），花通常两性，没有花被，唯有玉米雌雄同株异花，果实通常是颖果。

禾谷类饲料作物籽实富含淀粉，多用作能量饲料，茎叶用作青饲料、青贮料或秸秆饲料等。作青饲用时可青刈后直接饲喂，作青贮料时在抽穗开花期或乳、蜡熟期青贮为佳，收获籽实后的秸秆只能作为粗饲料。

案例6-1：

随着畜牧业产值在农业总产值中所占比例的不断提高，如何提高单位土地面积的产值是摆在我们面前的重大课题。如果人们对待种草也像对待种植农作物那样，种草的产值将会高于种植玉米和水稻。按照目前贵州农作物种植情况，排除旱灾的年份，对正常年份平均产值进行统计，直接将全株玉米出售给养殖户，以制作玉米青贮的产值高于收获玉米籽粒的产值，按亩产全株玉米秸秆6 210 kg，单价0.3元/kg计算，玉米青贮亩产值1 863元，比收玉米籽增收983元，约是收玉米籽的2倍。可见，种植青贮玉米是促进农业产业结构优化和增加农民收入的重要途径之一，应大力实施应用。

一、玉米

学名:*Zea mays* L.

英文名字:Maize

别名:苞米、苞谷、玉茭、棒子

玉米原产于墨西哥和秘鲁,是世界上分布最广的一种作物,至今已有4 500~5 000年的栽培历史。全世界种植玉米最多的是北美洲,其次是亚洲、拉丁美洲、欧洲、非洲和大洋洲。

世界种植玉米较多的国家有美国、中国、巴西、墨西哥、印度、阿根廷、俄罗斯、罗马尼亚等。总产量以美国最多,占世界总产量的43%左右。玉米是16世纪传入我国的,目前种植已遍布全国,主要集中在东北、华北和西南山区,大致形成从东北到西南的狭长地带,主要包括黑龙江、吉林、辽宁、河北、山东、河南、山西、陕西、四川、贵州、广西和云南等地,其播种面积占全国玉米总面积的80%以上。此外,新疆内陆灌溉区和东南沿海江苏、浙江等省的丘陵、山区,玉米的分布也比较集中。

(一)植物学特性

玉米是禾本科一年生草本植物,是禾谷类作物中体积最大的一种作物。玉米为须根系植物,根系发达,占全株质量的16%~25%。根系的60%~70%分布在30~60 cm的土层内,最深可达150 cm左右,故能吸收深层土壤中的水分和养分。玉米生长初期,若土壤水分过多,则根系生长细弱,入土不深,需采取蹲苗措施,以促进根系发育。但土壤过于干旱,根系也同样受到抑制而发育不良。深根能改进土壤结构,改善土壤的通气和养分状况,从而促进玉米根系发育。近地面的茎节上产生的多层气生根,不仅有吸收能力,而且还可支撑茎秆防止其倒伏。玉米的茎扁圆形,一般高1~4 m,茎粗2~4 cm。茎上有节,通常只有中部的腋芽才能发育成雌穗,而基部节间的叶芽有时萌发成侧枝,称为杈子。收籽粒时应结合中耕除草除掉分枝,以免其消耗养分,影响主茎的生长。但对于能结果穗的矮生型玉米或做青贮和青饲料用的玉米,分蘖应保留。如进行玉米杂交工作,父本可不去分蘖以增加父本的花粉来源。

玉米的叶互生,剑形。每片叶由叶鞘、叶片、叶舌三部分组成。叶鞘着生于茎节上,常超过节间。叶片与叶鞘相连,位于植株的一边,叶片长宽差异很大,一般叶片长70~100 cm,宽6~10 cm。叶缘波浪状,边缘有茸毛或光滑。雌雄同株异花。雄花序,即雄穗,着生在植株的顶部,为圆锥花序。雌花序,即雌穗,着生在植株中部的一侧,为肉穗花序。雄花开后,借助风力传播花粉,为典型的异花授粉植物,天然杂交率在95%以上。

玉米的果实为颖果,根据玉米稃壳的长短、籽粒的形状、淀粉的品质和分布的不同,分为硬粒型、马齿型、半马齿型、糯质型、爆裂型、粉质型、甜质型、有稃型和甜粉型。生产上应用较多的是硬粒型、马齿型和半马齿型3种。硬粒型玉米近圆形,顶部平滑,有光泽,质硬,富含角质,含大量蛋白质,多为早熟品种;马齿型玉米籽粒扁平形,顶部凹陷,光泽度较差,质软,富含淀粉,含蛋白质较少,多为晚熟品种;介于两者之间的为半马齿型玉米。玉米籽粒差异很大,大粒品种千粒重400 g左右,小粒品种50 g左右。

(二)生物学特性

玉米喜温,不同品种对温度要求不同。早熟种需有效积温1 800~3 000 ℃,而晚熟品种则需3 200~3 300 ℃,发芽最适温度为25 ℃。苗期抗寒力较弱,遇-3~-2 ℃低温即受霜害,但以后尚能恢复生长。尚未抽穗的幼株不耐低温,遇-2~-1 ℃低温持续6 h即受冻害,并很难恢复生长。因此,玉米从出苗到拔节期温度不能低于12 ℃,拔节至抽穗期昼夜平均温度不能低于17 ℃,抽穗开花到乳熟期以24~26 ℃较为适宜,从乳熟以后到完熟期要求的温度逐渐下降,低于16 ℃时则籽粒不能成熟。

玉米为短日照植物,在8~10 h的短日照条件下开花最快,但不同品种对光照的反应差异很大,且与温度有密切关系。大多数品种要求8~10 h的光照和20~25 ℃的温度。缩短日照可促进玉米的生长发育,因此北部高纬度地区的品种移到南方栽培时,生育期缩短,可提早成熟。反之,南方品种北移时,茎叶生长繁茂,一直到秋初短日照条件具备时,方能抽穗开花。

玉米是需肥作物,玉米对氮的要求远比其他禾本科作物高。如果氮肥不足,则全株变黄,生长缓慢,茎秆细弱,产量降低。玉米对磷、钾的需求也较多,磷、钾不足时影响花蕾的形成和开花结实。一般乳熟期前要求氮肥较多,乳熟期后要求磷、钾肥较多。因此,玉米除施足基肥外,生育期间还应分期追肥,否则空秆增多。

土壤要求不严,各类土壤都可种植。质地好的疏松土壤保肥保水能力强,可促进玉米根系的发育,有利于增产。对土壤酸碱度的适应范围在pH5~8之间,且以中性为好,不适于在过酸、过碱的土壤中生长。生育期一般为80~140 d。目前生产上推广的玉米单交种,夏播生长期为85~95 d,春播生长期为105~120 d。

(三)栽培技术

1. 轮作

玉米对前作要求不严,在麦类、豆类、叶菜类等作物之后均宜种植。玉米是良好的中耕作物,消耗地力较轻,杂草较少,故为多种农作物的良好前作。玉米忌连作。连作时会使土壤中的某种养分不足,病虫害加剧,易引起玉米黑粉病和黑穗病,降低籽粒产量。青贮玉米连作,由于黑粉病多,也会降低青贮饲料的品质。

2. 整地和施肥

玉米要选地势平坦、排灌水方便、土层深厚、肥力较高的地块种植。玉米为深根性高产作物,须根入土较深,深耕可创造疏松的耕作层,有利于增产。在耕作层深度内,一般翻耕深度越大,其增产幅度也越大。翻耕的深度,一般不能减少到18 cm,黑钙土地区应在22 cm以上。玉米的施肥应以基肥为主,追肥为辅;有机肥料为主;无机肥料为辅。施肥应与整地相结合。翻地前每公顷施优质堆肥、厩肥1.50×10^4~2.25×10^4 kg,即可满足增产要求,并能维持肥效2~3年。青刈栽培的玉米,需要特别注意施肥。在一般地力条件下按每公顷6×10^4 kg青刈玉米计算,换算成肥料要素约需堆肥1.13×10^4 kg,硫酸铵330 kg,过磷酸钙225 kg,硫酸钾204 kg。施用充足的粪肥,能显著提高青刈玉米的产量和品质。

3. 播种

玉米播种期因地区不同差异很大。我国北方春玉米的播期大致为黑龙江、吉林5月上中旬;辽宁、内蒙古、华北北部及新疆北部多在4月下旬至5月上旬;华北平原及西北各地4月中下旬;长江流域以南则可适当提早。在小麦等作物收获后播种夏玉米时,应抢时抢墒播种,愈早愈好。特别是在一年两熟、无霜期较短的地区,早播是夺取高产的关键技术之一。青贮玉米播种期与收籽玉米播种期相似,在能保证籽粒正常成熟的生长期内播种愈早愈好。青刈玉米可分3~4期播种,每隔20 d播1次,并分批收获,以均衡供应青饲料,最晚一批青刈玉米的播种可比收籽玉米晚20 d左右。

①单播:籽实玉米多采用宽窄行点播,宽行80 cm左右,窄行50 cm左右。东北、华北、西北和内蒙古一带多采用垄作,行距60~70 cm,株距30~40 cm,每穴种3~4粒。青贮玉米的行距与籽粒玉米相似,因播量较大,可适当缩小株距进行点播或条播。青刈玉米要求密度大,应条播,行距40 cm左右。播种量一般收籽田每公顷22.5~37.5 kg,青贮玉米田37.5~60.0 kg,青刈玉米田75~100 kg。

②间作:玉米为高株喜阳植物,与植株较矮或蔓生的豆科作物间作,能有效地利用空间和土地,增加边际效应,防止下叶枯死,既提高产量,又增加品质。常见的组合是:玉米、大豆或秣食豆间种;玉米、草木犀间种;玉米、甜菜或南瓜间种。这几种形式的间种,不仅能改善田间通风透光的条件,还能使玉米从豆科植物获得氮素营养,对增产有利。

③混作:玉米与秣食豆、苕子、豇豆、扁豆等豆科植物混种可以提高产量,增进品质。玉米为主作物,混种秣食豆时能促进玉米发育,而秣食豆由于耐荫性较强,也能获得较高的产量。点播或条播,播种量为:玉米22.5~30.0 kg/hm^2,秣食豆30.0~37.5 kg/hm^2。

④套种:玉米套种方式因地区及栽种目的不同而异。河北、河南及山东一带,多在冬小麦行间套种玉米,或在马铃薯行间套种玉米;东北则在马铃薯和大垄春小麦行间套种青刈玉米,都能获得较高的产量。麦类套种玉米,多在麦类作物拔节期,在行间加播一行玉米(隔行或隔数行)。小麦收获后随即对玉米进行田间管理,以促进玉米迅速恢复生长。在南方则常与甘薯、南瓜套作。

⑤复种:在东北一年一熟区,小麦收获后还有60~80 d的生育期,可复种一茬青刈玉米。小麦要提前在蜡熟中期收获,边收、边运、边翻、边播,在七月上中旬播完。条播行距以30~50 cm为宜。播种量每公顷52~60 kg。

播种深度适宜,深浅一致,才能保证苗齐、苗全、苗壮。适宜的播种深度由土质、墒情、气候条件和种子大小而定,一般以5~6 cm为宜;土壤黏重、墒情好时,应适当浅些,多4~5 cm;质地疏松、易干燥的沙质土壤或天气干旱时,播深为6~8 cm,但最深不宜超过10 cm。出苗前常有蝼蛄等危害种子和幼芽,可用高效低毒的辛硫磷50%乳剂50 mL,加水3 kg,拌和玉米种子15 kg,拌后马上播种,防治蝼蛄。

4.田间管理

(1)苗期管理

苗期管理的主攻目标是:苗全、苗齐、苗匀、苗壮。采用的管理措施包括:查田补苗、间苗定苗、中耕除草。

①查田补苗:玉米种子质量和土壤墒情等方面的原因会造成已播种的玉米出现不同程度的缺苗、断条,这将严重影响玉米的产量。出苗后要经常到田间查苗,发现缺苗应及时进行补种或移栽。

②适时间苗、定苗:间苗宜早,应选择在幼苗将要扎根之前,一般在幼苗长出3~4片叶时进行。间苗的原则是:去弱苗,留壮苗;去杂苗,留齐苗和颜色一致的苗;去病苗,留健苗。如果间苗过晚,会使植株过分拥挤,互相遮光,互争水分和养分,会使初生根系生长不良,从而影响地上部的生长。定苗一般在5~6片叶时根据品种和地力进行。定苗时间也是宜早不宜迟。地下害虫发生严重的地区和地块应增加间苗次数,适当延迟定苗时间,但最迟不宜超过6片叶。定苗时一定要注意连根拔掉,避免长出地茬苗。定苗时应做到"四去四留",即去弱苗留壮苗,去大小苗留齐苗,去病苗留健苗,去混杂苗留纯苗,而且注意间苗要在晴天进行。

③中耕除草:中耕可以疏松土壤,促进根系发育,控制地上部分生长,有利于土壤微生物的活动。还可以消灭杂草,减少地力消耗,改善玉米的营养条件,消灭杂草、防止草荒,从而减少养分和水分的消耗和病虫的传播,为玉米生长创造适宜的环境。苗期一般应进行3次中耕,第1次在定苗之前,幼苗4~5片时进行,深度3~5 cm;第2次在定苗后,幼苗30 cm高时进行,深度为7~8 cm;第3次在拔节前进行,深度5~6 cm。应遵循"头遍不培土,二遍少培土,三遍地起大垄"的原则。

(2)拔节期、孕穗期田间管理

①追肥:追肥一般在玉米大喇叭口期进行,这个时期是玉米需要养分和水分的高峰期。根据地力的高低进行适量追肥,一般追施尿素450~600 kg/hm^2。

②去除分蘖:玉米的分蘖一般不形成果穗,所以应将分蘖及早除去以减少养分的无效损耗。去除分蘖要及时、认真,以防损伤主茎和根系,在去除分蘖的同时还应该加强中耕培土。大喇叭口期前后应拔除不能结果穗的弱株。

(3)花粒期管理

花粒期的主攻目标是:防止茎叶早衰、促进灌浆、增加粒重。主要措施包括:及时排涝、去雄授粉、去除空秆和病株。

①及时排涝:玉米生育期间如果雨水过大,会造成田间积水,土壤水分过多,氧气不足,根系作用受到抑制,植株易倒,影响光合作用和籽粒灌浆,因此玉米生长后期也应注意排涝,以免根系窒息涝死。

②去雄授粉:隔行去雄是一项简单易行的增产措施。去雄可减少养分消耗,改变养分的运转方向,将更多养分供给雌穗生长,改善玉米群体通风状况,提高结实率,一般增产8%~12%。去雄可每隔一行去掉一行雄穗,也可以每隔两行去掉两行或一行。但要注意边行不能

去雄,山地、小块地不能去,阴雨天、大风天不能去。去雄时不能带叶,否则会造成减产。

③去除空秆和病株:空秆植株严重影响通风透光,与正常植株争水争肥,要及早彻底割除。病株既不能构成产量,又白白耗费养分,而且还会传播病害,必须除去。

(4)适时收获

以收籽实为目的,当茎叶已经变黄,苞叶干枯松散,籽粒变硬发亮时,即为完熟期,可进行收获。玉米无落粒现象,故不宜收获过早,早收种子含水量大,不耐贮藏,容易霉变受损。如果收后种回茬麦时,可以在蜡熟末期提前刨秆腾地,使籽粒后熟,既不影响产量,又有利于后作小麦的播种。

如饲用,最适收获期应以获得产量多、营养价值高、适合青饲和青贮为原则。作为青饲,可根据需要在苗期到蜡熟期内随时割取。青贮玉米于乳熟到蜡熟期收获。如将果穗作为食用,只青贮玉米茎叶时,为了获得数量多品质好的青贮饲料,可于蜡熟期后期收获果穗,将玉米茎叶及时青贮,也可获得品质较好的青贮饲料。

(四)饲用价值

玉米是主要的粮食作物,同时也是家畜、家禽的优良精饲料、青饲料和青贮原料。因此,发展玉米生产不仅能够增加粮食产量,也为畜牧业高速发展提供了物质基础。目前世界上凡是畜牧业发达的国家,大都十分重视玉米的生产。

在一般地力水平下,籽粒产量每公顷可达3 000~4 500 kg;专做青贮栽培时,乳熟期至蜡熟期每公顷产草量$5×10^4$~$6×10^4$ kg;青刈栽培可产鲜草$2×10^4$~ $6×10^4$ kg。在肥水条件良好的情况下,更能发挥其高产性能,特别是推广杂交种和地膜覆盖栽培后,表现尤为突出,每公顷产籽粒可超过7 500 kg。

玉米籽实营养丰富,是重要的粮食作物和精饲料。根据分析,每100 kg玉米籽实中含可消化蛋白质7.2 kg,并含有多种维生素。如1 kg籽实中含有胡萝卜素5 mg,维生素B_2 0.3 mg和其他多种维生素。但是玉米籽实中钙、铁和维生素B_1稍有不足,缺乏畜体发育的某些氨基酸,如赖氨酸和色氨酸等。所以,在饲喂时应掺和其他富含这些营养元素的豆科饲料,以发挥蛋白质间的互相作用。

除籽实可作饲料外,玉米的茎、叶也是家畜优良的青饲料和青贮原料。据报道,玉米鲜草中粗蛋白质和粗纤维的消化率分别为65%和67%,而粗脂肪和无氮浸出物的消化率则分别高达72%和73%。青饲和青贮时用来饲养乳牛,可以大大增加产奶量;用以饲养猪和肉牛,可以增加肉产量。收籽粒后的玉米秆无论青贮或晒干,均可作饲料。例如,在有良好的白三叶和苜蓿干草作饲料的情况下,玉米秸可作为牛和绵羊育肥的粗饲料,用量多达日粮的一半以上。玉米残茬可用于放牧牲畜。例如,美国利用玉米残茬地放牧肉牛母牛,一头肉牛母牛在0.5 hm^2的玉米残茬地能放牧80 d,但是为了保证母牛胎儿的营养需要,放牧30 d后,每周补饲2~3次蛋白饲料,如苜蓿干草等。玉米穗轴是一种独特的纤维,粉碎后不仅为牛、马所喜食,也是架子猪的良好饲料。玉米苞叶所占比例较少,其消化性良好,干物质消化率在60%以上。因此,玉米苞叶和玉米穗轴利用潜力很大。

二、燕麦

学名：*Avena sativa* L.

英文名：Oat

别名：铃铛麦、有皮燕麦

燕麦是重要的谷类作物，广布于欧、亚、非三洲的温带地区。我国燕麦主要分布于东北、华北和西北的高寒牧区。其中以内蒙古、河北、甘肃、山西种植面积最大，新疆、青海、陕西次之，云南、贵州、西藏和四川山区也有少量种植。近年来，随着人工草地的建立，燕麦开始在牧区大量种植，发展很快，已成为高寒牧区枯草季节的重要饲草来源。燕麦在全世界谷类生产中仅次于小麦、玉米和水稻，占第四位，俄罗斯种植最多，其次是美国、加拿大、法国、德国、波兰、瑞典、挪威等国，亚洲各国种植较少。

（一）植物学特征

燕麦为禾本科燕麦属一年生草本植物。须根系，入土较深，深度达1 m左右。幼苗有直立、半直立、匍匐3种类型。株高80~150 cm。叶片宽而平展，长15~40 cm，宽0.6~1.2 cm；无叶耳；叶舌膜质，顶端具稀疏叶齿。圆锥花序，穗轴直立或下垂，每穗具4~6节，节部分枝，下部节与分枝较多，向上渐减少，小穗着生于分枝顶端，每小穗含1~2朵花，小穗近于无毛或稀生短毛，不易断落。颖果纺锤形，外稃具短芒或无芒，千粒重25~45 g。

（二）生物学特征

燕麦喜冷凉湿润气候，种子发芽最低温度为3~4 ℃，最适温度为15~25 ℃。不耐高温，遇36 ℃以上持续高温会导致开花结实受阻。成株期遇−4~−3 ℃霜冻尚能缓慢生长，低于−6~−5 ℃则受冻害。生育期需≥5 ℃积温1 300~2 100 ℃。需水较多，适宜在年降水量400~600 mm的地区种植。一般苗期需水较少，分蘖期至孕穗期逐渐增多，乳熟期以后逐渐减少，结实后期应当干燥。为长日照作物，延长光照则可缩短生育期。一般春燕麦生长期较短，为75~125 d；冬燕麦生育期较长，在250 d以上。燕麦较大麦耐荫，可与豆科牧草混播。对土壤要求不严，在黏湿的低洼地上表现良好，但以富含腐殖质的壤土最为适宜，不宜在干燥的沙土上种植，适宜的土壤pH为5.5~8.0。

（三）栽培技术

1. 轮作、整地和施肥

燕麦对于氮肥有良好的反应，前作以豆科植物最为理想，尤以豌豆茬对其增产效果最为显著。马铃薯、甘薯、玉米、甜菜、芜根都是燕麦的良好前作。在华中、华南地区，燕麦可以种植在玉米、高粱、晚稻、花生等作物之后。忌连作，应注意适当地倒茬轮作。燕麦播种前整地的主要措施是深耕和施肥。春燕麦要求秋翻，冬燕麦则在前作收获后随即耕翻，耕翻深度以18~22 cm为宜。翻后及时耙地并在耕地前施基肥，每公顷2.25×10^4 kg。施用有机肥时必须结

合施用草木灰,以防倒伏。

2.播种

播种因地区和栽培目的不同而异。我国春播燕麦一般在4月上旬至5月上旬,也有迟至6月间进行夏播,而长江流域各地春播可在3月上旬。秋播应在10月上中旬,过早过迟均易受冻害。具体播种时间可视自然条件和生产目的而定。如青刈燕麦长到抽穗期刈割利用,自播种至抽穗约需65~75 d,气温高,其生长期缩短,反之则延长。燕麦的播种量每公顷150~225 kg,收籽粒播种量可略减。青刈燕麦刈割期早,生长期短,不易倒伏,为获得高产优质的青饲料,可适当密植,其播量可增加20%~30%。单播时一般行距为15~30 cm,混播时为30~50 cm,复种的可缩短到15 cm。燕麦覆土宜浅,一般为3~4 cm,干旱地区可稍深些,播种后镇压有利于出苗。

在干旱条件下,燕麦与豌豆、山黧豆、苕子等混播可以提高干草和蛋白质的产量。混播通常以燕麦为主作物,占混播总量的3/4,每公顷用燕麦112.5 kg,豌豆75.0~112.5 kg,或燕麦127.5~150.0 kg,苕子45~60 kg,可根据需要酌情增减。

3.田间管理

燕麦在出苗前后若表土出现板结,可以轻耙一次,出苗后,应适时除草。由于其生长发育快,应在分蘖、拔节、孕穗期及时追肥和灌水。追肥前期以氮肥为主,后期主要是磷、钾肥。

4.收获

收籽粒燕麦,要在最上部的籽粒达到完熟,而下部的籽粒蜡熟时收获。一般每公顷产4.5~6.0 t。青刈燕麦,可根据饲养需要于拔节至开花期刈割。再生性强,两次刈割能为畜禽均衡提供优质青绿饲料。第一次刈割要适当提早,留茬5~10 cm,刈割后30 d即可收获第二次,延至抽穗刈割只能割1次,产量和品质均较低。青刈燕麦的产量因条件不同而异,一般每公顷产2.25×10^4~3.00×10^4 kg。1次刈割与2次刈割总产量相近,可满足牲畜对青饲料的需要。

(四)饲用价值

燕麦籽粒富含蛋白质,一般为12%~18%,高者可超过21%。脂肪含量较高,一般含3.9%~4.5%,比大麦和小麦高两倍以上。粗纤维含量较高,能量少,营养价值低于玉米,宜喂马、牛。燕麦秸秆质地柔软,饲用价值高于水稻、小麦、谷子等的秸秆。

燕麦是极好的青刈饲料,在冬季较为温暖的地区可秋播供冬春利用,在冬季严寒的地区,则春播利用。从乳熟期至成熟期均可收获,根据产量及消化试验结果,在乳熟期到蜡熟期收获最好。如果与豆科作物混播,则更能获得量质兼优的青饲料。燕麦可以鲜喂、青贮、调制干草或利用燕麦地放牧,其饲用价值很高,是一种很有潜力的饲草。青刈燕麦,茎秆柔软,叶片肥厚,细嫩多汁,适口性好,营养丰富,可鲜喂,也可调制成青贮料或干草。青刈燕麦干草和鲜草营养成分如表6-1所示。

表6-1 燕麦干草和鲜草中可消化营养物质的质量分数

单位:%

饲草种类	粗蛋白质	粗脂肪	粗纤维	无氮浸出物
干燕麦秆	6.1	1.3	12.4	25.9
干燕麦秆—苕子	6.9	1.0	14.6	21.2
鲜燕麦秆	2.0	0.9	5.0	8.8
鲜燕麦秆—苕子	2.4	0.5	2.9	6.9

(引自《饲料生产学》,南京农学院主编,1980)

三、高粱

学名:*Sorghum bicolor* (L.) Moench

英文名:Sorghum

别名:蜀黍、芦粟、茭子

高粱原产于热带非洲,先传入印度,后传入我国等地区,是世界上最古老的粮饲兼用作物之一,其地位仅次于小麦、水稻和玉米。主要分布在亚洲、美洲。全世界有80多个国家种植高粱,美洲、欧洲及大洋洲等地区多用高粱作饲料。

高粱在我国已有4 000多年的栽培历史,播种面积多于2×10^7 hm^2,东北三省和河北、山西、陕西、江苏等省栽种最多。高粱在世界上的发展趋势是面积不断扩大,产量逐年提高。由于其抗旱能力强,高粱杂交种的育成及先进技术(机械化、密植施肥、灌溉、防除杂草等)的应用,使高粱在饲料作物总产量中的比重由4%增至12%。

(一)植物学特征

高粱属禾本科一年生草本植物。秆较粗壮,直立,高3~5 m,直径2~5 cm,基部节上具支撑根。叶鞘无毛或稍有白粉;叶舌硬膜质,先端圆,边缘有纤毛;叶片线形至线状披针形,长40~70 cm,宽3~8 cm,先端渐尖,基部圆或微呈耳形,表面暗绿色,背面淡绿色或有白粉,两面无毛,边缘软骨质,具微细小刺毛,中脉较宽,白色。圆锥花序疏松,主轴裸露,总梗直立或微弯曲;主轴具纵棱,疏生细柔毛,分枝3~7枚,轮生,粗糙或有细毛,基部较密;每一总状花序具3~6节,节间粗糙或稍扁,花果期6~9月。颖果两面平凸,长3.5~4.0 mm,淡红色至红棕色,熟时宽2.5~3.0 mm,顶端微外露,千粒重约34 g。

(二)生物学特征

高粱为喜温作物,不耐低温和霜冻。在生育期间所需的温度比玉米高,并有一定的耐高温特性,种子发芽最低温度为8~10 ℃,最适温度为20~30 ℃。生长发育要求≥10 ℃有效积温980~2 200 ℃。耐热性好,不耐寒,昼夜温差大有利于养分积累,但温度高于38 ℃或低于16 ℃时生育受阻。抽穗至成熟要求25 ℃,灌浆后温度逐渐下降,有利于籽粒的充实。

高粱的抗旱性远比玉米强，根细胞具有较高的渗透压，在干旱条件下能有效利用水分。生长期如水分不足植株呈休眠状态，一旦获得水分即可恢复生长。同时，茎叶表面覆有白色蜡质，干旱时叶片卷缩防止水分蒸发。后期耐涝，抽穗后遇水淹，对其产量影响甚小。

高粱为短日照作物，缩短光照能提早开花成熟，但茎叶产量降低；延长光照贪青徒长，茎叶产量提高。

高粱对土壤要求不严，沙土、黏土、旱坡、低洼易涝地均可种植，较耐瘠薄和抗病虫害。高粱的一大特点是抗盐碱能力很强，适宜的pH为6.5~8.0，孕穗后可耐0.5%的土壤含盐量，为一般作物所不及，常作为盐碱地的先锋作物。

(三)栽培技术

1. 轮作

高粱吸肥能力强，消耗养分多，种过高粱的土壤紧密板结，对后茬作物有不良影响。所以高粱忌连作，通常与豆类作物和施肥较多的小麦、玉米、棉花等作物轮作。此外，高粱常与谷子、大豆、马铃薯等作物实行间作。能与麦类作物实行套种，增加复种指数，或高粱与大豆、谷子等进行混作，提高单产。

2. 选地

选择土层深厚、结构良好、富含有机质、酸碱度适宜的壤土或沙质壤土有利于高粱的高产稳产。

3. 施肥

高粱是高产作物，在生长发育过程中需要吸收大量的氮、磷、钾肥。据分析，每生产100 kg高粱籽实，需从土壤中吸收氮3.7 kg，磷1.36 kg，钾3.03 kg，其比例约为1∶0.5∶0.2。种植高粱时，氮肥的施用量常较磷、钾肥多。以基肥为主，配合适量的追肥，基肥占施肥总量的80%。实践表明，欲每公顷产籽实6 000~7 500 kg，需每公顷施肥4.5×10^4~6.0×10^4 kg；每公顷产籽实7 500~9 000 kg，需每公顷施肥6.0×10^4~7.5×10^4 kg。追肥以氮肥为主，如一次追肥，可在拔节期进行，若分两次追肥，可分别在拔节和抽穗期进行。

4. 播种

高粱通常在4~5 cm处的地温达到10~12 ℃以上时开始播种。播种过早，土温低，如湿度大，易引起烂种。青饲干草或青贮用高粱，播种期可稍迟些，以便利用高温和夏季充沛的雨水，生产较多的柔嫩饲料。尚可分期播种，以延长利用期。每公顷播种量普通高粱为22.5~30.0 kg，多穗高粱为37.5~45.0 kg。

高粱为中耕作物，多实行条播，行距为45~60 cm；也有宽窄行条播，50 cm、15 cm行距相间。播种方法有平播和垄播两种。华北、西北地区多为平播，东北地区用垄播较多。高粱对播种深度要求较严，红高粱根茎长，芽鞘顶土能力强，以4~5 cm为宜；而根茎短，芽鞘软，顶土能力弱的白粒品种、杂交品种或多穗高粱，为2~3 cm。播种后适当镇压，促使种子与土壤紧密接触，增强提墒作用，促使种子发芽，并能减少土壤大空隙，防止透风跑墒。

5. 田间管理

高粱具有3~4片真叶时间苗，苗高10 cm左右时定苗，同时结合间、定苗进行除草。生长期间中耕2~3次，一般结合第二次中耕进行培土。

高粱抗旱性强，但充足的水分仍是丰产的必要条件。通常，在水分较多的情况下，苗期不灌水，以便蹲苗。但为了多穗高粱分蘖、饲用高粱迅速生长，定苗后结合追肥灌水1次。从拔节至抽穗开花期，高粱生长迅速，需水多，可据降水情况灌水2~3次，以保持土壤水分达到最大持水量的60%~70%。灌水方法可采用沟灌或畦灌，为节约用水，也可滴灌。

高粱虽耐涝，但当田里积水时，不利根系生长，应排水。特别是高粱生育后期，根系活力减弱，秋雨过多、田间积水时，土壤通气不良将影响高粱成熟，应排水防涝，这一点对于粒用高粱尤为重要。

6. 收获

高粱的收获适宜期因栽种目的而异。青饲用高粱应在株高60~70 cm至抽穗期，根据饲用需要刈割；晒制干草用的高粱，应在抽穗期刈割，晚刈割则茎粗老，纤维素增多，品质和适口性下降；青贮高粱在乳熟期到蜡熟期刈割；糖用高粱在茎含糖量最高的乳熟期刈割；粒用高粱在完熟期，即籽粒显出固有色泽，硬而无浆，穗位节变黄时收获；多熟高粱后熟期短，收获期遇雨穗上容易发芽。

（四）饲用价值

高粱植株高大，茎叶繁茂，富含糖分，成熟前茎叶可作青饲、青贮或调制干草，是马、牛、羊、猪的好饲料，而以青贮为最佳。甜高粱青贮后茎叶柔软，适口性好，消化率高。粉碎后饲喂仔猪增重快，还可以喂鸡。高粱籽实含有丰富的营养物质，是重要的精饲料。其每千克饲料中含消化能（猪）13.17 MJ，代谢能（鸡）12.92 MJ，奶牛产奶净能6.60 MJ，肉牛增重净能4.64 MJ，羊消化能13.04 MJ，此外还含有维生素B_1 1.4 g，维生素B_2 0.7 g，是肉畜和乳畜的好饲料。高粱茎秆的适口性较差，特别是赖氨酸（0.18%）和色氨酸（0.08%）含量偏低，饲喂时应和富含这两种氨基酸的饲料搭配，以补充这方面的缺陷。高粱的营养成分见表6-2。

表6-2 高粱的营养成分

单位：%

类别	水分	粗蛋白	粗脂肪	粗纤维	无氮浸出物	粗灰分
普通高粱籽实	13.0	8.5	3.6	1.5	71.2	2.2
多穗高粱籽实	9.0	8.8	2.5	1.9	75.6	2.2
高粱叶（干物质）	0	10.2	5.2	25.1	45.2	14.3

（引自《牧草学各论》，王栋主编，1989）

高粱成熟前籽粒和茎叶含有氢氰酸（HCN），家畜采食过多会引起中毒，故要与其他饲料混喂，并以制成青贮料或晒制成干草饲喂为好。

四、黑麦

学名:*Secale cereale* L.

英文名:Rye

别名:粗麦、莜麦

黑麦属有12种,原产于阿富汗、伊朗、土耳其一带。原为野生种,驯化后在北欧严寒地区代替了部分小麦,成为一种栽培作物。世界上栽培黑麦最多的国家是俄罗斯及周边诸国,德国和荷兰栽培较多,美国和加拿大也有栽培。我国于20世纪40年代引自苏联和德国,主要在内蒙古、新疆、青海、黑龙江、北京、天津、江苏及四川等地栽培。

(一)植物学特征

黑麦为禾本科黑麦属一年生草本植物。秆直立丛生,高约100 cm,具5~6节,于花序下部密生细毛。叶鞘常无毛或被白粉;叶舌长约1.5 mm,顶具细裂齿;叶片长10~20 cm,宽5~10 mm,下面平滑,上面边缘粗糙。穗状花序长5~10 cm,宽约1 cm;穗轴节间长2~4 mm,具柔毛;小穗长约15 mm(除芒外),含2小花,此2小花近对生均可育,另1极退化的小花位于延伸的小穗轴上,两颖几乎相等,长约1 cm,宽约1.5 mm,具膜质边,背部沿中脉成脊,常具细刺毛;外稃长12~15 mm,顶具3~5 cm长的芒,具5条脉纹,沿背部两侧脉上具细刺毛,并具内褶膜质边缘;内稃与外稃近等长。颖果长圆形,淡褐色,长约8 mm,顶端具毛。

(二)生物学特征

黑麦性喜冷凉气候,有春性和冬性两类,在高寒地区只能种春黑麦,温暖地区两种都可以种植。黑麦的抗寒性较强,可忍受-25 ℃低温,有雪时能在-35 ℃低温下越冬。种子发芽最低温度至少6~8 ℃,22~25 ℃时4~5 d即可发芽出苗,幼苗可耐5~6 ℃低温,但不耐高温,全生育期要求≥10 ℃积温2 100~2 500 ℃。对土壤要求不严格,但以沙壤土生长良好,不耐盐碱,不耐湿涝。黑麦耐贫瘠,但土壤养分充足时产量高,质量好,再生快。黑麦再生能力较强,在孕穗期刈割,再生草仍可抽穗结实。

(三)栽培技术

黑麦较耐连作,可进行2~3茬的连作。在华北及其他较温暖地区,黑麦一般为玉米、高粱、粟、大豆的后作。前茬作物收割后,用圆盘耙灭茬,然后施有机肥,耕翻,镇压。

9月下旬播种,行距15~20 cm,播种量150.0~187.5 kg/hm^2。播种后6~7 d出苗,对漏播的田边、地角进行补播。11月下旬灌冬水,12月下旬再镇压一次,使灌水后的土壤裂缝弥合,有利幼苗越冬。翌年3月中旬返青,此时灌水、施肥(硫酸铵225 kg/hm^2)。4月下旬拔节时再施肥、灌水。5月上旬孕穗初期即可刈割利用,作为青贮或调制干草在抽穗时刈割。若收种子,6月下旬种子成熟。

西北、东北的高寒地区只能春播,一般在5月上中旬播种。株高40~60 cm时即可刈割利用，留茬5 cm左右，第二次刈割不必留茬，这样2次刈割分别占总量的60%和40%，一般每公顷可产青饲料3.00×10^4~3.75×10^4 kg。若收籽，则蜡熟中期至末期应及时收获，然后晒干脱粒，一般每公顷可产籽实3 300~3 750 kg，最高可达4 500 kg。

（四）饲用价值

黑麦饲用价值高，是牛、羊、马的优质饲草。对东牧70黑麦抽穗期全株营养成分分析，在含水量为3.89%的干物质中，各成分含量分别为：粗蛋白质12.95%、粗脂肪3.29%、粗纤维31.36%、无氮浸出物44.94%、粗灰分7.46%及钙0.51%、磷0.31%。

五、粟

学名：*Setaria italica*（L.）Beauv.

英文名：Foxtail Millet

别名：谷子、小米

粟为一年生植物，性喜高温，生育适温为22~30 ℃，海拔1 000 m以下均适合栽培，属于耐旱稳产作物。原产于中国，栽培历史悠久，是重要的粮食作物和饲料作物，现主要产于我国淮河以北地区。另外，印度、巴基斯坦、俄罗斯及非洲中部等国也有种植。

粟须根粗大，秆粗壮，直立，高0.1~1.0 m或更高。茎细直，中空有节，叶狭披针形，长10~45 cm，宽5~33 mm，先端尖，基部钝圆，上面粗糙，下面稍光滑。平行脉，花穗顶生，穗状花序，下垂性，主轴密生柔毛，刚毛显著长于或稍长于小穗，每穗结实数百至上千粒，黄色、褐色或紫色；小穗椭圆形或近圆球形，长2~3 mm，黄色、橘红色或紫色；每个小穗具花2朵，下面的一朵退化，上面的一朵结实。籽粒为颖果，直径1~3 mm，千粒重2~4 g。成熟后稃壳呈白、黄、红、杏黄、褐黄或黑色。包在内外稃中的籽实俗称谷子，籽粒去稃壳后称为小米，有黄、白、青等色。

粟在温暖干燥的气候条件下生长良好，种子发芽最低温度为7~8 ℃，最适温度为22~30 ℃。幼苗不耐寒，遇1~2 ℃低温即受冻害。苗期生长缓慢，拔节期生长最快。耐旱性强，幼苗时最耐旱，分蘖期需水逐渐增加，拔节和幼穗分化时需水最多，开花到灌浆期需水较少。粟作为短日照作物，对光的反应较敏感，缩短光照能加速其生长发育。粟对前作要求不严，大豆、玉米、小麦等皆为粟的良好前作。忌连作，连作易发生病虫害，使草荒严重，产量下降。

春粟在地表温度达10~12 ℃时进行播种，夏粟在前作物收获后随即整地播种。条播、撒播均可，而以条播为宜，便于中耕。收籽者行距40~70 cm，青刈者行距15~30 cm。收种者播种量11~15 kg/hm^2，青刈者播种量30~45 kg/hm^2，播后覆土2~3 cm。

粟对氮肥和钾肥的需要量最多，对磷肥的需要量相对较少。青刈可在孕穗期收割；收种宜在种子蜡熟期及时进行，迟则种粒会脱落。每公顷种子产量1 500~3 000 kg。粟的秸秆可用作家畜饲料，其营养成分虽较青刈差，但在谷类秸秆中最优，和其他秸秆相比其消化蛋白质含量较高（表6-3）。

表6-3 粟青刈及秸秆的营养成分

单位:%

草样	干物质	占干物质百分比					钙	磷	可消化蛋白	总可消化养分
		粗蛋白	粗脂肪	粗纤维	无氮浸出物	粗灰分				
鲜草	29.90	9.70	2.67	31.44	47.83	8.36	0.10	0.06	1.80	18.70
干草	87.60	9.36	3.08	28.88	51.03	7.65	0.29	0.16	4.90	50.00
秸秆	90.00	4.22	1.78	41.67	46.22	6.11	0.08	—	1.50	42.50

(引自《牧草饲料作物栽培学》,陈宝书主编,2001)

第二节 豆类饲料作物

一、豌豆

学名:*Pisum sativum* L.

英文名:Pea, Garden pea

别名:麦豌豆、寒豆、麦豆

豌豆起源于数千年前的亚洲西部、地中海地区、埃塞俄比亚、小亚细亚西部和外高加索地区,广泛分布在世界温带和亚热带地区。现今栽培面积较大的国家有俄罗斯、美国和中国。我国各地均有种植,其中以四川、河南、湖北、江苏、云南、甘肃、陕西、山西、青海、西藏、新疆等地较为普遍。

豌豆的适应性广,耐寒性强,能利用冬闲地或与多种冬作物实行间作,早春青刈可提供大量优质青饲料,是青饲轮作制中一种很有价值的饲料作物。同时豌豆也是很好的养地作物,种过豌豆的土地,一般每公顷增加75 kg左右的氮素,有的甚至超过148 kg。

(一)植物学特征

豌豆是豆科豌豆属一年生或越年生草本植物,高0.5~2.0 m。全株绿色,光滑无毛,被粉霜。叶具小叶4~6片,托叶比小叶大,叶状心形,下缘具细牙齿。小叶卵圆形,长2~5 cm,宽1.0~2.5 cm;花于叶腋单生或数朵排列为总状花序;花萼钟状,深5裂,裂片披针形;花冠颜色多样,随品种而异,但多为白色和紫色,花期6~7月,果期7~9月。子房无毛,花柱扁,内面有髯毛。荚果肿胀,长椭圆形,顶端斜、急尖,背部近于伸直,内侧有坚硬纸质的内皮;种子2~10颗,圆形,青绿色,有皱纹或无,干后变为黄色。

(二)生物学特征

豌豆是长日照植物,喜冷凉湿润气候,耐寒,不耐热,幼苗能耐5 ℃的低温,生长期适温12~16 ℃,结荚期适温15~20 ℃,超过25 ℃受精率低、结荚少、产量低。多数品种的生育期在

北方比南方短。南方品种北移提早开花结荚，缩短了在南方越冬的幼苗期。在北方，豌豆的生育期，早熟种65~75 d，中熟种75~100 d，晚熟种100~185 d。

豌豆对土壤要求不严，在排水良好的沙壤或新垦地上均可栽植，以疏松、含有机质较高的中性（pH6.0~7.0）土壤为宜，有利于出苗和根瘤菌的发育，土壤酸度低于pH5.5时易发生病害和降低结荚率，应加施石灰改良。豌豆根系深，稍耐旱而不耐湿，播种或幼苗排水不良易烂根，花期干旱授精不良，容易形成空荚或秕荚。

（三）栽培技术

1. 轮作

豌豆忌连作，连作时产量锐减，品质下降，病虫害加剧。其原因有人认为是豌豆根部分泌大量的有机酸，影响次年根瘤菌发育；也有人认为豌豆连作时，其种子和幼苗易感染土壤中积累的果胶分解菌和线虫而影响生长，所以豌豆的轮作年限应为4~5年。采用3年或4年1轮，豌豆干籽粒单产在每公顷2 200 kg以上，青海、甘肃不少地区豌豆产量每公顷3 000 kg以上。

2. 间、混、套作

豌豆茎秆柔软，容易倒伏，在生产实践中常把豌豆与大麦等麦类作物进行间、混、套作，以提高产量与品质。混作时豌豆可进行固氮培肥地力，利于麦类作物生长；同时，麦类可作为豌豆的支架，供其攀缘生长，改善通风透光条件。间作和套作有利于充分利用地力，调节作物对光、温、水、肥的需要，提高单位面积产量和产值。

3. 播种

豌豆在播种前晒种2~3 d，或进行温热处理，可促使种子后熟，提高种子内酶的活性，提高发芽率和发芽势。经温热处理的种子水分从20.4%降低到15.0%，发芽势从28.5%升高到96.0%，发芽率可从71.5%提高到97.0%。豌豆可条播、点播和撒播，播种量因地区、种植方式和品种而异，一般每公顷播量75~225 kg。北方实行春播，宜3~4月份播种；南方秋播，宜在10~11月播种。春播区播种量宜多些，秋播地区宜少些；矮生早熟品种播量宜稍多，高茎晚熟品种宜稍少，条播和撒播量较多，点播时量较少。豌豆条播行距一般25~40 cm；点播穴距一般15~30 cm，每穴2~4粒种子。因土壤湿度、土质不同，豌豆播种深度宜在3~7 cm之间，最多不宜超过8 cm。覆土深度5~7 cm。

4. 施肥

豌豆在生长期间需供应较多的氮素。每生产1 000 kg豌豆籽粒，需吸收氮约3.1 kg，磷约0.9 kg，钾约2.9 kg。所需氮、磷、钾比例大约为1∶0.9∶0.94。豌豆通过土壤吸收的氮素通常较少，所需的大部分氮素是由根瘤菌共生固氮获得。每公顷豌豆的根瘤菌，每个生长季节一般可固氮75 kg左右，可基本满足豌豆生长中后期对氮的需求，不足部分靠根系从土壤中吸收。因此，为达到壮苗，以及诱发根瘤菌生长和繁殖的目的，苗期施用少量的速效氮肥是必要的。在贫瘠的地块上结合灌水施用速效氮肥增产效果明显，用量以每公顷纯氮肥45 kg为宜。磷肥通常在播种前耕翻时施入作基肥，以50~60 kg/hm^{2}的施用量较为合适，施磷肥时将

过磷酸钙与种子同时施于播种行或施于种子下方3~5 cm的土层中作底肥,比撒施对提高豌豆产量更为有效。钾全部靠豌豆根系从土壤中吸收,也可在苗期田间撒施草木灰,既可增加养分又能抑制豌豆虫害,还可增加土壤温度,有利于根系生长发育。

豌豆施肥应以施用充足的有机肥为主,要重视磷、钾肥,最好在播种前将有机肥和磷、钾肥料混合掺入土壤。磷、钾肥也可作为种肥,效果最好的施用方法是条施于土壤5 cm下方。

5. 收获

麦类与豌豆混种时,应在两者成熟时混收、混合脱粒。青刈应在豌豆开花至结荚期,麦类在开花期收割。单播豌豆成熟籽粒应在绝大多数荚变黄但尚未开裂时连株收获。豌豆脱粒后应及时干燥,籽粒水分含量降到13%以下时才有利于安全贮藏。贮藏期间,要注意防止昆虫、微生物和鼠类的侵害,避免贮存期造成籽粒损失。

(四)饲用价值

豌豆是重要的粮料兼用作物。籽粒含22%~24%的蛋白质,是牛、马的优质精饲料及育肥猪的蛋白质补充料。豌豆青草鲜嫩清香,富含糖分和多种维生素,适口性良好,为各种家畜所喜食。可青饲、青贮、晒干草和制成干草粉等,其中干草饲用价值与苜蓿接近,如秸秆粗蛋白质含量6%~11%,蛋白质含量和消化率均比其他作物的秸秆高,饲喂马、牛、羊都适宜。

二、蚕豆

学名:*Vicia faba* L.

英文名:Broad Bean, Faba Bean

别名:胡豆、佛豆、罗汉豆、川豆、大豌豆

蚕豆原产于欧洲地中海沿岸、亚洲西南部至北非,是世界上最古老的一种豆类作物,在世界各大洲均有分布。目前全世界有43个国家生产蚕豆,蚕豆生产面积和总产量排在前10位的国家有:中国、土耳其、埃及、埃塞俄比亚、摩洛哥、法国、德国、意大利、巴西和澳大利亚。这10个国家的蚕豆生产面积占全世界蚕豆生产总面积的87%,年总产量占全世界蚕豆年总产量的90%。其中中国为世界第一蚕豆生产大国,全国除东北三省和海南省外,其余省、自治区、直辖市均生产蚕豆,其主产区为自云南省到江苏省的长江流域各省以及甘肃和青海等省,其中又以四川、云南、湖北和江苏的生产面积最大和产量较多。

(一)植物学特征

蚕豆属豆科蝶形花亚科蚕豆属,越年生(秋播)或一年生(春播)草本植物。高30~100 cm。主根短粗,多须根,根瘤粉红色,密集。茎粗壮,直立,直径0.7~1.0 cm,具四棱,中空、无毛。偶数羽状复叶,叶轴顶端卷曲短缩为短尖头;总状花序腋生,花梗近无;花萼钟形,萼齿披针形,下萼齿较长;花冠白色,具紫色脉纹及黑色斑晕,长2.0~3.5 cm,旗瓣中部缢缩,基部渐狭,翼瓣短于旗瓣,长于龙骨瓣;花柱密被白柔毛,顶端远轴面有一束髯毛。荚果肥厚,表皮绿色被荚毛，内有白色海绵状横隔膜，成熟后表皮变为黑色。种子2~4枚，长方圆形，近长方形，中间内凹，种皮革质，青绿色、灰绿色至棕褐色，稀紫色或黑色；种脐线形，黑色，位于种子一端。花期4~5月，果期5~6月。

蚕豆按种子大小可分为大粒型、中粒型和小粒型3种，适应区域和利用价值各不同。大粒种（*Vicia faba* L.var. *major*）种子扁平，粒型多为阔薄型，种皮颜色多为乳白和绿色两种，植株高大。千粒重800 g以上。叶片大，开花成熟早，多作蔬菜用。中粒种（*Vicia faba* L .var. *equina*）种子扁椭圆形，粒型多为中薄型和中厚型，种皮颜色以绿色和乳白色为主。千粒重650~800 g。成熟适中，宜作蔬菜和粮食。小粒种（*Vicia faba* L.var. *minor*）种子椭圆形，粒型多为窄厚型，种皮颜色有乳白和绿色两种。千粒重在650 g以下。籽粒和茎叶产量均高，宜作饲料和绿肥。

（二）生物学特性

蚕豆生于温暖地带，耐-4 °C低温，但畏暑。蚕豆生长对温度的要求随生育期的变化而不同，种子发芽的适宜温度为16~25 ℃，最低温度为3~4 ℃，最高温度为30~35 ℃。在营养生长期所需温度较低，最低温度为14~16 ℃，开花结实期要求16~22 ℃。如遇-4 ℃低温，其地上部会遭受冻害。虽然蚕豆依靠根瘤菌能固定空气中的氮素，但仍需要从土壤中吸收大量的各种元素供其生长，缺素常发生各种生理病害。

蚕豆需水量较多，整个生育期都要求土壤湿润，特别是开花期，只有水分供应充足才能获得丰产。但蚕豆不适于在低洼积水地上栽培，否则易发生烂种、立枯病和锈病。

蚕豆是喜光的长日照植物，整个生育期间都需要充足的阳光，尤其是花荚期，如果植株密度过大，株间相互遮光严重，花荚就会大量脱落。按对日照强度的要求，属中间型植物，最适光度为直射光的90%。

蚕豆喜中性、稍带黏重而湿润的土壤，以黏土、粉沙土或重壤土为最好，适宜的土壤pH为6~7，能忍受的pH范围为4.5~8.3。在沙土或沙质壤土中，只要能保持湿润状态，增施有机肥料，其也能良好生长。此外，对盐碱土的适应性很强，并有高度吸收磷肥的能力，即使栽种在含磷较少的土壤里，也可获得良好的收成。蚕豆对硼极为敏感，缺硼时，根瘤少，植株发育不良。

（三）栽培技术

1. 轮作

在南方各地，蚕豆主要与大麦、小麦、油菜、绿豆进行轮作；在西部高寒地区蚕豆与小麦或青稞等轮作；在北方，蚕豆是麦类作物和马铃薯的优良前作。

2. 整地

蚕豆的根系发达，入土较深，在深厚、疏松而肥沃的土壤里萌发生长良好。前作收割后应立即浅耕灭茬，并进行深秋耕，深度在25 cm左右。秋耕时最好结合施基肥，春播前进行浅耕即可。

3. 播种

播种前对种子进行处理能提高种子发芽势和发芽率,使苗全、壮,提高产量。种子处理的方法有:①晒种,播种前将种子晒于阳光下1~2 d,以增加种子吸水膨胀力,促进种子内的物质转化;②温热处理,把种子放于40 ℃以下的温箱中干燥处理一昼夜或放在火炕上一昼夜即可;③浸种催芽,将种子放入清水中浸泡2~3昼夜,再放温室催芽2~3 d,可提早出苗。另外,播种前可进行根瘤菌接种,新种蚕豆的地区要用根瘤菌拌种,增产效果明显。

蚕豆可以春播和秋播。南方种植地区多在10月播种;北方地区则在4月上中旬播种;作青饲料用时可以适当晚播。一般采用点播或用犁开沟后顺垄点播。穴播时行距35~45 cm,株距30 cm。大面积播种时,可用机械条播,行距50 cm,株距10 cm。作饲料栽培时宜选用小粒种,每公顷播种量为225 kg,收籽实可选用中粒种或大粒种,每公顷播种量为225~300 kg。作为青饲栽培时可适当增加播种量,播种深度4~6 cm。

4. 施肥

蚕豆耐瘠性较强,其根部的根瘤菌能固定空气中游离的氮素,但为了获得高产,仍需施足肥料,以堆肥、厩肥、磷肥及灰粪为主。蚕豆生长初期,需要施氮肥;生长后期施氮过多会引起徒长,影响产量。磷肥能刺激根瘤菌的活动和根群的发育,促进根瘤菌的形成,增强其固氮作用,故蚕豆生长期间宜多施过磷酸钙。

蚕豆追肥要根据需肥要求决定追肥时间。孕蕾前进行第1次追肥,以氮、钾肥为主,配合少量磷肥,可增加花芽数,有利于分枝。开花期第2次追肥,应多施磷肥、钾肥,以减少落花落荚,提高结实率,增加营养物质的积累。结荚期第3次追肥,主要施磷肥,使籽粒饱满。此外,在酸性土壤中施用石灰(钙)能有效地提高蚕豆的产量。蚕豆生长期间需要少量的微量元素,特别是钼和硼。

5. 灌溉

蚕豆需水多,在现蕾期、始花期、结荚期和灌浆期需各灌水1次。南方多雨地区栽种蚕豆时要注意排水防渍。蚕豆不耐水淹,一般渍水3 d黄叶,5 d霉根,7 d失去活力。尤其是开花期遇涝,茎部发黑霉烂,故在多雨季节要及时清沟排水放渍。

6. 中耕除草

蚕豆在封垄前应进行中耕除草。当株高10~20 cm时,应结合培土进行第2次中耕除草。对植株过密的田块,每隔13 m左右进行人工分行,以增加株间光照,改善通风透气条件,减少落花落荚,促进籽实饱满。

7. 收获利用

蚕豆荚果成熟期不一致,所以适时收获才能丰产丰收。北方地区多在7~8月份收割,当植株中下部荚果变成黑褐色而呈干燥状态时即可收获。适当提前收获,将植株齐地面割下,整株成捆堆放,种子经过后熟作用,发芽率提高。脱粒后的籽粒晒干到含水量在15%以下方可贮藏。

蚕豆籽实是优质的青饲料,秸秆粉碎后可做粗饲料。在以生产青饲料为目的时,应在盛花至荚果形成期刈割，此时茎叶繁茂，干物质产量高。青饲料利用的方法主要有两种：打浆和青贮。前者是用打浆机把鲜株打成菜泥，再混合少量精饲料喂猪；后者是青株收割后用铡草机切碎后与燕麦、玉米等一起混合青贮。

（四）饲用价值

蚕豆的籽实富含蛋白质和淀粉，可作为粮食，也可磨粉制造豆腐、粉条、豆酱、酱油及各种糕点，其食品工业的副产品如粉渣、粉浆也是好饲料。小粒种饲用蚕豆也是家畜很好的饲料，对于马、骡特别适宜。蚕豆的茎叶质地柔软，含有较多的蛋白质和脂肪，是猪和牛等家畜的优质青饲料，豆秸可以喂羊或粉碎后喂猪。在收获青豆以后把茎叶翻入土中，作为绿肥，其肥效很高。蚕豆不仅营养价值高，而且产量也很可观。籽实产量3 375~3 750 kg/hm^2，鲜茎叶产量4.5×10^4~7.5×10^4 kg/hm^2。在甘肃河西地区蚕豆春播夏收，收获时留茬6 cm，经2个月后可收再生草1.875×10^4 kg/hm^2，是家畜的优质青饲料。

蚕豆籽实一般不含抗胰蛋白酶等有害物质，因此国外将其广泛用作育肥猪和繁殖母猪的蛋白质补充饲料。在育肥猪日粮中蚕豆粉用量达30%左右，代替鱼粉或豆饼。在怀孕母猪日粮中达到10%时，对仔猪无消化不良等影响。

三、大豆

学名：*Glycine max* (L.) Merr.

英文名：Soybean

别名：黄豆、黑大豆、黑豆、毛豆、饲料大豆、料豆、秣食豆

大豆包括东北的秣食豆、内蒙古的黑豆、陕北的小黑豆以及通常食用的黄豆（即大豆）等，现有很多地方品种和育成品种。大豆原产自我国，目前，全世界已有30个国家和地区大面积栽培大豆，其中美国、巴西、中国和阿根廷是最主要的生产国，这4个国家的大豆产量占世界总产量的80%以上。我国大豆分布极广，北至黑龙江，南至海南岛，东起山东半岛，西达新疆伊犁，而主要分布在黑龙江、吉林、辽宁和内蒙古，这4个地区的总产量约占全国总产量的38%。历史上中国的大豆生产量一直居世界首位，1953年美国超过我国，20世纪70年代巴西排名升至第2位。1991—1992年阿根廷超过中国居第3位，中国大豆产量居世界第4位。

图6-1 大豆
（引自《牧草饲料作物栽培学》，陈宝书主编，1991）

（一）植物学特征

大豆（图6-1）为一年生草本植物，高30~90 cm。

茎粗壮,直立,或上部近缠绕状,上部多少具棱,密被褐色长硬毛。叶通常具3小叶;托叶宽卵形,渐尖,长3~7 mm,具脉纹,被黄色柔毛;叶柄长2~20 cm,幼嫩时散生疏柔毛或具棱并被长硬毛;小叶纸质,宽卵形、近圆形或椭圆状披针形,顶生一枚小叶较大,长5~12 cm,先端渐尖或近圆形,稀有钝形,具小尖凸,基部宽楔形或圆形,侧生小叶较小,斜卵形,通常两面散生糙毛或下面无毛;侧脉每边5条;小托叶披针形,被黄褐色长硬毛。总状花序短的少花,长的多花;总花梗长10~35 mm或更长,通常有5~8朵无柄、紧挤的花,植株下部的花有时单生或成对生于叶腋间;苞片披针形,被糙伏毛;小苞片披针形,被伏贴的刚毛;花萼密被长硬毛或糙伏毛,常深裂成二唇形,5裂片,披针形,上部2裂片常合生至中部以上,下部3裂片分离,均密被白色长柔毛;花紫色、淡紫色或白色,旗瓣倒卵状近圆形,先端微凹并通常外反。荚果肥大,长圆形,稍弯,下垂,黄绿色,长4.0~7.5 cm,密被褐黄色长毛;种子2~5颗,椭圆形、近球形,卵圆形至长圆形,种皮光滑,淡绿色、黄色、褐色和黑色等。种子千粒重100~130 g。

(二)生物学特征

大豆喜排水良好、富含有机质、pH 6.8~7.5的土壤。耐盐碱,但酸性或过于黏性的土壤不适于其生长。

大豆为喜温作物,发芽最低温度为6~7 ℃,最适温度为20~22 ℃。苗期抗寒性强,能忍受−3~−1 ℃低温;开花期抗寒力最弱,−3 ℃即被冻死。

大豆需水较多,发芽时需要吸收相当于本身重量的1.0~1.5倍水分,要求土壤田间持水量达75%~80%;苗期较耐旱;开花至结荚期需水多,此时如缺水,将严重影响种子产量。

大豆为短日照植物,缩短光照时间其可以提早开花结实;反之,延长光照时间则加强营养生长,延迟开花结实。南方大豆北移时,表现贪青晚熟;北方大豆南下,则提早开花结实,且产量降低。大豆耐荫,适合与高秆作物间作、套作或混作。大豆为自花授粉作物,自然杂交率低,一般不超过3%。开花期长短因品种而异,一般在20~30 d,也有花期长达2个月的。

(三)栽培技术

1. 轮作

大豆是中耕作物,栽培过大豆的土壤结构疏松良好,杂草少,能丰富土壤中的氮素,是其他作物的良好前作。大豆不宜连作,也不宜种在其他豆科作物之后,连作由于过量吸收而使土壤中磷、钾不足,会引起病虫害大量发生。一般认为,麦类、马铃薯、玉米是大豆的良好前作;而其后作,宜种消耗地力较强的苏丹草、千穗谷以及麦类等。

2. 整地和施基肥

大豆可春播、夏播和秋播,播种方式可间作、混作、套作和单作。无论哪种栽培方式,前作必须进行深耕和精细整地。耕地深度应达到20~25 cm,给根系生长创造良好条件。春播大豆应进行年前秋耕,以免春耕跑墒而造成春旱。另外,可结合深耕增施有机肥料作基肥,以适应大豆整个生长发育期间的营养需要,同时又能起到保水保肥作用。在有机肥料中混施磷肥,其增产效果更好。复种来不及施基肥时,对其前作重施基肥或对大豆进行追肥。

3.播种

选用优良品种是增产措施的重要环节。各地在播前准备阶段,应根据本地区具体气候、土壤条件和耕作制度,选用优良品种种植,目前东北推广种植的秣食豆、内蒙古的黑豆、陕北的黑小豆以及南方的泥豆均选育有许多优良品种,可根据其性状和生产目的进行选用。在播前还需要精选种子,要用新鲜、粒大饱满、整齐一致、发芽率高的种子播种。在播种之前,可用根瘤菌拌种,并施种肥。

4.田间管理

田间管理主要是中耕除草、追肥和灌溉。中耕除草可以疏松表土、提高地温和消灭杂草。雨后中耕可以消除地表板结,保蓄土壤水分。苗前苗后耙地,可以耙松表土、增温保墒、耙死草芽,并有利于饲用大豆顶土出苗和起到疏苗作用。结合中耕进行培土,可以防止倒伏,便于灌水,并有排涝作用。中耕除草的次数和深度,应视生长状况、土壤水分和杂草多少而定。现行时即可进行第1次中耕,出三出叶时可进行第2次中耕,深度为10~12 cm。尤其是麦茬豆来不及翻耕进行硬茬播种的田地,更应重视第1~2次的中耕工作。

大豆苗期需肥不多,如果施过基肥或种肥或前茬有大量的残肥的肥沃土壤,幼苗生长健壮,苗期不必施肥。如果幼苗表现叶小色暗,生长过慢,未施基肥或种肥的瘠薄地,在苗期应追施一定数量的速效肥,特别是追施磷、钾肥。收籽实的大豆,在开花结荚期需要及时供给充足的肥料以满足开花后对养分的需要,这时也要注意氮、磷、钾肥的配合施用。

大豆苗期需水不多,有一定的耐旱能力,在底墒良好的情况下,幼苗一般不宜进行灌溉,以控制土壤水分,促进根系发育,幼苗粗壮。大豆在花芽分化期,以保持土壤含水量在田间持水量的65%~70%为宜,如有干旱现象,应及时灌溉。在开花至豆荚鼓粒前需水最多,这时需要充足的水分,应根据降水及墒情灌水1~2次。花荚后期水分太多,易贪青晚熟,如收获籽实,此时则不宜灌水,以控制土壤湿度。

5.收获和贮藏

大豆作青刈或青饲的可从株高50~60 cm到开花结荚或鼓粒时分期刈割。调制干草或青贮用的,在开花到鼓粒期刈割;混种的大豆要根据主作物的生长情况,达到一定产量时,分期刈割或一次性刈割;复种的大豆要在霜前割完,防止霜冻。籽实收获适宜时期是植株叶子变黄而大部分脱落,茎秆枯黄,种子与荚壁分离,已达半干硬状态并呈现固有色泽,动摇植株有响声时。

青刈要低留茬。若晒制干草,应就地摊成薄层晾晒,晾到茎枝全干,折断发出响声时,在早晚受潮发软时捆起来,运回上垛保管。大豆籽实含蛋白质较多,种皮疏松,吸湿性强,贮藏种子时应充分干燥,在潮湿或高温下极易丧失发芽力或造成霉烂。收籽实后的副产品如豆叶、豆秸、豆壳等,都是优良的粗饲料,注意收藏利用。

(四)饲用价值

大豆含脂肪约20%,蛋白质约40%,还含有丰富的维生素,营养丰富。茎、叶、豆粕及粗豆粉作肥料和优良的牲畜饲料。青刈的饲用大豆在开花结荚期刈割,每公顷可产鲜草3×10⁴ kg左右,蛋白质含量一般在4%左右。干草生产率较高,在一般条件下,每公顷可产优质干草1.0×10⁴~1.5×10⁴ kg,优质干草中蛋白质含量与谷类作物的籽粒相似。饲用大豆的干草或青草,适口性好,各种家畜均喜食。用优质的秣食豆干草粉喂猪,1 kg草粉的营养价值高于1 kg麦麸。

用青刈大豆调制的或和玉米混播做的青贮,蛋白质损失较少,营养完全,酸度适中,口味好,长期保存不腐烂变质,是各种家畜优良贮备饲料。同时,大豆的豆叶、豆秸、豆壳等都是富有蛋白质的粗饲料。

案例6-2:

选择牧草要根据牲畜的习性进行选择。牛、羊、鹿等爱吃禾本科牧草,其次是豆科牧草和叶菜类饲草;猪、禽、兔爱吃软质牧草,如叶菜类和豆科牧草,其次是禾本科牧草。若要长期供青草,要一年生和越年生及多年生牧草搭配,禾本科和叶菜类牧草搭配。搭配品种不能过多也不能过少,选3~6个品种。牛羊常年供应青草,3~6月份选种温带型牧草(紫花苜蓿、白三叶、黑麦草等),夏季高温季节,上述牧草停止生长,应在4~7月份选种热带牧草(饲用甜高粱、杂交苏丹草、苏丹草、苦荬菜、狼尾草等)。

第三节　叶菜类饲料作物

一、苦荬菜

学名:*Lactuca indica* L.

英文名:Indian Lettuce

别名:苦麻菜、鹅菜、凉麻、山莴苣、八月老

苦荬菜原产于亚洲,主要分布于中国、日本、朝鲜、印度等国。我国野生种几乎广布全国各地,经过长时间的驯化和选育,其已成为深受人们喜爱的高产优质饲料作物,并在我国南方和华北、东北地区大面积种植,是各种畜禽的优良多汁饲料。

图6-2　苦荬菜

(引自《饲草生产学》,董宽虎、沈益新主编,2003)

(一)植物学特征

苦荬菜(图6-2)为菊科莴苣属一年生或越生草本植物。全株含白色乳汁,有苦味。直根

系，主根粗大，入土深达2 m，根群集中分布在30 cm左右的土层中。茎直立，光滑，株高1.5~3.0 m。基生叶，无明显叶柄，叶披针形或卵形，长30~50 cm，宽2~8 cm；茎生叶小，长10~25 cm，互生，无柄，基部抱茎。头状花序，舌状花。瘦果。种子长卵形，千粒重1.0~1.5 g。

（二）生物学特性

苦荬菜性喜温暖湿润气候。土壤温度5~6 ℃时种子即能发芽，15 ℃以上生长加快，25~30 ℃时生长最快。幼苗遇−2~3 ℃低温、成株遇−4~5 ℃低温不被冻死，遇−10 ℃低温受冻死亡。抗热能力较强，在35~40 ℃的高温条件下也能良好生长。

苦荬菜需水量大，适宜在年降水量600~800 mm的地区种植，在年降水量低于500 mm的地区生长不良。耐涝性差，积水数天可使根部腐烂死亡。根系发达，能吸收深层土壤水分，具有一定的抗旱能力。

苦荬菜对土壤要求不严，各种土壤均可种植，但以排水良好、肥沃的壤土最为适宜。耐酸和耐盐碱能力较好，适合的土壤pH为5~8，在酸度较大的红壤、白浆土和碱性较大的盐渍土上仍能良好生长。耐荫性好，可在果林行间种植。

（三）栽培技术

1. 轮作

苦荬菜不宜连作，前作应为麦类或豆科牧草等作物。

2. 整地

苦荬菜种子小，幼苗出土力较弱，需精细整地。最好深耕翻地，且整平耙细，在保墒的同时也利于壮苗。为充分发挥苦荬菜的增产潜力，播前要施足底肥，每公顷施腐熟的有机肥料52~75 t、尿素150~225 kg、过磷酸钙225~300 kg。

3. 选种和播种

苦荬菜种子成熟期不一致，播前选择粒大饱满的种子，且播前晒种1 d，以提高种子发芽率。一般播种期在生育期允许的范围内越早越好。北方在地刚刚解冻时即可播种，南方以2~3月播种最适，也可秋播。播种方式主要有撒播、条播、穴播。撒播时每公顷播种量15.0~22.5 kg；条播每公顷用种7.5~15.0 kg，收草用行距20~30 cm，收种用行距60~70 cm；穴播每公顷播种量7.5 kg，株行距约20~25 cm。播深2~3 cm，播后及时镇压。苦荬菜也可育苗移栽，在北方地区2~3月份进行苗床播种，播种量22.50~33.75 kg/hm^2，4~5片真叶时进行移栽，行距25~30 cm，株距10~15 cm。

4. 田间管理

苦荬菜宜密植，一般不间苗，2~3株为1丛，生长良好，且叶量多，茎秆细嫩。过密应适当间苗，可按株距4~5 cm定苗。不宜过稀，否则，茎秆易老化，产量和品质均会下降。苦荬菜出苗后需及时中耕除草。

5. 收获

苦荬菜生长迅速，需及时刈割。抽薹前刈割，再生力强，既增加刈割次数，又提高产量和品质;刈割过晚,抽薹老化,再生力减弱,产量和品质下降。苦荬菜的再生性强,南方每年可刈割5~8次,北方3~4次,年产草量一般在7.50×10^4~1.05×10^5 kg/hm^2,高的可达1.50×10^5 kg/hm^2。刈割时留茬4~5 cm,最后1次刈割不留茬,可齐地刈割。

采种地多施磷、钾肥,以防止倒伏,适量施用氮肥,不可过多。春播苦荬菜在南方刈割2~3茬后,让其抽薹开花结实;北方高寒地区由于生长期短,收种地不宜刈割。苦荬菜花期长,种子成熟期不一致,且落粒严重,必须适时采收,以大部分果实的冠毛露出时收种为宜,一般每公顷产种子375~750 kg。

(四)饲用价值

苦荬菜具有叶量大,脆嫩多汁,营养丰富等特点(表6-4),特别是粗蛋白质含量较高,这点与苜蓿相似。

表6-4 苦荬菜营养成分表

单位:%

茬次	粗蛋白质	粗脂肪	粗纤维	无氮浸出物	粗灰分	钙	磷
1	19.500	4.960	15.160	40.170	13.100	2.017	0.318
2	20.010	4.770	15.360	34.180	12.970	2.355	0.303
3	16.770	4.350	16.580	44.380	10.340	2.459	0.315

(引自《中国草地》,马野等,1994第1期)

苦荬菜可青饲,可调制青贮料,也可加工成干草。青饲时要生喂,刈割的数量应根据畜禽的需要量来确定,不宜过多。不要长期单一饲喂,以免引起偏食,最好与其他饲料混喂。青贮时在现蕾期至开花期进行刈割,也可用最后1茬带有老茎的鲜草青贮;可单独青贮,也可与禾本科牧草或其他作物混贮,且效果更佳。喂猪时每头母猪日喂7~12 kg,精料不足时可占日粮总量的40%~60%。

二、串叶松香草

学名:*Silphium perfoliatum* L.

英文名:Cup Plant

别名:松香草、菊花草、串叶菊花草

串叶松香草原产自北美中部高原地带,主要分布在美国东部、中西部和南部山区。18世纪末引入欧洲,20世纪50年代苏联及一些欧美国家开始引入,并作为青贮作物进行栽培,60年代大面积推广利用。1979年从朝鲜引入我国,现在我国各省有栽培,分布比较集中的有广西、江西、陕西、山西、吉林、黑龙江、甘肃等地。

(一)植物学特征

串叶松香草(图6-3)为菊科松香草属多年生草本植物。根系由根茎和营养根组成。根

茎肥大，粗壮，水平状多节。茎由头一年根茎上形成的芽发育而成，直立，四棱，呈正方形或菱形。株高200~300 cm，上部分枝。叶长椭圆形，叶面皱缩，呈锯齿状。头状花序，花盘直径2.0~2.5 cm，种子为瘦果，心脏形，扁平，褐色，边缘有翅。每个花序有种子8~19粒，千粒重20 g左右。

图6-3　串叶松香草
（引自陈宝书主编，《牧草饲料作物栽培学》，1991）

（二）生物学特性

串叶松香草喜温暖湿润气候，是越年生冬性植物，属冬性牧草，无论春播或秋播，当年只形成莲座状叶簇，经过冬季才抽茎、开花、结实。耐高温，在夏季温度40 ℃条件下能正常生长，也极耐寒，冬季不必防冻。串叶松香草再生性强，耐刈割。

串叶松香草需水较多，特别是现蕾开花期需水较多。适宜的年降水量为600~800 mm，年降水量450~1 000 mm的地区都能种植。因根系发达，具较强的抗旱能力。耐涝性较强，在地表积水长达4个月的情况下，仍能缓慢生长。串叶松香草喜中性至微酸性肥沃土壤，在壤土及沙壤土上都能生长，适宜的土壤pH为6.5~7.5。抗盐性及耐瘠薄能力较差。

（三）栽培技术

1. 选地和整地

选择通风向阳、水肥充足、便于管理的地块种植。耕地要深耕细耙，创造疏松的耕作层，播前要施足底肥，每公顷施厩肥45~60 t、磷肥250 kg、氮肥225 kg。

2. 播种

播前种子要日晒2~3 h，后用30 ℃温水浸种12 h，以利于出苗。在北方，春、夏、秋、冬四季均可播种。春播3~4月，夏播一般选择在6月中下旬至7月中旬。南方春、秋播均可，春播在2~3月为宜，秋播宜早，以幼苗停止生长时长出5~7片真叶为宜。播种量为每公顷45.0~112.5 kg，种子田可少些，每公顷22.50~33.75 kg。可条播和穴播，以穴播为主，收草用行距40~50 cm，株距20~30 cm；收种用行距100~120 cm，株距60~80 cm。每穴播种3~4粒，覆土深度2~3 cm。串叶松香草还可育苗移栽，或用根茎进行无性繁殖。

3. 田间管理

串叶松香草苗期生长缓慢，需及时进行中耕除草，封垄之前除草2~3次。生长期间要及时追施氮肥，一般在返青期及每次刈割后进行，每次追施硫酸铵150~225 kg/hm^{2}或尿素75~105 kg/hm^2，施后应及时浇水，刈割后应待2~3 d伤口愈合后进行追肥。

4. 收获

播种当年不能刈割，或只在越冬地上部枯死前刈割1次，之后每年在现蕾至开花初期刈割，每隔40~50 d刈割1次。北方每年刈割3~4次，南方以4~5次为宜。鲜草年产量1.5×10^5~3.0×10^5 kg/hm^2。刈割时留茬10~15 cm。串叶松香草种子成熟期不一致，易脱落，因而在2/3的瘦果变黄时进行采收，一般每公顷产种子450~750 kg。

(四)饲用价值

串叶松香草鲜草产量高，适应性强，栽培当年每公顷产1.5×10^4~4.5×10^4 kg，次年与第3年每公顷产量高者可达1.5×10^5~2.25×10^5 kg。串叶松香草粗蛋白质和氨基酸含量丰富，且富含碳水化合物(如表6-5，6-6)。另外，钙、磷和胡萝卜素的含量也极为丰富，是牛、羊、猪、兔等家畜和家禽以及鱼类的优质饲料。

表6-5　串叶松香草的营养成分(占干物质百分比)　单位：%

生育期	粗蛋白质	粗脂肪	粗纤维	无氮浸出物	粗灰分	钙	磷
莲座叶丛期	17.77	2.62	7.43	38.16	20.21	2.65	0.17
现蕾期	14.44	3.48	12.33	39.15	16.31	2.42	0.18
开花期	10.56	2.89	15.11	40.65	16.02	2.30	0.13

(引自《中国草地》，时永杰等，1988年第4期)

表6-6　串叶松香草的氨基酸质量分数　单位：%

氨基酸	生育期		氨基酸	生育期	
	莲座叶丛期	抽薹期		莲座叶丛期	抽薹期
天冬氨酸	2.23	2.43	蛋氨酸	0.18	0.20
苏氨酸	0.98	0.90	异亮氨酸	0.82	0.82
丝氨酸	0.96	0.95	亮氨酸	1.59	1.48
谷氨酸	2.49	2.53	酪氨酸	0.68	0.64
甘氨酸	0.99	0.96	苯丙氨酸	0.82	0.92
丙氨酸	1.13	1.02	赖氨酸	1.62	1.15
胱氨酸	0.77	0.23	组氨酸	0.40	0.43
缬氨酸	1.06	1.03	精氨酸	0.98	0.98
脯氨酸	1.22	1.16			

(引自《中国饲用植物志》第二卷，贾慎修主编，1989)

串叶松香草的鲜草可喂牛、羊、兔，经青贮可饲养猪、禽；干草粉可制作配合饲料。各地的饲养试验表明：串叶松香草因有特异的松香味，各种家畜、家禽、鱼类，经过较短时期饲喂习惯后均喜食，饲喂的增重效果理想。

串叶松香草的根、茎中的苷类物质含量较多，苷类大多具有苦味；根和花中生物碱含量较多。喂量多会引起猪积累性毒物中毒。奶牛日喂鲜草15~25 kg，羊3 kg左右，在猪的日粮中可代替5%的精饲料。而干草粉在家兔日粮中占30%，肉鸡日粮中一般以不超过5%为宜。

三、菊苣

学名：*Cichorium intybus* L.

英文名：Common Chicorv

别名：欧洲菊苣、咖啡草、咖啡萝卜

菊苣起源于地中海地区，后广泛分布于亚洲、欧洲、美洲和大洋洲等地，在我国，其主要分布在西北、华北、东北地区。菊苣花期长达2~3个月，是良好的蜜源植物。

（一）植物学特征

菊苣是菊科菊苣属多年生草本植物。主根长且粗壮，侧根发达，水平或斜向下分布。主茎直立，单生，分枝开展或极开展，全部茎枝绿色，有条棱，被极稀疏的长而弯曲的糙毛或刚毛或几无毛。茎具条棱，中空，株高170~200 cm。基生叶倒向羽状分裂或不分裂，花期生存，倒披针状长椭圆形。叶片长10~40 cm，叶丛高80 cm左右；茎生叶披针形，全缘。头状花序，单生于茎和分枝的顶端，或2~3个簇生于上部叶腋。总苞圆柱状，瘦果楔形。种子千粒重1.2~1.5 g。

（二）生物学特性

菊苣属半耐寒性植物，地上部能耐短期-2~-1 ℃的低温，直根具有很强的抗寒能力。植株生长的温度以17~20 ℃为最适，超过20 ℃时，同化机能减弱，超过30 ℃以上，所积累的同化物质几乎都被呼吸消耗。但是，处于幼苗期的植株却有较强的耐高温能力，生长适温为20~25 ℃，此阶段如遇高温，会出现提早抽薹的现象。促成栽培软化菊苣时期，适温15~20 ℃，以18 ℃最佳。温度过高芽球生长快，形成的芽球松散，不紧实，温度过低则迟迟不能形成芽球，但不影响芽球的品质。

菊苣的根系发达，抗旱性能较好。较耐盐碱，在pH为8.2的土地上生长良好。喜肥喜水，低洼易涝地易发生烂根，对氮肥比较敏感，宜选择肥沃疏松的沙壤土种植，旱地、水浇地均可种植。在植株营养生长期需充足的光照，肉质根才能长得充实。促成（软化）栽培时则需要黑暗的条件。

（三）栽培技术

选择土层深厚、土质肥沃疏松、土粒细碎、透气性较好的沙壤土。播前需精细整地，并施腐熟的有机肥37.5~45.0 kg/hm²作底肥。宜春播和秋播，播种时最好将种子与细沙混合，以便播种均匀。条播、撒播均可，条播行距30~40 cm，播深2~3 cm，每公顷播种量为22.5~45.0 kg，播后及时镇压。

菊苣苗期生长缓慢，易受杂草危害，应及时中耕除草。在株高15 cm时间苗，留苗株距12~15 cm。返青及刈割后要结合浇水，每公顷追施复合肥225~300 kg。积水后要及时排除，以防烂根死亡。

菊苣在株高40 cm时即可刈割利用。每年可刈割3~4次,每公顷产鲜草150 t左右,其中第一茬产量最高。刈割留茬高度为15~20 cm。菊苣花期2~3个月,种子成熟不一致,而且成熟后种子易裂荚脱落,因而小面积收种最好随熟随收,大面积收种应在盛花期后20~30 d一次性收获。种子产量225~300 kg/hm^2。

(四)饲用价值

菊苣茎叶柔嫩,叶量丰富、鲜嫩,富含蛋白质及动物必需氨基酸和其他各种营养成分(如表6-7,6-8)。菊苣初花期粗纤维含量虽有所增加,但适口性仍较好,牛、羊、猪、兔、鸡、鹅均喜食,其适口性优于串叶松香草和聚合草。菊苣以青饲为主,也可放牧利用,或与无芒雀麦、紫花苜蓿等混合青贮,也可调制干草。在莲座叶丛期适宜青饲猪、兔、禽、鱼等,猪日喂4 kg,兔日喂2 kg,鹅日喂1.5 kg。抽茎期则宜于牛、羊饲用。菊苣代替玉米青贮饲喂奶牛,每天每头奶牛多产奶1.5 kg,并可以有效地减缓泌乳的下降速度。

表6-7 菊苣的营养成分

单位:%

生长年限	采样日期	生育期	水分	占干物质百分比					钙	磷
				粗蛋白质	粗脂肪	粗纤维	无氮浸出物	粗灰分		
第一年	8月2日	莲座叶丛期	14.15	22.87	4.46	12.90	30.34	15.28	1.50	0.42
第二年	6月24日	初花期	13.44	14.73	2.10	36.80	24.92	8.01	1.18	0.24
第二年	8月9日	莲座叶丛期	15.40	18.17	2.71	19.43	31.14	13.15	—	—
(再生草)	—	—	—	—	—	—	—	—	—	—

(引自《中国草地》,高洪汶等,1991年第5期)

表6-8 菊苣的氨基酸含量(占干物质百分比)

单位:%

氨基酸	生育期		氨基酸	生育期		氨基酸	生育期	
	莲座叶丛期	初花期		莲座叶丛期	初花期		莲座叶丛期	初花期
天冬氨酸	2.773	1.080	胱氨酸	微	微	酪氨酸	0.531	0.217
苏氨酸	0.928	0.394	缬氨酸	0.976	0.459	苯丙氨酸	0.850	1.410
丝氨酸	0.824	0.438	脯氨酸	1.991	0.632	赖氨酸	1.029	0.470
谷氨酸	3.507	1.012	蛋氨酸	0.174	0.077	组氨酸	0.289	0.189
甘氨酸	0.884	0.396	异亮氨酸	0.794	0.338	精氨酸	1.055	0.461
丙氨酸	0.973	0.430	亮氨酸	1.386	0.568			

(引自《草与畜杂志》,刘建宁,1998年第3期)

四、甘蓝

学名：*Brassica oleracea* L.

英文名：Cabbage

别名：包菜、包心菜、卷心菜、结球甘蓝、大头菜、莲花白、洋白菜

甘蓝原产于欧洲地中海至北海沿岸。早在4 000~4 500年前，野生甘蓝的某些类型就被古罗马和希腊人所栽培。甘蓝于16世纪初传入我国，目前全国各地均有栽培，是重要的蔬菜和青绿饲料兼用作物，近年愈来愈多地作为优质饲料而广泛栽培。

（一）植物学特征

甘蓝为十字花科芸薹属的二年生或多年生草本植物。高60~150 cm。下部叶大，大头羽状深裂，长达40 cm，具有色叶脉，有柄；顶裂片大，顶端圆形，基部歪心形，边缘波状，具细圆齿，顶裂片3~5对，倒卵形，上部叶长圆形，全缘，抱茎，所有叶肉质，无毛，具白粉霜。总状花序，花浅黄色；萼片长圆形，直立，长8~11 mm；花瓣倒卵形，长15~20 mm，顶端圆形，有爪。长角果圆筒形，长5~10 cm；喙长5~10 mm，无种子；果梗长约2 cm；种子球形，直径约2 mm，灰棕色。花期4月，果期5月。

（二）生物学特性

甘蓝喜温和湿润、充足的光照。较耐寒，也有适应高温的能力。生长适温15~20 ℃。肉质茎膨大期如遇30 ℃以上的高温，肉质易纤维化。耐寒性强，经低温锻炼过的幼苗可耐短时间-12~-8 ℃的低温。幼苗耐热性较强，但结球期抗热性较差，气温高于25 ℃生长不良。需水多，但不耐淹。对土壤的选择不严，但宜于在腐殖质丰富的黏壤土或沙壤土中种植。适宜的pH为5.8~6.9，土壤含盐量0.75%~1.20%仍能生长结球。生长前期需氮肥较多，结球期需磷、钾肥较多，吸收氮、磷、钾的比例为3∶1∶4。

甘蓝第一年进行营养生长，形成叶球，生育过程包括发芽期、幼苗期、莲座期、结球期、休眠期；第二年在长日照和适宜温度下，经过抽薹期、开花期、结荚期，完成其生命过程。营养生长期播种至收获早熟种90~110 d，中熟种110~130 d，晚熟种130 d以上。

（三）栽培技术

甘蓝不宜连作，应与豆类、麦类、块根块茎类和牧草实行轮作。苗床和定植地要精耕细耙，并施足腐熟的有机肥作底肥。

中国北方一般春、秋两季栽培。南方秋、冬季和冬、春季栽培。内蒙古、新疆、黑龙江等高寒地区，多为1年1茬。北方春季栽培用冷床或温床育苗，播种期1月上旬到2月上中旬；秋季栽培在7~8月育苗。5~7片叶时定植。球茎甘蓝叶丛较小，可合理密植。早熟品种行距25~30 cm，中、晚熟品种40~50 cm。定植后浇水，中耕，适当蹲苗。肉质茎开始膨大时追肥和均匀浇水。浇水不匀，易使肉质茎开裂或出现畸形。接近成熟时，停止浇水。肉质茎充分膨大后收获，一般以秋播成株或半成株采种。在中国南方，种株可露地越冬，北方可行窖藏或

埋藏,翌春定植于采种田。与甘蓝类作物采种地隔离1 000 m以上。

(四)饲用价值

甘蓝柔嫩多汁,适口性好,营养丰富,为各种畜禽所喜食。其蛋白质含量高,维生素含量丰富,如每千克含胡萝卜素0.2 mg,维生素C 380 mg,此外还含有丰富的氨基酸。甘蓝部位不同,所含的营养成分也不相同(表6-9)。

表6-9 甘蓝的营养成分

单位:%

样品	干物质	占鲜重百分比					占干重百分比				
		粗蛋白质	粗脂肪	粗纤维	无氮浸出物	粗灰分	粗蛋白质	粗脂肪	粗纤维	无氮浸出物	粗灰分
株	9.4	2.2	0.3	1.0	5.0	0.9	23.4	3.2	10.6	53.2	9.6
叶球	7.6	1.4	0.2	0.9	4.4	0.7	18.4	2.6	11.8	57.9	9.3
外叶	15.8	2.6	0.4	2.7	7.1	3.0	16.5	2.5	17.1	44.9	19.0

(引自《饲料生产学》,南京农学院主编,1980)

五、小白菜

学名:*Brassica campestris* L.

英文名:Brassica Chinensis

别名:白菜、普通白菜、油菜、青菜等

小白菜原产于我国,南北各地均有分布,在我国栽培十分广泛,是良好的蔬菜和青绿饲料兼用作物,在克服冬春青饲料供应不足,保证平衡供应方面起着极其重要的作用。

小白菜是十字花科芸薹属1~2年生草本植物,常作1年生栽培。植株较矮小,直根系,须根发达。叶色淡绿至墨绿,叶片倒卵形或椭圆形,叶片光滑或褶缩,少数有茸毛。叶柄肥厚,白色或绿色。不结球。花黄色。种子近圆形,千粒重1.5~2.2 g。喜冷凉气候,较耐寒但耐热性差。生长的适宜温度为15~20 ℃,在-2~3 ℃下能安全越冬。需水量大,特别是在莲座期。生长期对氮肥需要量最多,需磷肥较少。

小白菜应选择保水、保肥、肥沃的壤土或沙壤土种植,地要深翻耙平。小白菜栽培一般按秋冬、春、夏三季安排,以秋、冬栽培为主。春季栽培时间在2~4月,夏季在5~8月,秋冬季始于9月,华北地区可持续到10月,而南方地区可延续至12月。在南方可直接露地育苗。在华北地区,春秋冬三季的栽培均需在保护地内进行育苗;夏季可直接播种,无需育苗。育苗畦要精耕细耙,并施足底肥。撒播,播种量22.5~30.0 kg/hm^2。长至1~2片真叶时进行间苗,苗距3~4 cm;3~4片真叶时进行定苗,苗距4~6 cm。

在苗高14~16 cm,4~5片真叶时需对小白菜进行定植,一般定植的株行距为20 cm×20 cm。

小白菜根系分布浅,吸收能力弱,生长期短,定植后要及时浇水,中耕除草,保持土壤湿润。定植时需施用腐熟的有机肥作底肥,定植后还要结合浇水追施尿素或人粪尿。小白菜以莲座叶为产品,当长到6~7叶至20叶时即可根据需要随时收获。春季栽培务必在抽薹前收获完毕,以免抽薹影响品质。产量一般为每公顷45~60 t。

一年四季均可栽培供应,特别是在冬春缺青季节,可以为畜禽提供充足的青饲料。小白菜鲜嫩多汁,适口性好,用于饲喂鹅、鸭、鸡、猪等畜禽效果好。但小白菜不宜熟喂,以免破坏其中的维生素和发生亚硝酸盐中毒。

六、叶用甜菜

学名:*Beta vulgaris* L. var. *cicla* L.

英文名:Forage Beet

别名:厚皮菜、牛皮菜、莙荙菜

叶用甜菜原产于欧洲南部,适应性强,在欧洲各国及日本、美国、中国等地均有栽培。我国长江流域及其以南的四川、湖北、湖南、浙江、江苏、贵州、广东、广西、福建等地区栽培较多。叶用甜菜叶片大,产量高,生育期长,可多次利用,能长期均衡地提供青绿饲料。一般可产鲜叶4.5×10^4~6.0×10^4 kg/hm^2,高者达7.5×10^4~1.2×10^5 kg/hm^2,是一种经济价值较高的叶菜类青饲料。

叶用甜菜为藜科甜菜属二年生草本植物。植株矮生或直立,根系发达长圆锥状,侧根发达。营养生长时期茎短缩,生殖生长时期抽生花茎。叶卵圆或长卵圆形,肥厚,表面皱缩或平展,有光泽,呈绿色或紫红色。叶柄发达,宽短肥厚或窄长肥圆。果实为聚合果,含2~3粒种子,种子肾形,棕红色,千粒重14.6 g左右。

叶用甜菜性喜冷凉,其发芽适温为18~25 ℃,日均气温14~16 ℃时生长较好。温度过低,生长缓慢或停止生长。耐低温,幼苗能忍耐−5~−3 ℃低温。不耐干热,温度超过30 ℃时停止生长。对土壤要求不严,较耐盐碱,土壤pH以中性或弱碱性为好。对氮肥敏感,施氮肥叶生长快,叶片肥大多汁。

叶用甜菜忌连作,但对前作要求不严。栽培季节分为春、秋两季,而以秋季栽培为主。春播2~4月可陆续播种,以采收幼苗为主;秋播9~12月播种,11月至翌年5月采收,一般剥叶采收。

叶用甜菜播前需精细整地并施足有机肥。播种方式为条播,行距30~35 cm,播深2~3 cm,播量为22.5 kg/hm^2。苗高20 cm进行间苗,株距20~25 cm。也可育苗移栽,苗高5~6 cm,4~6片真叶时,按行距40 cm,株距25 cm移栽定植。留种田与其他甜菜田隔离,以免杂交。

叶用甜菜苗期应注意中耕除草,并配合施肥灌水。叶用甜菜耐肥,耐碱,每次采收后要结合灌水施较浓的速效氮肥一次。勤采和施足追肥,不断促进新叶的生长是丰产的关键。采收到中后期,应在收后及时中耕培土,以促进新根发生,防止倒伏。播后60 d,或移栽后30~40 d,长出11~12片真叶时,可取下部6~7片叶利用。整个生育期可掰叶10~15次,最后

1次连根头一起砍收。春末夏初抽薹开花。种球变成黄褐色,果壳坚硬时便可收获,种子产量750~900 kg/hm²。

叶用甜菜是一种高产优质的饲料作物,品质好、产量高,块根和茎叶打碎或切丝后可直接用来饲喂家畜,适口性好,营养价值丰富,是饲喂猪、牛、羊等家畜的良好多汁饲料。一般生喂,熟喂时煮熟后不宜放置太长时间,以免引起亚硝酸盐中毒。

七、聚合草

学名:*Symphytum officinale* L.

英文名:Common Comfrey

别名:友谊草、爱国草、紫草根、俄罗斯紫草、饲用紫草

图6-4 聚合草
(引自《中国饲用植物》,陈默君、贾慎修主编,2002)

聚合草(图6-4)原产于俄罗斯欧洲部分和高加索地区,现已广泛分布于欧洲、亚洲、非洲、美洲和大洋洲。我国于1963年引种栽培,现已遍及全国各地。聚合草有较高的营养价值,为优质的饲用植物,又可作药用植物和咖啡代用品,花期较长,还可作为庭院观赏植物。聚合草为紫草科聚合草属丛生型多年生草本植物。直根系,根发达,主根粗壮,淡紫褐色。根颈粗大,着生大量幼芽和簇叶。茎高80~130 cm,直立或斜生。叶片带状披针形、卵状披针形至卵形,叶面粗糙且肥厚。全株被白色短刚毛。基生叶簇生呈莲座状,具长柄;茎生叶有短柄或无柄。蝎尾状聚伞花序,花序含多数花,结实率极低。小坚果歪卵形,长3~4 mm,黑色,平滑,有光泽。花期5~10月。

聚合草生于山林地带,为典型的中生植物。适生于湿润气候条件,对气候、土壤条件的适应范围较大。性耐寒,−40 ℃的低温可安全越冬,南方高温地区仍能良好生长。22~28 ℃生长最快,低于7 ℃时生长缓慢,低于5 ℃时停止生长。当温度在20 ℃以上,土壤持水量为70%~80%时生长最快,平均日增长可达3 cm。聚合草对土壤要求不严,除低洼和重盐碱地以外,一般土壤均能生长,但以地下水位低、能排能灌、土层深厚、肥沃的土壤最为适宜。

栽植要选择地势平坦、土层深厚、有机质多、排水良好并有灌溉条件的地块。聚合草为多年生植物,根部发达,再生力强,一般不宜与大田作物轮作。定植前要精细整地,耕深应在25 cm以上,翻后及时耙平。并施足底肥,以满足聚合草快速生长的需求。底肥以有机肥为主,特别是畜禽粪肥最好,每公顷施用量为37.5~60.0 t。

聚合草由于开花不结实或结实极少,在生产上常利用生长1年以上的聚合草根(母根)作种苗栽植。一般在春、秋两季栽植。苗床育苗的4~10月份都可移栽,但以3~4月份和9~10月份移栽较好。定植时,以苗高15~20 cm、5~6片叶时为宜,最好选择阴雨天进行。挖根、切根

和栽植最好连续作业，以提高成活率。栽植行距50~60 cm，株距40~50 cm。常用的栽植方法有切根法和分株法，其中切根繁殖最常用。方法是选取直径大于0.5 cm的健壮根，切成5 cm左右的根段，直径大于1 cm的还可纵切成两瓣或四瓣。栽植时将根段顶端向上或横放浅沟中，覆土2~3 cm。栽植密度一般行距50~60 cm，株距40~50 cm。栽植成活后要及时中耕除草，封垄后聚合草可有效地抑制杂草，无须除草。生长期间要注意追肥和灌水。追肥以氮肥为主，并适当添加磷、钾肥，也可施用充分腐熟的畜禽粪尿。在栽植当年，幼苗期慎用化肥，以防蚀根导致死亡，雨后积水要及时排除。

聚合草的饲用部分是叶和茎枝，每年可割4~5次，栽植当年可割1~2次。利用目的不同，刈割时期也有差异。用作青饲料，聚合草现蕾至开花期产量高，营养丰富，为适宜收获期；用作青贮或调制干草，应在干物质含量较高的盛花期刈割。收获过晚，茎叶变黄，茎秆变老，产量和品质均下降，也影响聚合草的生长和下一次刈割的产量，并减少刈割次数。收割过早产量低，养分含量少，总干物质产量低，且根部积累的营养物质少，影响其再生能力。割青草还应按饲喂对象而定，牛、羊、猪宜割老，鸡、鸭、鹅、兔、鸵鸟宜割嫩。聚合草的收割留茬高度对生长发育和产量影响较大。

聚合草叶片肥厚，柔嫩多汁，富含蛋白质和维生素，营养价值高，各种营养成分的含量及其消化率都高于一般牧草。经检验，聚合草开花期鲜草干物质中含粗蛋白质24.3%，粗脂肪5.9%，粗纤维10.1%。它还含有大量的尿囊素和维生素B_{12}，可预防和治疗畜禽肠炎，使牲畜食后不拉稀。

聚合草宜与其他饲料搭配饲喂。一般来说，对刚断奶的幼畜以日粮的10%~25%为宜，对肥育家畜以30%~40%为宜。青饲喂猪，以日喂3.5~4.0 kg为宜；青贮饲料喂奶牛，日喂量可达30~40 kg，干草粉在鸡日粮中以不超过10%为宜。

思考题:

1. 玉米在种植管理过程中需要注意的事项有哪些?
2. 大豆的栽培技术要点有哪些?
3. 菊苣的栽培技术要点有哪些?

参考文献

1. 郭庆海. 中国玉米主产区的演变与发展[J]. 玉米科学,2010,18(1):139-145.
2. 董宽虎,沈益新. 饲草生产学[M]. 北京:中国农业出版社,2003.
3. 陈宝书. 牧草饲料作物栽培学[M]. 北京:中国农业出版社,2001.
4. 南京农学院. 饲料生产学[M]. 北京:农业出版社,1980.
5. 马野,宋显成,张力军,等. 高产青饲料作物——早熟苦荬菜[J]. 中国草地,1994(1):78-79.
6. 时永杰,候采云,张志学. 串叶松香草的引种研究[J]. 中国草地,1998(4):14-16.
7. 中国饲用植物志编辑委员会. 中国饲用植物志· 第二卷[M]. 北京:中国农业出版社,1989.
8.高洪文,马明荣. 菊苣开花及种子形成规律的研究[J]. 草业科学,1993 ,10(3):62-64.
9.刘建宁. 高产优质饲用植物——普那菊苣[J]. 草与畜杂志,1998(3):30-31.
10.郑毅,张景楼,宁彦东,等. 非糖用甜菜开发利用前景分析[J]. 中国甜菜糖业,2007(4):20-21.
11.陈默君,贾慎修. 中国饲用植物[M]. 北京:中国农业出版社,2002.

第七章　牧草混播与草田轮作

第一节　牧草混播

在人工和半人工草地建植中，于同一地块上混种两种或两种以上牧草的栽培方式称牧草混播。混播草地由于比单播草地具有更高的生态稳定性，在世界范围内已广泛采用牧草混播建植各类草地，如在牧草生产上禾本科—豆科牧草混播或单一的各种禾本科或豆科牧草混播都是常采用的牧草栽培方式。

一、牧草混播的原理

（一）形态学互补原理

优良的牧草混播组合中，常选用上繁与下繁，宽叶与窄叶，直根系与须根系等不同形态特征的牧草合理配置，充分利用地上部的光照和地下部的水肥资源。众多研究表明，牧草通过混播的形态学互补，不仅可使单位面积产草量明显提高，还能使光、热、水、气、养分等各种资源的利用效率显著提高。

在牧草混播群落中，不同形态牧草的空间搭配可形成合理的草层结构，构成草群地上部良好的水平结构和垂直结构，从而充分利用光照资源。如豆科牧草和禾本科牧草枝叶形态具有显著差别，豆科牧草叶片水平伸展，禾本科牧草叶面向上斜生。这种茎叶的成层分布及叶片空间排列的互补性对于光能资源的充分利用很重要。

混播牧草在地下部的根系分布也具有层次性，混播成员中不同草种的根量多少、根的深浅和根幅的大小是不一样的，草群根系的分布呈明显的分层现象。因此，根系分布深度不同，使得植株能从不同深度的土层中吸收养料。例如，深根系的豆科牧草可从土壤中吸收较多的钙、镁和磷，及深层土壤的水分；而浅根系的禾本科牧草吸收较多的硅和氮，以及浅层土壤的水分。植物根系的功能不仅局限于水分、养分的吸收，它可以通过释放水分来调节根际的水分分布状况，再分配土壤水分，牧草混播可以在一定程度上改变土壤水分供给的空间格局，从而调节土壤生态系统水分平衡和促进养分循环，提高牧草群落地上部分同化作用效率，改善地下部生态环境，提高草地生态系统生产力。

(二)生长发育特性原理

通常不同种类的牧草，其生长发育速度、寿命的长短和最高产量的年份都有一定差别。短寿命的一年生和二年生牧草，发育速度快，播种当年就可形成高产，第2~3年就在草群中消亡；中寿命的属少年生牧草，生长发育速度较慢，播种第1~2年产量最高，第3年产量显著下降，平均寿命5~8年；长寿命的属中年生和多年生牧草，生长发育速度慢，第3~4年产量最高，第4~5年产量开始下降，平均寿命10~15年。根据草种的寿命和发育特性安排混播组合，混播后的草地能很快形成稳定的草层结构，杂草难以侵入，草地牧草产量高而稳定，草地利用年限也会延长。不同牧草由于生物学特性不同，在整个生长季节具有不同的生长表现，如抗寒性强的牧草与耐热性好的牧草混播，前者早春及秋季生长快，后者夏季生长良好，两者优势互补，使得混播草地在整个生长季均可获得稳产、高产。

(三)营养互补原理

豆科和禾本科牧草因其生物学特性不同，其养分吸收特性也不同，豆科牧草从土壤中吸收较多的钙、磷和镁，而禾本科牧草从土壤中吸收较多的硅和氮。因而，豆、禾混作能充分利用土壤中各种养分。同时，豆科牧草固定的氮素不仅能满足其自身生长发育的需要，还可满足禾本科牧草对氮素的吸收，并促使豆科牧草提高固氮能力。

不同牧草营养价值也有差异，混播可改善草群的营养成分，如豆科牧草干物质中蛋白质占15%~20%，含有各种必需氨基酸，蛋白质生物学价值高，所含钙、磷、胡萝卜素和各种维生素(如B_1、B_2、C、E、K)等均甚丰富。因此，禾、豆混作可明显提高饲草群的蛋白质营养水平。

(四)生态学原理

植物群落的各成员总是在已有的生存条件下通过互相竞争，不断适应，最终达到群落稳定。不同混播成员由于在草群中的竞争力不同，生态位也不同。不同种类牧草分别适应特定的生态因子，形成特定的生态位。在一个稳定的混播牧草种群系统中，各混播牧草成员对光、温、水分、矿质养分、二氧化碳5个生态因子需求各异，均形成各自的生态位，因而不同牧草种群对各生态因子的要求及相互作用具有互补性，竞争矛盾小，混播草群能有效地利用环境资源，使混播草地获得高而稳定的生物生产能力。

二、牧草混播的优越性

(一)产量高而稳定

由于混播牧草是由不同类型的牧草所组成，不同牧草生长年限不同，在一年的不同季节盛衰也有差异。牧草混播可以充分利用各自的有利条件，增强对光能和土壤肥力的利用及互补，从而提高产量。所以混播牧草各个年份的产量也较单播时高并且稳定。国内的研究表明，苜蓿与鸭茅混播产量较单播增产12.4%；苜蓿与无芒雀麦混播，较单播增产16.1%，苜蓿与苇状羊茅混播，较单播增产23.2%。另据资料显示，苜蓿与披碱草混播，3年平均增产8%，苜蓿与无芒雀麦混播，平均增产11%。

混播牧草较单播牧草产量高，与地上、地下部分在空间上的合理配置有关。不同叶型的牧草其叶片空间分布不同，可以充分利用光、热、水等条件。禾本科和豆科牧草叶子在草层中的分布不同，以草层平均高度100 cm为例，在距离地表30 cm以内禾本科牧草的叶子占全部叶量的64%，而豆科牧草的叶子在同一高度内仅占23%，加上这两类牧草叶面朝向不同，使得它们在草层中能更好地利用空间和光照。不同根型的牧草，其根系分布在不同的土层中能更好地吸收水分和养分。禾本科牧草根系浅而密，豆科牧草主根粗且根系深，又能固定空气中的氮素，并可提供给禾本科牧草利用。不同牧草生长习性不同，对杂草和病虫害的抵抗力也不一样，混播则可以延长牧草的生长时期，增强适应能力，从而提高产量。

（二）改善牧草品质

饲料品质和适口性的提高有利于家畜的健康和生长发育。豆科牧草中蛋白质和钙等营养元素含量高，而禾本科牧草中碳水化合物含量高。在混播牧草中，禾本科牧草能够利用豆科牧草分泌的氮素，增加混播牧草中禾本科牧草的含氮量。两种牧草混播后，草群营养成分均匀且含量升高，适口性好，提高了牧草的利用率。单纯的豆科牧草放牧时常引起牲畜臌胀病，混播可以减少牛、羊对新鲜豆科牧草的采食，避免臌胀病危害。

（三）便于收获和调制

对于茎秆细弱、倒伏性强或具匍匐茎的牧草，通过选择茎秆直立性强的牧草种类与其混播，可有效改善牧草的倒伏性而便于收获。如箭筈豌豆藤蔓，茎秆柔弱极具倒伏性，它与茎秆硬直的冬牧70混播可有效增强草群的抗倒伏能力。

牧草混播有利于干草的调制和青贮。豆科牧草含水量较多，茎叶所含水分差异较大，调制干草时易落叶；而禾本科牧草的茎叶水分含量少，叶片不易脱落。所以，混播后调制干草时可减少茎叶的损失。

（四）改善土壤结构，提高土壤肥力

混播牧草是提高土壤肥力的重要手段。混播草地，特别是豆科—禾本科混播草地，一方面植物根系能积累大量的有机质；另一方面豆科牧草可吸收土壤中较多的钙质，从而改善土壤的结构性和稳定性，可大大提高土壤肥力。许多研究表明，豆科与禾本科混播的草地土壤中大于0.25 mm的水稳性团粒结构比单播牧草多得多。实践证明，豆科—禾本科混播牧草的根系残余物能大量积累土壤中的有机质，增加土壤团粒结构。禾本科牧草具有大量须根，主要分布在表层0~30 cm；豆科牧草根系入土层深达数米。当这两类牧草混播时，根系成层分布，增加了土壤单位体积内根系的数量，在根系分布的土层中，新根不断产生，老根不断死

亡,累积的死根分解成为土壤腐殖质的主要来源。同时,禾本科的须根把土壤分成细小颗粒,加上豆科牧草从土壤中吸收的营养元素累积至禾本科根系层土壤,促进了水稳性的团粒结构的形成,从而改善土壤结构,增强土壤保水、保肥能力,减少水土流失。

(五)减轻杂草的危害

混播牧草能够减轻杂草的危害,其原因主要是:第一,在混播牧草建植初期,混播组合中保护作物迅速生长形成郁闭的草层,从而抑制了杂草的萌发和幼苗的生长;第二,杂草在秋季多年生牧草的覆盖下,不能良好地发育和形成种子;第三,混播牧草形成稳定的群落后,对杂草的竞争能力大大增强,遗留在土壤中未萌发的杂草种子显著降低了出苗率,即使杂草出苗也因混播草群的遮荫作用,不能很好地生长,甚至死亡。

混播牧草减轻杂草危害的能力取决于混播成员的搭配、草丛的密度和稳定性,混播成员搭配合理,草丛稠密,群落稳定,杂草就少,反之杂草就增多。

三、混播草种的组合

(一)牧草混播成员的选择原则

1.牧草生物学特性与种植区生态条件

牧草的生长发育都要求一定的土壤、气候等环境条件,这是牧草的生物学特性所决定的。因而,不同的地区由于生态条件不同,适宜生长的植物也不同。确定牧草的混播成员,应首先根据牧草的生物学特性及种植地的温度、水分、土壤等生态条件,选择适宜种植的牧草种类。如紫花苜蓿具有较强的抗旱性,抗寒性,不耐高温、高湿气候,不适宜种植在过于黏重而酸性的土壤上,因而,紫花苜蓿是我国北方温暖半干燥气候区混播草地常用的适栽草种。

2.混播草地的利用目的

(1)割草:主要采用中等寿命上繁草,配一年生或二年生草。各草种成熟期基本一致。

(2)放牧:主要采用下繁草,并与上繁草搭配。

(3)刈牧兼用:在采用中等寿命和二年生上繁草的同时,还要选择长寿命的下繁草。

此外,还要考虑家畜的种类和消化率。家畜的种类不同,对营养的需要也就有所不同。泌乳牛需要蛋白质及矿物质含量高的牧草,而育成牛和肉牛则需要碳水化合物含量高的牧草。消化率也随牧草的种类及生育期不同而异。一般来说,暖季型牧草的消化率比冷季型牧草的高。

3.混播草地利用年限与牧草发育速度、寿命

豆科牧草寿命比禾本科牧草短。因此,草地的利用年限愈长,豆科牧草所占比例应愈低,以免豆科牧草衰退后地面裸露,杂草丛生。大田轮作中,混播牧草通常选择在前两年内形成高产的上繁草,利用年限为2~3年;在饲料轮作中,选择寿命中等或较长的豆科和禾本科牧草混播。

4.混播牧草的相容性

混播牧草的相容性是指各混播成员在混播草群竞争中，各牧草的植株密度、盖度、频度和产草量等能保持相对稳定的数量比例关系，播种草地能形成稳定的混播牧草群落。因此，在确定混播成员时，应根据各混播牧草的生物学特性与生态学习性选择具有相容性的组合。混播草种若有相似的侵占性和适应性，一般容易产生良好的相容性，可以形成稳定的混播群落。几种牧草的生长差异不能过大，对田间管理水平要求相似，以保持各草在草群中竞争能力相差不大。丛生型禾草与匍匐型豆科牧草（如鸭茅和白三叶），丛生型禾草与直立型豆科牧草（如无芒雀麦和紫花苜蓿），匍匐型的禾本科牧草与直立生长的豆科牧草（如扁穗牛鞭草和红三叶）都能相容，适合混播。

（二）混播牧草组合

1.组合的牧草种数

从植物群落学的原理来讲，混播牧草的组成成分愈复杂，所涵盖的生物学类群愈多，牧草植被群落愈稳定，如稳定的天然植被中植物种类数量多至几十种，甚至上百种；而从栽培学的角度来讲，往往草群种类数量愈少，产量愈高，如高产的人工割草地，只播种1~2种牧草。建立人工草地，混播牧草种类数量的确定应该考虑草地的利用目的和年限，不同利用目的的草地，其管理方法和使用年限有很大差异。通常在生态建设中建立永久性的植被，混播成员可选择5~8种，建立这样的草地，牧草混播种类愈多，生物学组成愈丰富，形成的植被愈稳定，生态恢复效果也愈好；单一利用的割草地，混播成员多以2~3种为宜，利用年限2~3年或更长；刈牧兼用型草地以3~5种为宜，利用年限4~6年；长期利用的放牧地，混播牧草一般不超过5~6种。

2.组合牧草的配合比例

组合牧草的配合比例是指各牧草播种量所占总播种量的比例。通常从以下几方面确定混播中各牧草的播种量。

（1）各成员牧草的生物学特性及其相互关系，如分蘖特性，发育强度，株丛的形状、构造及所占空间的位置大小等。牧草因其生物学特性和生产性能的不同，所产生的效能也有所不同，混播草地中不同生物学特性牧草只有合理配比，才能充分发挥各牧草成员的生产潜能。因而，建植混播牧草地时，应根据其建植类型和要求选用适宜的草种及比例。资料表明，在禾本科与豆科混播草地，根据禾草与豆草的株型、分蘖及生长特点，通常禾豆比（此指禾草与豆草的数量比）在6∶4~7∶3的范围时，具有较高的产草量和草品质。

（2）各成员牧草的适应性，对环境条件的要求（如温度、水分、光照、土壤等）及其相互之间的影响程度。

环境条件中温度的影响是首要的。它主要通过两个方面影响各成员在草群中的比例。一方面是牧草的耐寒性决定了多年生牧草能否安全越冬或返青，耐热性决定了多年生牧草在南方混播草地中的越夏率。另一方面是温度对各成员牧草生长发育速度的影响不同。如某种牧草越冬率或越夏率高,在草群中生长旺盛,则在播种时不加大其播种比例,也能保证该草种在混播草群落中高而稳定的密度。

降水量是影响混播牧草比例的第二个重要因素,不同牧草对水分的要求是有差异的,牧草生长季降水量及其分布的均匀性影响着牧草的栽培方式、生长和密度变化,混播中各牧草的比例应依据当地降水条件和栽培条件来确定。如一般在年降水量500 mm以上的地区,建植旱作(不需要灌溉)混播草地时,需要根据各混播成员的耐旱性确定适宜的混播比例;在年降水量300~500 mm的地区,在无灌溉的条件下,应尽可能地提高耐旱性相对较差草种的混播比例,以保证该草种在草群中的密度和稳定的产量;在年降水量300 mm以下的地区,通常是创造混播草地的灌溉条件,牧草耐旱性对混播比例的影响可以不考虑。

光照对混播牧草的生长具有直接影响,不同牧草光合作用的光饱和点和耐荫性不同,因此,光照是影响牧草生长发育的重要因素。不同类型混播草地建植的光照条件不同,对牧草耐荫性的要求也不一样,特别是不同郁闭度的林下种植混播牧草,草种的耐荫性是确定草种混播比例的重要依据。

土壤对牧草混播比例的影响较为复杂,一般大多数牧草对土壤都有较宽的适应范围,但不同牧草对盐碱地、酸性土壤及沙质地、重黏土壤的适应性有较大差异;地形不同也会造成土壤水、热条件和肥力条件的差异;整地质量对各牧草出苗率影响也不同。因此,混播牧草各成员的混播比例都要根据土壤的这些具体情况来确定。

(3)牧草种子的品质,如种子的饱满度、千粒重、发芽率及种子用价等。品质好的种子,生活力强,播种后出苗率高,苗壮,抗性强,幼苗在混播草群中具较强的竞争力,从而可以保证在混播草群中具有适宜的比例;相反,种子品质差,出苗率低,苗弱,该草品种在草群竞争中密度易下降,甚至整个群落消亡,混播时应增加混播比例。

(4)混播草地的利用年限和利用方式。

在混播牧草中,根据利用年限,确定豆科牧草及禾本科牧草配合的比例,大致如表7-1。

表7-1　豆科牧草与禾本科牧草配合比例　　单位:%

利用年限	豆科牧草比例	禾本科牧草比例	在禾本科牧草中	
			疏丛型比例	根茎型比例
短期混合牧草	65~75	25~35	100	0
中期混合牧草	25~30	70~75	75~90	10~25
长期混合牧草	8~10	90~92	25~50	50~75

(引自《草地学》第二版,中国农业大学主编,1999)

根据利用方式，确定上繁草与下繁草的配合比例，大致如表7-2。

表7-2 上繁草与下繁草的配合比例　　单位：%

利用方式	上繁草比例	下繁草比例
刈割用	90~100	0~10
放牧用	25~30	70~75
兼　用	50~70	30~50

（引自《草地学》第二版，中国农业大学主编，1999）

四、混播牧草的播种技术

（一）播种量

当混播牧草成员间的比例关系确定后，即可依下列公式计算各种牧草在混播时的播种量，其公式为：

$$K=\frac{hT}{X}$$

上式中K为各混播成员的播种量(kg/hm²)；h为100%种子用价的单播量(kg/hm²)；T为该种牧草在混播时的比例(%)；X为该种牧草种子的实际用价(%，即该草种的纯净度×发芽率)。

在上述理论播量计算基础上，混播牧草播种量的确定还应根据牧草的生物学特点、草地利用方式和年限、播种时期、灌溉条件、土壤耕作等生产实际情况，拟出播量方案，并通过田间试验最终确定切实可行的播量方案。混播草地的各混播成员在草群中竞争力不同，在播种时竞争力弱的牧草实际播种量，可根据草地利用年限的长短增加25%~50%，甚至100%。此外，因草地利用年限较长，在混播成员中，对于寿命较短的牧草（如豆科牧草）可适当增加播量，以防止豆科牧草衰退，减少杂草滋生或草地裸露。

（二）播种时期

组成混播牧草的成分，如果都是春性或冬性牧草，就应同时播种，若不同，则宜分期播种。同时还应考虑各类牧草的发育情况，发育缓慢的应先播。

（三）播种方式

同行播种：行距通常为15 cm，各种牧草都播在同一行内。

交叉播种：一种或多种牧草播于同一行内，而另一种或几种与前者呈垂直方向播种。

间条播：又分窄行间条播及宽行间条播两种，前者行距为15 cm，后者行距为30 cm。当播种3种以上的牧草时，一种牧草播于一行，而另两种播于相邻的另一行，或者分种间行播。

宽窄行相间播:15 cm窄行与30 cm宽行相间条播,在窄行中播种不喜光或竞争能力较强的牧草,而在宽行内播种喜光或竞争能力较弱的牧草。

撒播:各种牧草分别均匀撒在田间,或按同一大小种子混合后均匀撒在田间。

撒—条播:行距15 cm,一行采用条播,另一行进行较宽幅的撒播。

五、混播牧草地的管理

(一)施肥

混播草地的施肥可分为基肥和追肥。基肥是在混播草地播种前结合播床的土壤耕作技术施用的有机肥或磷肥等,它不仅在整个生育期供应牧草所需的养分,也能够有效提高土壤肥力,一般每公顷施基肥15~30 t。

追肥以速效性化肥为主,施肥的种类及数量依混播草地的类型而定。禾本科牧草和豆科牧草对营养的需要量,既有共同点,又有不同点。禾本科牧草虽然对氮、磷、钾及其他元素都同样需要,但对氮肥的需要更为迫切,对施用氮肥的反应更为敏感,对土壤中硝酸盐反应良好,尤其是根茎型(无芒雀麦、草地早熟禾)和疏丛型(鸭茅、老芒麦、苇状羊茅)等禾本科牧草,对氮肥的反应最敏感。而豆科牧草能固定空气中的氮素,所以对氮肥的反应不如禾本科牧草那样敏感,而对磷、钾等元素则非常敏感。在禾本科牧草和豆科牧草混播的草地,首先要多施磷肥,促进豆科牧草根瘤的形成,固定氮素,进而促进禾本科牧草的生长。在牧草的不同生育时期,其需肥量亦有不同,禾本科牧草吸取养料最多的时期是从分蘖期到开花期,而豆科牧草是从分枝期到孕蕾期。应根据不同肥料的特性,适时适量施用以满足混播牧草生长发育的需要。如果混播草地主要成分是禾本科牧草,可施以氮肥或全价肥料;如果豆科牧草占草群一半以上时,则以施磷肥为主。追肥最好是在放牧或刈割后结合灌溉施用。

(二)灌溉

混播草地的灌溉应根据牧草的生育期及需水量而定,其中多年生牧草春季萌发期需水少,这时土壤含水量在25%~30%即可,以后随着不断分蘖和新枝生长,水分需要量逐渐增加,禾本科牧草从拔节至开花期,豆科牧草从现蕾到开花期需水量最多,这时土壤要求的含水量达到60%~80%,而后随着牧草的成熟需水量逐渐减少。牧草在生长发育过程中水分不足会影响其正常发育,灌溉是为了补充土壤水分,以满足牧草丰产、稳产的需要。

混播草地的灌溉常采用浇灌或喷灌的方法,根据牧草的物候期确定灌溉时间,牧草刈割后要结合追肥进行灌溉,灌溉次数应比收割次数多1倍,灌水量每次一般不超过1 200 m^3/hm^2。

(三)杂草防除

杂草是造成混播草地产量损失的重要因素,尤其是在播种当年,混播的多年生牧草苗期生长缓慢,易受到杂草的危害。杂草防除的方法有人工除草、机械除草和化学除草。混播草地杂草防除应在不同时期采用不同的技术。

(1)在合理的耕作制度中,采用正确的轮作是控制杂草的有效途径。

(2)混播组合中采用一定比例的一年生牧草进行保护播种,抑制杂草滋生。

(3)在播种前喷洒灭生性除草剂后,结合土壤耕作的方法预防混播草地杂草的侵入。

(4)采用条播,进行中耕除草、疏松土壤、消灭杂草。苗期及刈割后都要根据杂草生长情况进行中耕除草。中耕深度苗期宜浅,以后可稍深。

(5)多年生人工草地应在早春进行耙地,有利于消灭杂草、改善土壤通气状况、保蓄土壤水分。

(四)病虫害的防治

混播草地对病虫害的抵抗能力较强,病虫害的发生也比较少,但还是要注意病虫害的防治问题,必须贯彻"预防为主,综合防治"的方针。牧草的病害有细菌引起的如苜蓿枯萎病,由真菌引起的如三叶草的霜霉病,还有寄生生物引起的线虫病等。草地常见的害虫有蝗虫、草地螟、黏虫、蝼蛄和蛴螬等。病虫害防治常用的方法有植物检疫、农业防治、化学防治、生物防治和物理机械防治等。

第二节　草田轮作

轮作是一项重要的、科学的种植模式,它对于合理地利用自然及土地资源,培养和提高土壤肥力,保证牧草及饲料作物全面、稳定和持续高产等均有着极其重要的意义。

一、轮作的概念及作用

(一)轮作的概念

轮作是指在作物栽培过程中,人们有意识地将计划种植的不同作物,按照它们的特性和对土壤与后茬作物的影响,排成一定的顺序,在一定的田块上依次、周而复始地轮换种植的耕作方式。它是获得农作物高产、稳产的一项重要的农业技术措施,是农牧结合的纽带。

轮作田(区)中,作物安排种植的先后次序,称为轮作方式。轮作方式中的全部作物在同一块田地上轮换种植一遍所经历的年数,称为"轮作周期"。

轮作按照土地规划,可分为时间上的轮换种植和空间上的轮换种植。所谓时间上的轮换,就是在同一块土地上,于轮作周期年份内,按轮作方式种植各种作物;所谓空间的轮换,就是将同一种作物逐年换地种植,也就是把土地规划成几个面积相等或近似的轮作小区,按轮作方式逐区、逐年轮换种植各种作物。因此,轮作中轮作区数等于轮作周期年数。按照这种轮作方法,从时间和空间上即可排列成轮作周期表。例如,表7-3是一个最简单的三年轮作周期或三区轮作方式,从安排上可以看出时间性和空间性的关系。

表7-3 三区三年轮作周期表

田区号	年份		
	第一年	第二年	第三年
第一区	大豆	谷子	高粱
第二区	谷子	高粱	大豆
第三区	高粱	大豆	谷子

(引自《饲料生产手册》,周寿荣,2004)

在一年一熟地区,轮作中的作物只有年间轮换,而在复种多熟地区,轮作中除有季节相同的作物进行年间轮换外,还有同一年内不同季节的作物进行年内轮换的“年内轮作”。如南方有“绿肥—早稻—晚稻”的一年三熟的年内轮作。

多熟地区一年中在同一田块上连续种(收)两季或两季以上的作物,称复种。包含复种的轮作称“复种轮作”,如一年两熟地区的复种轮作:苕子复种水稻→小麦复种水稻→油菜复种水稻。复种水平可用复种指数表示:

$$复种指数=\frac{全年播种面积}{耕地面积}\times 100\%$$

农作中的“倒茬”或“换茬”是一种不定期和不规则的轮作,它适合在分散的小块土地上按经验进行不规则的作物换茬种植。而在土地面积大的情况下,进行一定范围或区域的土地合理利用规划,实行正规轮作。所以,从形式上来说,轮作和倒茬是不同的,但轮作或倒茬在轮换种植作物方面的意义是基本相同的,常合称为“轮作倒茬”。

二、各类作物在轮作中的地位

各种作物由于生物学特性的不同,生产的农产品不同,对环境条件的要求也各不相同。因而,土壤肥力、杂草、病虫害对各种作物的影响各不相同。各种作物的这些不同点决定了它们的茬口特性,以及在轮作中的作用和地位。所谓作物的茬口特性是指其对前作的要求和对后作的影响。在制订轮作方案,安排各种作物的轮种顺序时,必须了解各种作物的茬口特性和它们在轮作中的地位,以便合理安排。

(一)多年生豆科牧草

多年生豆科牧草种植后,通常利用3~5年,由于生长年限长,土壤中积累残根数量大;根系入土深,深层土壤可达到一定程度的熟化,同时表层土壤养分较为丰富,根系分泌许多酸性物质,可溶解难溶的磷酸盐,活化土壤中的钾、钙,土壤中养分含量较高,共生根瘤菌数量多,固氮能力强,土壤中含氮量丰富。种植牧草后,因土壤中积累的有机质及氮素较多,耕翻后应种植需要氮素较多的作物,如谷类作物、棉花。对一些不要求大量氮素的作物,则不应安排在牧草翻耕后的第1~2年。如甜菜,若种植在多年生牧草之后,会因蛋白质含量增加而相对地降低含糖量,且不耐贮藏;制啤酒用的大麦会因蛋白质含量增加使制出的啤酒味道不好,品质低劣;工业用的马铃薯则形成的淀粉粒变小,加工时不易分离。

豆科牧草的前后茬不宜为豆科作物。因为在豆科牧草之后种植豆科作物,常因土壤中氮素过多而使根瘤不能更好地固氮,反而产量降低;种植禾谷类作物或牧草,能充分地利用地力,提高其产量,改善其品质;种植牧草之后的前三年也不应该休闲,否则土壤中贮积的大量氮素和有机质会被浪费。

(二)多年生禾本科牧草

多年生禾本科牧草生长年限长,种植多年后,土壤中积累残根数量大,有机质含量高,须根密集,切碎土壤并使其形成团粒结构的能力增强,土壤结构好。多年生禾本科牧草是大多数作物的良好前作,如玉米、高粱、甜菜和马铃薯等 。

(三)绿肥作物

绝大多数绿肥作物为一二年生豆科牧草及豆类作物,包括紫云英、毛苕子、草木犀和蚕豆等。全株翻压埋入土壤,土壤中有机质含量丰富,可为土壤提供大量氮素;根系分泌许多酸性物质,可溶解难溶的磷酸盐,活化土壤中的钙、钾,土壤中速效养分含量高;茎叶分解速度较快,可为后作提供可利用养分。每种植 1 hm^2 绿肥,在短期内就可获得 110 kg 左右的氮素,并且能积累大量的有机质,以改善土壤结构。所以,种植绿肥是实行“以田养田”、提高土壤肥力、增加后作产量的一项有效措施。绿肥生长良好时,可收获一部分用作饲料。绿肥作物茬口特性与多年生豆科牧草相似,后作应种植需氮素较多的作物,不宜安排忌高氮作物作接茬作物。

(四)一年生豆类作物

豆类作物包括大豆、豌豆、蚕豆、绿豆和花生等,豆类作物能通过共生根瘤菌固氮,且落叶数量较大,落叶中富含氮素,因此土壤中氮素含量较为丰富;直根系,入土深,可利用较深层次的土壤养分;根系分泌许多酸性物质,可溶解难溶的磷酸盐,活化土壤中的钙、钾,土壤中速效养分含量较高;落叶分解快,可为后作提供可利用养分。豆类作物是许多禾谷类作物和经济作物的良好前作,如水稻、玉米等。豆类作物的根系能分泌对本身不利的有机酸,故不宜连作。连作还会发生病虫害,故常有“重麦不重豆”之说,其中豌豆最不耐连作,蚕豆次之,大豆能耐连作。忌高氮作物不宜作接茬作物。有寄生杂草菟丝子为害的地块不能接茬种植豆科、茄科、菊科、蓼科、苋科、藜科、大戟科作物和草种,如马铃薯、甜菜、向日葵、串叶松香草、苋菜等。

(五)禾谷类作物

禾谷类作物包括小麦、大麦、燕麦、水稻、玉米、高粱、苏丹草、糜谷和荞麦等,它们是主要的粮食作物和饲料作物。这类作物共同的特点是根系入土较浅,数量多,在生长期中需要较多的氮肥和磷肥,对病虫害的抵抗能力较强,较耐连作。要求前作没有杂草,有充足的水、肥,播种前整地要精细。一般把这类作物安排在中耕作物、豆类作物、多年生牧草、绿肥和休闲地之后。

麦类作物较耐连作,但也不能太久,以不超过3年为好。麦类作物由于收获较早,收成后有充分的时间进行耕作,便于晒土蓄水,是很多作物的良好前作,同时一年一熟地区小麦收获后,还可种植短期绿肥,以增进土壤肥力。

玉米、高粱是典型的中耕作物,行距宽,株距大,在生长过程中,要进行多次中耕、培土、松土等耕作和管理,所以种后杂草少,在施肥多、管理精细的情况下,它们是较好的前作。玉米一般对前作要求不严,很多作物都可以作为它的前作,实践表明最好的前作是豆类作物、多年生牧草,其次是麦类、块根块茎作物等。玉米虽能耐一定的连作,但由于需氮肥较多,且在一些地区黑粉病和玉米螟危害严重,在这些地区和在土地太瘠薄的地段,尽量不要连作。高粱根系入土深,可吸收下层的水分和养料,能抗旱、耐涝、耐碱、耐瘠薄,适应性比玉米强,豆类作物是它的良好前作,其次是小麦、玉米等。

谷子较耐旱,但不耐杂草危害,因此一般安排在玉米、高粱、小麦之后。谷子最忌连作,连作时病虫、杂草危害严重,往往引起大幅度减产。

糜子较谷子更耐旱,能吸收利用其他作物不能吸收利用的水分,对前作要求不严,一般安排在麦类、谷子之后。糜子种植之后杂草多,地力差,一般安排休闲或种植养地作物,以恢复地力。

苏丹草是一年生饲用禾本科作物,有发达的根系,吸收水肥能力很强,特别是可以大量消耗土壤中的氮素。因此,在大田轮作中多安排在春作物之后,它的后作多安排南瓜和马铃薯或休闲。在饲草轮作中,通常安排在牧草耕翻后的第2年,或在一年生豆科和禾本科混播牧草之后,在苏丹草之后安排青贮或块根块茎类作物。

水稻耐长期连作,在生长过程中土壤淹水时间长达几个月,形成了水稻茬地块土壤水分含量高,地温较低,土壤孔隙度低,土壤缺氧,好氧性微生物受到抑制,有机物分解缓慢,土壤有机质积累多,氮、磷、钾的吸收多,地力消耗剧烈等一系列特殊性状。适宜接茬的草种和作物有一二年生牧草、绿肥作物、豆类作物、麦类和油菜类等。

(六)块根、块茎作物

块根、块茎作物包括芜根、胡萝卜、甜菜、马铃薯、甘薯等。它们在栽培过程中需要进行培土和多次中耕,收获时要深挖,种过这类作物之后,土壤疏松、清洁、多肥。块根、块茎类作物一般需要较多的钾肥,而氮肥需要量较少,若氮肥过多反而影响其品质。块根、块茎作物病虫害较多,侵染作物病原种类很多,但大多数不危害禾谷类作物。块根、块茎类作物不宜连作,是禾谷类作物、禾本科牧草的良好前作。

(七)经济作物

经济作物包括油料作物和棉麻类作物等工业原料作物,它们的共同特点是要求较多的水、肥,栽培要求较高,管理须精细,生长期需要多次进行中耕、除草。这类作物,对前作要求不严,其本身是很多作物的良好前作。这类作物除棉花较耐连作外,其他均不宜连作。

油料作物包括油菜、花生、蓖麻、向日葵等，大多为直根系作物，根系入土较深，可利用较深层次的养分和水分；油菜、芝麻易在收获前脱落叶片；油菜根系分泌多种有机酸，能利用土壤中难溶性磷，因此含磷较高，被誉为"养地作物"。油料作物与禾谷类作物、禾本科牧草轮作有利于土壤养分的均衡利用和病虫害防治。

棉麻类作物包括棉花、大麻、亚麻、黄麻和苧麻等，均为直根系作物，大多根系较为发达（亚麻的根系较弱），吸收深层土壤水分和养分的能力较强。棉麻类作物病虫害比较频繁，许多病虫害会侵染非棉麻类作物，但大多数不危害禾谷类作物。棉麻类作物宜与禾谷类作物、禾本科牧草轮作。

三、轮作类型

（一）草田轮作

草田轮作是指在田地上于一定的年限内，将牧草和大田作物按规定顺序轮换种植的轮作方式。草田轮作是以养地和饲草生产相结合，这种轮作类型在欧美国家较多，我国较少，主要分布在地广人稀和土地瘠薄的西北、华北、东北部分地区以及南方山地农田。

草田轮作的突出作用是能显著增加土壤有机质和氮素营养。据资料介绍，生长第4年的苜蓿，每亩土地（耕作层深度0~30 cm）可残留根茬有机物840 kg，草木犀可残留500 kg，而豌豆、黑豆仅残留45 kg左右。苜蓿根部含氮量为2.03%，大豆为1.31%，而禾谷类作物不足1%。相关研究表明，冬种黑麦草使土壤容重下降9.4%，土壤有机质质量分数提高了66%，土壤的全氮、全磷和有效氮、有效磷的质量分数分别提高了26%、32%、67%和33%。可见，多年生牧草具有较强的丰富土壤氮素的能力。多年生牧草在其强大根系的作用下，还能显著改善土壤物理性质。据固原县农业科学研究所测定，草木犀种植两年压青后，土壤水稳性团粒含量增加42%，容重降低0.28 g/m²，空隙度增加34%。在水土流失地区，多年生牧草可有效地保持水土，在盐碱地区可降低土壤盐分含量。

草田轮作可以提高土地利用率，增加粮食和饲草产量，是实现农业结构转变和农牧业生产可持续发展的重要措施，是我国现阶段满足饲粮需求和用地与养地相结合的最佳耕作方式之一。该种轮作应在气候比较干旱、地多人少、耕作粗放、土地瘠薄的农区或半农半牧区应用。我国主要的草田轮作模式如下（"—"表示年内；"→"表示年间；"//"表示间作；"/"表示套作；"+"表示混作）。

1. 南方水稻种植区冬季草田轮作

（1）"水稻—绿肥"系统：①早稻—晚稻→绿肥；②水稻→绿肥。

（2）"水稻—多花黑麦草"系统：①早稻—晚稻→多花黑麦草；②水稻→多花黑麦草。

2. 南方旱作区冬季草田轮作

（1）四川盆地低山丘陵区：①玉米→多花黑麦草20%+紫云英80%；②玉米→多花黑麦草25%+毛苕子75%；③玉米→多花黑麦草30%+金花菜70%。

（2）四川宜宾：①玉米→光叶紫花苕（毛苕子）；②玉米→豆草2/3+禾草1/3。

(3)四川昭觉:①玉米/光叶紫花苕;②燕麦/光叶紫花苕;③马铃薯—光叶紫花苕+豌豆。

(4)湖南桂东:玉米→多花黑麦草50%+红三叶50%。

(5)贵州:小麦/箭筈豌豆(光叶紫花苕)。

(6)云南洱源:玉米(烤烟)/箭筈豌豆。

(7)云南楚雄:烤烟/苕子→小麦(油菜)。

3. 北方地区草田轮作

(1)青海东部农区:①春小麦(2~3年)→毛苕子(或箭筈豌豆、豌豆、毛苕子1/2+燕麦1/2);②春小麦/毛苕子;③马铃薯//毛苕子(豌豆)。

(2)甘肃临夏:①春小麦/玉米/箭筈豌豆;②箭筈豌豆(毛苕子、燕麦、青稞)/马铃薯。

(3)甘肃河西:①小麦/箭筈豌豆(毛苕子、草木犀+箭筈豌豆+谷子、草木犀+毛苕子+谷子);②小麦/玉米/箭筈豌豆(毛苕子)。

(4)宁夏:①春小麦/紫云英(毛苕子);②豌豆→春小麦→春小麦→糜子;③小麦/玉米/苏丹草(湖南稷子);④紫云英(毛苕子、草木犀、多花黑麦草)/水稻。

(5)内蒙河套地区:大麦/草木犀。

4. 农牧交错带草田轮作

(1)内蒙古科尔沁左翼后旗:糜子+紫花苜蓿→紫花苜蓿(3年)→玉米→玉米→玉米。

(2)内蒙古磴口:草木犀→玉米→籽瓜。

(3)山西晋中、晋北地区:①绿肥、牧草→马铃薯→大秋作物;②春小麦→绿肥作物→大秋作物;③绿肥、牧草→大秋作物;④油料作物→绿肥作物→大秋作物→绿肥作物→大秋作物。

绿肥作物以“雁右一号”野豌豆、草木犀和麻为主;大秋作物以谷子、玉米为主。

(4)宁南山区:①紫花苜蓿(5~6年)→粮食作物(3~4年);②草木犀(2年)→粮食作物(3年);③红豆草(3~5年)→粮食作物(3年)。

(5)甘肃净宁:紫花苜蓿或红豆草(3~5年)→大秋作物→粮食作物(1~2年)。

(6)甘肃平凉:①紫花苜蓿(8~10年)→小麦(2~3年);②红豆草(3~5年)→小麦(2~3年)。

(7)西藏中部和雅鲁藏布江中下游农区:①冬小麦(2~3年)→箭筈豌豆、豌豆(1年);②冬青稞(早熟冬小麦)—箭筈豌豆(油菜)。

(8)西藏日喀则地区:春青稞→麦豌混作→小麦→油豌混作。

5. 绿洲农区草田轮作

(1)新疆天山北麓:冬小麦→紫花苜蓿(3年)→棉花(2年)→玉米→甜菜→青贮玉米→冬小麦。

(2)新疆天山南麓:紫花苜蓿(3年)→冬小麦(2年)+ 绿肥→王米(2年)→ 水稻+绿肥→春小麦+ 紫花苜蓿。

6. 北方纯农区草田轮作

(1)东北平原区:①向日葵(1年)→草木犀(1~2年)→玉米(1~2年);②草木犀(2年)→玉米(1~2年)→烟草(1年)→大豆(1年)→玉米(2年)。

(2)山西晋南地区:①冬小麦→绿肥牧草;②冬小麦→绿肥牧草→棉花(或玉米);③冬小麦→玉米(或谷子、糜子、大豆)→冬小麦→绿肥牧草;④棉花→冬小麦→绿肥牧草→冬小麦→绿肥牧草。

(二)饲草轮作

饲草轮作是以生产饲草为目的的轮作,又称饲料轮作、饲料草田轮作、草料轮作等。其形式主要有近场饲草轮作和远场饲草轮作两种,可根据家畜种类、饲养方式、生产条件和饲养管理水平等情况采用适宜的轮作形式。

1.近场饲草轮作

近场饲草轮作是指在养殖场附近安排以种植牧草为主的轮作方式。该轮作适合舍饲和半舍饲饲养条件下的牧草生产,由于饲草地与饲养场临近,刈割的牧草便于收贮、加工,轮作时可安排那些不便于运输的、体积大和笨重的多汁饲料;也可安排种植适宜放牧的人工草地,以便放牧幼畜、孕畜、种畜、老弱家畜等。

(1)舍饲饲养方式下的近场轮作

应选择种植生长快、产量高、品质好的饲草、饲料作物。如适于青刈或青贮的一、二年生的短期生长牧草,以及多汁饲料、块根、块茎类饲料。牧草主要有春箭筈豌豆、埃及三叶草、黑麦草、青刈燕麦、苏丹草、青刈玉米、青贮玉米等;多汁饲料主要有甜菜、胡萝卜、饲用瓜类、马铃薯、甘薯等。

近场饲草轮作示例:

①燕麦或大麦→绿肥→青贮玉米(其中部分青刈)或甜菜→一年生牧草→饲用瓜类→胡萝卜、马铃薯。(适于乳牛饲养)

②谷子+苜蓿→苜蓿(干草用)→苜蓿(放牧或青刈用)→饲用瓜类→甜菜→青贮玉米→绿肥→马铃薯→大麦→绿肥→青贮玉米。(适于乳牛饲养)

③燕麦混(间)播春箭筈豌豆→冬大麦或黑麦→芜菁或春箭筈豌豆或青刈玉米→春箭筈豌豆→胡萝卜。(适于种畜或幼畜饲养)

(2)半舍饲近场饲草轮作

半舍饲近场饲草轮作应选择放牧和刈草兼用的人工草地,其轮作年限相对较长。

半舍饲近场饲草轮作示例:

燕麦或大麦+多年生混播牧草→多年生混播牧草(2年,刈草利用)→多年生混播牧草(2年,放牧利用)→青贮玉米→甜菜→胡萝卜、马铃薯。(适合于乳牛或种畜饲养)

2.远场饲草轮作

远场饲草轮作,又称放牧地饲草轮作,一般都安排在距离畜牧场较远的地方。远场饲草轮作主要是为成年放牧家畜设置的放牧地和割草地,可种植多年生牧草、一年生牧草和谷类作物等。

远场饲草轮作示例:

燕麦或大麦或谷子+多年生混播牧草(2年,刈制干草)→多年生混播牧草(4年,放牧利用)→麦类作物(2年)。

(三)水旱轮作

水旱轮作是指在同一田地上有顺序地轮换种植水稻和旱作物的种植方式。这种轮作对改善稻田的土壤理化性状,提高地力和肥效有特殊的意义。据湖北省农业科学院试验报告,以"绿肥—双季稻"多年连作为对照,冬季轮种麦、油菜、豆类的双季稻田后土壤容重变小,土壤非毛管孔隙明显增加,改善了土壤通气条件,提高了氧化还原电位,防止了稻田土壤次生潜育化过程,消除了土壤中的有毒物质(锰、铁、硫化氢及盐分等),促进了有益微生物的活动,从而提高了地力和施肥效果。

水旱轮作比一般轮作防治病虫草害效果尤为突出。据日本九州农试站的试验,油菜菌核病、烟草立枯病、小麦条斑病等病的病菌,通过淹水23个月均能完全消灭。水田干旱地种棉花,可以扼制枯萎病发生。改棉地种水稻,纹枯病大大减轻。

水旱轮作更容易防除杂草。据观察,老稻田改旱地后,一些生长在水田里的杂草,如眼子菜、鸭舌草、瓜皮草、野荸荠、萍类、藻类等,因得不到充足的水分而死去;相反,旱田改种水田后,香附子、马唐、田旋花等旱地杂草,会因不耐水淹而死亡。

在稻田,特别是在连作稻区,应积极提倡水稻和旱作物的轮换种植,这是实现全面、持续、稳定增产的经济有效措施。

水旱轮作示例:

冬季作物轮换—夏秋季连年种水稻(单季或双季)

绿肥—双季稻→大、小麦—双季稻→油菜—双季稻

冬季作物轮换—夏秋季水稻与旱水晚旱(或旱旱晚水)作物轮换

大、小麦(或冬闲)/早大豆—晚稻→油菜—双季稻

冬季作物轮换—夏秋季水稻与全年旱作物轮换

绿肥(或麦类、油菜)—双季稻→大、小麦(蚕豆)/棉花

冬季作物不轮换—夏秋季水稻与旱作物轮换

小麦—水稻→小麦/棉花

(四)大田轮作

以生产粮食棉花、油料及其他工业原料为主要任务的轮作,称之为大田轮作。在大田轮作中,同时也要根据农业生产实际情况和养殖业需要种植一些饲草饲料作物、绿肥作物,一方面生产饲草,满足养殖家畜的饲草需要,另一方面借以改良土壤,增进土壤肥力,为作物丰产创造有利条件。所以轮作中种植牧草,也可以把它看成保证农作物高产的一种耕作技术,同时也将动物和植物两个方面的生产紧密地结合了起来。

由于大田轮作的主要任务是生产粮食和工业原料,因此,这两类作物的种植比例要大,年限要长。种植牧草的目的应该是在恢复土壤肥力的前提下,为畜牧业生产一定数量的草料。牧草种植的年限,一般为2~4年。

大田轮作示例：

（1）冬小麦间播苜蓿→苜蓿（2年）→玉米→小麦（2年）→玉米→油菜+夏季绿肥→小麦；（新疆玛纳斯地区）

（2）多年生牧草（2年）→春小麦→糖用甜菜及向日葵→春小麦→秋耕休闲→冬黑麦→春谷类→秋耕休闲→冬麦加多年生牧草。（东北地区）

四、轮作计划的编制

（一）编制轮作计划的基本原则

轮作制度是合理、充分利用和保护土地资源，改善土壤肥力，保证作物持续增产、稳产的一项有效农业技术措施，同时也是建立结构稳定的农业生态系统，实现农牧业可持续生产的重要保障。轮作制是农业耕作制度的核心内容之一，它与作物布局、土壤耕作制度、施肥制度和灌溉制度等有着紧密的联系。轮作计划编制是否合理，决定了整个农业生产结构的合理性及作物生产过程的科学性，并直接影响着农业生产效率的高低。因此，在编制轮作计划时，通常遵循以下原则。

1. 保证农牧业生产效益

市场需求和资源条件是编制轮作计划的基础。应切实地根据当地的自然条件，有计划地安排各种作物的种植比例，确定它们的产量指标，并根据市场对农牧生产的需求，合理安排，统筹兼顾，保证农牧生产的经济效益。

2. 确定适宜的主栽作物和附栽作物种类

主栽作物和附栽作物种类要根据作物、品种特性和生态适应性加以选择。根据当地的气候、土壤等生态条件，因地制宜，才可充分发挥土地和作物的生产潜力。不同作物和品种，其生育期长短、成熟迟早，对水、肥的要求是不同的，应正确选择主栽作物和附栽作物种类及品种，按不同的种植比例，进行巧妙搭配，这样可以调节忙闲，错开季节，最大限度提高劳动生产率。

3. 兼顾前后作的茬口适宜性

安排前、后作物时要充分考虑作物的茬口特性，如根系深浅不同的作物互相轮作，可充分吸收不同土壤层的养分；互不传染病虫害的作物互相轮作，可减少作物病害的发生；前作对杂草的抑制作用可为后作创造有利生长条件；部分作物的根际分泌物可以抑制一些土壤病原物的生长，从而降低另一部分作物的受害程度（化感作用）。因此，合理倒茬是创造作物高产、高品质的保证。

4. 因地制宜，改善土壤结构，保证土地资源的可持续利用

在作物安排上，要根据不同土壤，安排最适宜的作物。同时要考虑前茬必须给后茬作物创造良好的肥力条件和耕作条件。合理施用有机肥、种植牧草和绿肥，并在轮作周期中适当安排粮豆间作或播种豆类，能改善土壤结构，提高土壤肥力，有效地保护土壤资源。

5.要充分符合现有生产条件

轮作安排必须与水、肥、劳、机械化程度相适应。在作物生产中,应尽量克服用水、用肥矛盾,避免劳力和机械作业的忙闲不均现象,充分发挥生产条件的作用,不违农时,提高劳动生产率。

6.提高复种指数,增加饲草产量

在以粮食作物、经济作物为主的轮作中,应适当地运用间、混、套作方式,扩大牧草栽植面积,充分利用冬闲田发展饲草生产、提高复种指数是保粮、扩草、增收,全面合理安排轮作的较好途径。

(二)编制轮作计划的基本方法和步骤

编制轮作计划要从当地生产实际出发,遵照现行的耕作制度,结合先进可行的农业生产技术和管理技术进行统筹安排,才能编制出切实可行的轮作计划。轮作计划不仅要体现出科学性、有效性和计划性,还要体现出一定的生态学理念,并具有先进性和生产的可持续性。

1.深入调查,收集资料

在编制轮作计划之前,可走访相关部门查阅有关资料,通过社会调查和现场勘察等方式,广泛收集当地的自然条件、生产情况、种植历史等信息,为轮作计划编制建立可靠的基础信息数据库,具体内容如下。

(1)自然条件:包括气象资料、地形地势、土壤类型和水文资料等。

(2)生产条件:包括各类农业用地的面积和位置、水利灌溉条件、劳动力资源、机械化水平等。

(3)生产情况:重点调查农牧业生产情况。农业生产方面包括耕作制度,作物布局和作物产量,施肥制度,轮作倒茬经验,复种、间作、混作、套作经验等。牧业生产方面包括各类畜禽品种及存栏头数、出栏头数,每公顷耕地的养畜(禽)头(只)数,饲料来源、饲养方式及饲料消耗量,主要疫病及防治情况等。此外,林果业生产和生态建设情况也应做必要的调查。

2.合理安排作物布局

作物布局是指一个生产单位,在一定时期内全面安排各种作物种类及其面积的比例,解决种什么,种多少,种在哪里等种植计划问题。作物布局合理与否,不但直接关系到编制轮作计划的正确性,同时也影响着农业生产中的各种关系,如农牧关系、土地用养关系、当年增产与持续增产关系等。合理安排作物布局,选择适宜的主栽和附栽作物种类,才能正确确定轮作组合及轮作方式。作物布局要做到“因时”“因地”“因作物”制宜,使全年各季作物平衡增产,促进农牧业全面发展。

3.确定轮作类型、主栽和附栽作物种类及轮作区

在编制轮作计划时,首先要按生产任务和作物布局确定轮作类型。轮作类型确定后,要进一步确定主栽和附栽作物种类,如饲料轮作中苜蓿+无芒雀麦是主栽作物,而轮作中的燕麦、谷子等一年生饲草则为附栽作物。主栽作物的种植比例不能过大,否则重茬过多。

轮作区的确定首先根据当地的地形、土壤、水利、肥料等条件的不同,将某些适应性相似

的作物组合起来，配置在条件相似的土地上，在这不同的土地种类上，形成若干个不同的轮作分区。轮作区数与轮作年限一般是相等的，为了便于管理，轮作数目要尽量少些，每个小区也不可过大，主栽作物可多占几个小区。

4.确定作物轮换次序，列出轮作周期表

在安排作物轮换次序时，要考虑茬口适宜性的原则，使每一作物都有良好的前作，将主栽作物安排在最主要的位置上，同时还要注意到各种作物与轮作有关的生物学特性，使每一轮后作物能利用到前作物所遗留的有利因素，避免其不利影响。例如，在中耕作物之后，可种植种子细小、苗期生长缓慢的苜蓿或其他多年生牧草，具有相同病虫害的作物，不能互为前后作物。

各种作物轮换次序确定之后，就可列出轮作周期表。轮作周期表是指一个轮作体系在一个完整的轮作周期中，各个轮作分区、各年(或茬)种植的作物或草种，按照一定的格式制作成的作物分布表。同一轮作的各个小区，虽然以同样的循环次序来轮换种植各种作物，但是它们是以不同的作物作为循环开始的作物的。因此，在一年中，各个小区所种植的作物，包括了这一轮作所要求播种的全部作物。现以八区饲草轮作为例，如表7-4。

表7-4　八区饲草轮作周期

年次	区号							
	一	二	三	四	五	六	七	八
第一年	A	B	B	B	C	D	E	F
第二年	B	B	B	C	D	E	F	A
第三年	B	B	C	D	E	F	A	B
第四年	B	C	D	E	F	A	B	B
第五年	C	D	E	F	A	B	B	B
第六年	D	E	F	A	B	B	B	C
第七年	E	F	A	B	B	B	C	D
第八年	F	A	B	B	B	C	D	E

注：表中A代表“春作物+多年生牧草”；B代表“多年生牧草”；C代表“谷类作物”；D代表“苏丹草”；E代表“青贮玉米+块茎作物”；F代表“一年生牧草”。

5.编写轮作计划设计书

在上述各项工作完成以后，还要编写轮作计划设计书，它是轮作实施的指导性文件，其内容主要包括：生产单位的基本情况、经营方向，轮作组合中作物和草的种类，各种作物和牧草的种植面积和预计产量，轮作分区数目和面积，作物组成，轮换次序，轮作周期表和轮作区分布图，劳动力、农机、水、电、肥、农药和种子的使用计划及经济效益估算等。

在编制轮作计划的同时，还应制订出与轮作计划相适应的土壤耕作、施肥、良种繁育等多项制度，以保证轮作计划的顺利执行和完成。

思考题

1. 牧草混播有什么优越性?

2. 怎样选择混播牧草成员?

3. 应如何确定混播草地中各混播成员的混播比例?

4. 什么是轮作? 农业生产中为什么要进行轮作?

5. 轮作有哪些类型? 饲料轮作有什么特点?

6. 什么是草田轮作? 试举1~2例我国常见的草田轮作模式。

7. 编制轮作计划应遵循哪些原则?

8. 轮作计划包括哪些基本内容?

参考文献

1. 董宽虎,沈益新. 饲草生产学[M]. 北京:中国农业出版社,2003.

2. 南京农学院. 饲料生产学[M]. 北京:农业出版社,1980.

3. 内蒙古农牧学院. 牧草及饲料作物栽培学(第二版)[M]. 北京:农业出版社,1990.

4. 中国农业大学. 草地学(第二版)[M]. 北京:中国农业出版社,1995.

5. 陈宝书. 牧草饲料作物栽培学[M]. 北京:中国农业出版社,2001.

6. 周寿荣. 饲料生产手册[M]. 成都:四川科学技术出版社,2004.

7. 周禾,董宽虎,孙洪仁. 农区种草与草田轮作技术[M]. 北京:化学工业出版社,2004.

8. 刘洋,鲍健寅,尹少华. 中亚热带中山草地放牧及刈割牧草混播组合的研究[J]. 草业科学,1997,14(2):23-30.

9. 赵海新,朱占林,张永亮,等. 混播草地之研究进展[J]. 中国农学通报,2005,21(11):38-41,49.

10. 周寿荣,毛凯. 亚热带低山丘陵区混播冬性牧草—水稻短期草田轮作系统的研究[J]. 生态农业研究,1996,4(4):17-20.

11. 杨中艺,辛国荣,岳朝阳,等. “黑麦草—水稻”草田轮作系统应用效益初探(案例研究)[J]. 草业科学,1997,14(6):35-39.

12. 沈禹颖,南志标,高崇岳,等. 黄土高原苜蓿—冬小麦轮作系统土壤水分时空动态及产量响应[J]. 生态学报,2004,24(3):640-647.

13. 庞良玉,张鸿,罗春燕,等. 四川紫色丘陵农区坡耕地饲草种植模式及效益[J]. 草业学报,2010,19(3):110-116.

14. 邢福,周景英,金永君,等. 我国草田轮作的历史、理论与实践概览[J]. 草业学报,2011,20(3):245-255.

15. 田福平，师尚礼，洪绂曾，等. 我国草田轮作的研究历史及现状[J]. 草业科学，2012，29(2):320-326.

16. 刘沛松，贾志宽，李军，等. 宁南山区紫花苜蓿(*Medicago sativa*)土壤干层水分动态及草粮轮作恢复效应[J]. 生态学报，2008，28(1): 183-191.

17. 祝廷成，李志坚，张为政，等. 东北平原引草入田、粮草轮作的初步研究[J]. 草业学报，2003，12(3): 34-43.

18. 张炳武，张新跃，我国南方高效牧草种植系统[J]. 草业科学，2013，30(2): 259-265.

19. 张久明，宿庆瑞，迟凤琴，等. 黑龙江省绿肥作物生产利用现状及展望[J].黑龙江农业科学，2009(6): 152-154.

20. 郑普山，张强，刘根科，等. 山西省绿肥作物种植历史、现状及对策[J].山西农业科学，2010，38(12): 3-8.

第八章　饲草生产计划及青饲轮供

第一节　饲草生产计划的制订

饲草生产计划的制订是畜牧生产中一个重要的工作环节，它起着饲草生产组织、畜草平衡调控和发展畜牧业生产的重要作用。在畜牧业生产过程中，先有饲草料生产，后有动物生产，饲草料生产是动物生产的保障。因此，只有在做好饲草生产计划的前提下，才能有效地组织饲草生产，保证饲草的平衡供给，最大程度地发挥饲草在畜牧生产中的经济效益，使整个畜牧业生产得到保障。

制订饲草生产计划要从实际出发，体现经验性、科学性和效益性，做到切实可行。首先，应根据畜牧业生产任务和市场经济的需求，制订出畜群周转计划和相应的饲草需要量；其次，根据当地饲草资源的来源情况、土地资源、自然条件和饲草生产条件综合分析，有效地制订出按月、季满足饲养需要的全年饲草生产计划。

一、饲草需要计划的制订

（一）编制畜群周转计划

饲养场对饲草的需要量取决于所养家畜种类、类型、现有数量和各期变动情况。因此，在进行编制饲草需要计划前，首先应按年编制畜群周转计划（表8-1），再根据畜群周转计划计算出每个月各类型家畜所需要的饲养量。编制畜群周转计划一般在年底制订次年计划，期限通常为一年。

表8-1　畜群周转计划

单位:头

组别	年末存栏数	增加			减少				下年年终存栏数
		出生	购入	转入	转出	出售	淘汰	死亡	
生长羔羊	250	750	–	–	14	700	12	25	249
空怀母羊	200	–	–	43	45	5	–	–	193
妊娠期母羊	300	–	–	45	30	–	6	8	301
后备公羊	24	–	–	10	–	10	–	–	24
种公羊	36	–	1	1	–	1	1	–	36

(以四川乐至某黑山羊种羊场为例)

(二)确定饲草需要量

家畜饲草需要量的确定要根据家畜日粮配方来计算,而家畜日粮配方则是按家畜的饲养标准,并结合饲养方式、饲草来源、生产季节、劳动力、饲料调制等饲养条件和实际饲养经验来确定的。由于家畜类型不同,年龄不同,性别不同,饲养标准也不同,因而,制订的日粮配方也是不同的,饲草在日粮中的配比也不同(表8-2)。

表8-2　不同类型山羊饲草平均日采食量及营养需要参考表

原料名称或营养需要量	生长育肥羔羊(体重BW 20 kg)	妊娠母羊(体重BW 50 kg)	空怀母羊(体重BW 50 kg)	后备公羊(体重BW 40 kg)	种公羊(体重BW 50 kg)
干物质摄入量DMI(kg/d)	0.80	1.50	1.50	1.35	2.10
干物质摄入量占体重比例/%	4.00	3.00	3.00	3.38	4.20
精料摄入量DMI(kg/d)	0.40	0.40	0.40	0.35	0.80
粗料摄入量DMI(kg/d)	0.40	1.10	1.10	1.00	1.30
精料摄入量占比/%	50.00	27.00	27.00	26.00	38.00
各组分每日饲喂量(饲喂状态)					
精料(风干)(kg/d)	0.46	0.46	0.46	0.40	0.92
青贮料/青草(鲜样)(kg/d)	0.80	2.20	2.20	2.00	2.60
干草粉/秸秆(风干) (kg/d)	0.18	0.49	0.49	0.44	0.58
营养指标					
消化能(Mcal/d)	2.12	3.64	3.64	3.27	5.35
粗蛋白(g/d)	92.00	162.00	162.00	149.00	238.00
粗脂肪(g/d)	26.00	38.00	38.00	35.00	61.00
粗纤维(g/d)	228.00	607.00	607.00	552.00	727.00
中性洗涤纤维NDF(g/d)	249.00	616.00	616.00	559.00	759.00
酸性洗涤纤维ADF(g/d)	136.00	340.00	340.00	309.00	417.00
粗灰分Ash(g/d)	61.00	150.00	150.00	137.00	186.00
钙(g/d)	6.90	11.00	11.00	9.90	15.60
总磷(g/d)	4.20	5.70	5.70	5.10	8.60

1 cal=4.186 J

表8-2中，各日粮组分的每日饲喂量是根据营养需要和饲料营养成分表确定的。根据家畜种类、生产类型和每天所需营养物质（饲养标准），再利用饲料营养成分表，分别计算出各类家畜所需要的饲料组分以及对各饲料组分的需要量。家畜日粮配比确定后，家畜所需饲草的数量可按下式计算：

饲草需要量=平均日定量×饲养天数×日均头数

按上述公式，就可以计算出各类家畜每天、每个月或全年对不同饲草的需要量（表8-3）。

表8-3　饲草需要量估算

组别	头数/头	日需要量/kg			月需要量/t			年需要量/t		
		精料	青贮料/鲜草	干草/秸秆	精料	青贮料/鲜草	干草/秸秆	精料	青贮料/鲜草	干草/秸秆
生长羔羊	250	115.00	200.00	45.00	3.45	6.00	1.35	41.40	72.00	16.20
空怀母羊	200	92.00	440.00	98.00	2.76	13.20	2.94	33.12	158.40	35.28
妊娠期母羊	300	138.00	660.00	147.00	4.14	19.80	4.41	49.68	237.60	52.92
后备公羊	24	9.60	48.00	10.56	0.29	1.44	0.32	3.46	17.28	3.80
种公羊	36	33.12	93.60	20.88	0.99	2.81	0.63	11.92	33.70	7.52
合计	810	387.72	1441.60	321.44	11.63	43.25	9.65	139.58	518.98	115.72

（以四川乐至某黑山羊种羊场为例）

二、饲草供应计划的制订

饲草供应计划是根据饲草需要情况和当地饲草来源特点两方面制订的。各地自然条件、土地资源、农业结构、耕作制度、交通状况和生产条件等各不相同，饲草来源也不相同，要根据饲草需要组织饲草栽培生产，同时采用放牧、刈割野草、秸秆利用等措施，广泛开辟饲草来源，提高饲草贮备量，以满足家畜生产的需求，具体措施如下。

（1）因地制宜，农牧结合。建立多元化的生态农业生产体系，以便形成多种饲草生产模式，提高农业生产效益，降低饲草生产成本。

（2）建立合理的大田复种轮作制，扩大饲草播种面积，通过用地和养地结合，增加饲草产量。

（3）建立专用饲草地。采用饲料轮作的模式种植高产优质饲草，形成稳定的饲草供给。

（4）利用附近农隙地、草山、草坡天然草地放牧、割草，充分发挥草地牧草的资源优势。

（5）利用水域面积生产水生饲草。

（6）充分利用稃壳、豆秆、谷物秸秆、甘薯藤等农副产物，储备粗饲料或青贮饲料。

（7）采购质优价廉的工业副产品（如糖糟、酒糟和薯渣等），替代饲草，以解决饲草短缺问题。

（8）通过市场饲草流通渠道，解决优质饲草（如苜蓿粉）在日粮中的补充问题或饲草少量短缺问题。

通过以上途径,广开饲草、饲料来源,最大限度地发挥饲草生产和组织潜力,为制订饲草料供应计划(表8-4)创造良好条件。

表8-4 全年饲草供应计划

种类来源	鲜草				青贮料			粗料(豆秆)	精料(采购玉米粉等)
	大田复种轮作	专用饲草地生产	草地放牧或割草	优质干草外购	专用饲草地生产	大田轮作玉米青秸秆	大田轮作甘薯藤		
面积/hm^2	4.00	1.00	0.60	—	0.67	2.30	2.80	4.00	—
数量/t	72.57	149.69	17.46	—	67.37	115.89	86.24	120.00	145.00
合计/t	239.72				269.50			120.00	145.00

(以四川乐至某黑山羊种羊场为例)

三、饲草种植计划的制订

在草食家畜饲养中,种植饲草是解决饲草料问题的主要途径。饲草种植计划的制订需要根据当地的气候特点、土壤类型及地形地势、当家作物(含饲草)种类、耕作制度及农业生产条件、饲养家畜种类及饲养方式等因素来综合制订。饲草种植计划的内容主要包括饲草的种植面积、种植方式、饲草种类、播种时间、收获时间及产量等。

在制订饲草种植计划时,主要考虑以下几个方面。

1. 选择适宜的当家饲草品种

各地的当家草种都是根据当地的气候条件、生产条件和饲草的生物学特性等,经过反复的生产试验和实践来确定的。当家草种的运用应结合当地的耕作制度、土地条件、生产条件、种植目的、加工调制方法、饲养家畜的种类和饲养方式加以选择。

2. 确定合理的饲草种植面积

要确定合理的饲草种植面积,首先要确定各种饲草的单位面积产量,该产量必须根据以往的历史产量估算才能与生产实际相吻合;单位面积产量确定后,还要根据饲养中某种饲草的总需要量来计算该饲草的种植面积。因此,各种饲草种植面积可根据下式计算:

某种饲草的种植面积=某种饲草总需要量÷单位面积产量

3. 饲草合理布局

作物布局中合理安排各种饲草播种的时间、空间,才能使饲草在各种轮作中发挥最大的生产潜力。因此,要用科学的方法,总结以往的轮作经验和试验结果,制订出适于饲草生产的作物布局。

4. 通过草田轮作种植饲草

不同地区和不同地块有不同的复种轮作方式,根据饲草的农艺性状、茬口特性、适宜的

播种期和收获利用特点，选择适宜的当家草种参与复种、套种，因地制宜配置饲草，建立不同草田轮作的饲草生产方式。

5.建立专用的饲草生产地，进行饲料轮作

在一定规模的草食家畜养殖场，一般都需要建立专用的饲草生产基地，采用饲料轮作的方式种植饲草，这样才能稳定、充足地满足饲养对饲草需求，做到一年四季饲草平衡供给。

按照上述要求编制种植计划时，无论是草田轮作或是饲料轮作，一般均按地块制订饲草种植计划（表8–5）。

表8–5　草田轮作种植计划表

地块号	作物名称	播种面积/hm²			单产（t/ hm²）	总产/t	播种、刈割利用时期（2013年4月—2014年4月）												
		春	夏	秋			4	5	6	7	8	9	10	11	12	1	2	3	4
1	水稻	3			6~7	18~21	●	△	△	△	△	○							
	多花黑麦草			3	60~75	180~225						●	△	△	○	○	○	○	○
2	玉米	1			籽粒4~6；青秸秆50~65	籽粒4~6；青秸秆50~65	●	△	△	△	△	○							
	油菜			1	2.25~3.00	2.25~3.00							●	△	△	△	△	△	○
3	甜高粱	1			200~300	200~300		●	△	○	○	○	○						
	紫云英			1	22.5~37.5	22.5~37.5							●	△	△	○	○	○	○
4	……																		
	……																		

（以四川乐至某黑山羊种羊场为例）

注：●表示播种时期；△表示生长时期；○表示刈割时期。空格处表示无相关内容。后同。

四、饲草平衡

一年中由于气候的季节性变化，饲草产量也随季节产生较大的变动，而畜群全年对饲草的需要量仅随家畜的出栏量、死亡数量和幼畜的成长产生相对较小的波动，这样饲草的供需就存在了季节间的严重不平衡性。所以，在制订饲草供应计划时，必须考虑在一年四季使饲草供应与饲草需要相平衡。

根据饲料需要量计划（表8–3）和供应计划（表8–4）可以编制出饲草平衡供应计划（表8–6），该表能够反映出家畜日粮中各种饲草料类别的余缺情况，以便对饲草生产和饲草需要之间进行平衡性调整。

表8-6 饲草平衡供应计划

项目	鲜草/青贮料	粗料	精料
畜群需要/t	518.98	115.72	139.58
饲料供应/t	509.22	110.00	145.00
余缺/t	-9.76	-5.72	+5.42
满足需要的百分比/%	98.12	95.06	103.88

(以四川乐至某黑山羊种羊场为例)

一般在制订饲草料供应计划时,青料要预留15%,粗料要预留10%,精料要预留5%,以备饲草料霉烂和家畜头(只)数增加等带来的饲料供给短缺风险。表8-6中,鲜草/青贮料共满足需要的98.12%,粗料满足需要的95.06%,精料能够满足平衡供给。供应计划中,对青料和粗料的短缺,应采取以下措施平衡饲草料供给。

(1)建立专用的饲草生产基地,通过饲草轮作保证饲草的种植面积。

(2)在农区可实行草田轮作,通过轮作中的间种、混种、套种、轮作以增大饲草种植面积;采用先进的农业技术措施,大幅度提高单产。

(3)增加玉米青秸秆、甘薯藤等农副产品的青贮,同时还可通过氨化秸秆及块根、块茎、瓜类饲料的贮藏,解决饲草供应的季节不平衡性问题。

(4)充分利用饲养场周边草山、草坡及农隙地草地的野生饲草资源,缓解草畜季节不平衡的矛盾。

(5)大力发展季节型畜牧业,提早出栏,加快畜群周转速度,节省饲草料。要充分利用夏、秋季节牧草生长旺盛,产量高的季节优势,实行幼畜当年肥育出栏,以缓解冬春饲草供应不足的矛盾。

(6)利用农区与牧区草畜资源互补优势,建立家畜异地育肥生产体系,平衡饲草供给。牧区草原由于超载过牧,导致饲草供应不足,使家畜的生长速度减慢、肉质变差、效益降低;而饲草资源丰富的农区有大量的秸秆资源未得到充分利用,可以将牧区断奶幼畜输送到秸秆资源较多的农区进行异地育肥,既可加快牲畜出栏速度,减轻农区草地放牧压力,又可充分利用农区饲草资源。通过牧区和农区畜牧生产资源优势互补,建立良好的草畜平衡生产体系,提高草地畜牧业生产能力,同时有效保护草地生态。

第二节 青饲轮供制

青饲轮供制是指根据当地条件,按计划组织轮栽各种青饲用的牧草、饲料作物,并配合青饲料贮藏,或有计划地轮牧和采集野生植物,达到周年均衡地、连续不断地供应家畜优质青饲料的制度。

青绿饲料与其他饲料相比，含水分多，富含维生素和矿物质，粗纤维含量少，并具有柔嫩多汁、适口性好、营养丰富和消化率高等特点。据相关资料表明，在家畜日粮中，满足青饲料供给，可促进家畜的生长发育，提高产肉、产奶、产毛和繁殖性能，发挥家畜潜在的生产力水平。所以，组织好青饲轮供，生产充足的青饲料，满足家畜全年的饲养需求，这对畜牧业生产的稳步提高具有重要意义。

一、青饲轮供制的类型

按照饲草来源和组织方式，青饲轮供制可分为栽培的青饲轮供、天然的青饲轮供和综合的青饲轮供3种类型。

（一）栽培的青饲轮供

栽培的青饲轮供是在专用的饲草生产基地通过饲料轮作，或在大田轮作中，以单种、间种、混种、套种和复种等方式，种植牧草和饲料作物来配合青贮料调制，还可通过块根、块茎饲料的贮藏等，为家畜均衡地供应所需青饲料。栽培的青饲轮供特点是在少量土地上，通过集约化牧草种植，以获得高产、优质的青饲料，并在全年按计划需要均衡地进行供应。

这类轮供方式适合在农区及城市郊区的养殖场舍饲饲养方式下采用。

（二）天然的青饲轮供

天然的青饲轮供充分利用天然草地、农隙草地、草山、草坡等野生饲草资源，以组织轮牧来不断满足家畜青饲料供应需要。这种轮供类型适用于我国草原牧业区，在夏季草场牧草生长茂盛时，可依靠天然草地放牧组织青饲轮供。在农隙草地、林间草地及南方草山、草坡可利用各种野生饲草资源组织轮牧。

天然青饲轮供是通过划区轮牧来实现青饲轮供的。在组织划区轮牧时，以草定畜，划分季节牧场，夏草场中放牧小区和割草区合理配置。在夏、秋季放牧饲养，并储备冬草；在冬、春季放牧饲养，并结合补饲，从而做到全年均衡满足家畜对饲草的需求。该种青饲轮供适于在天然草原地区放牧饲养方式下实施。

（三）综合的青饲轮供

综合的青饲轮供是利用天然草地、人工栽培牧草和青贮料调制等措施综合组织青饲轮供。这种轮供类型是通过建立一定规模面积的高产人工草地，收获牧草后青贮，使青饲料达到均衡供应。

这种轮供类型适于天然草地狭窄的半农半牧区，或北方产草量较低的广大牧区实行。该青饲轮供类型适于半舍饲饲养方式，在天然草地放牧不足时，通过饲草栽培生产来补充舍饲。

二、青饲轮供的组织技术

青饲轮供的组织首先要了解饲草料生产的季节性波动规律,从而找到解决畜牧业生产中饲料供需季节性矛盾的方法。各地都有特定的农业生产耕作制度,有适宜的当家作物及饲草种类,有一定的适宜播种期和收获期,农业生产的这些特性决定了饲草供给的数量和质量是随季节变化的,饲草产量时丰时歉,饲草质量时好时差;而畜牧业生产中,动物养殖对饲草的量与质的需求在不同季节的要求是大致相同的。因此,必须摸清农业生产及饲草料种植的基本情况,掌握其规律,采取相应的组织技术措施,做到家畜饲养中青饲料能够均衡供应。

(一)选择适宜的牧草和饲料作物

选择适宜的牧草和饲料作物时,应遵循以下原则。

(1)选择适用于当地生长的饲草种类或品种,同时应具有高产的特性。选择的饲草不仅要适合栽植地的气候、土壤、季节条件和生产条件,而且其产量要比天然草地高4倍以上。

(2)要考虑青绿饲料的品质和家畜对青绿饲料的不同要求。除选择鲜嫩、青绿、富含维生素及矿物质,且消化率高、适口性好的青绿饲料种类外,还应满足畜种对青绿饲料的特殊要求。如奶牛要求富含蛋白质的柔嫩多汁饲料,肉牛则要求纤维素含量较高的粗质型牧草。

(3)要选择生长迅速,再生力强,适合刈割或放牧的草种。作为放牧利用的饲草,要求再生性强,耐践踏,如白三叶、早熟禾等。刈割利用的饲草,要求刈割后生长迅速、可多次利用,如无芒雀麦、黑麦草,紫花苜蓿等。再生性弱,但能多次播种,多次收获的饲草亦可选择种植,如玉米、小白菜等。

(4)饲草种类选择要考虑当地的耕作制度,轮作制度及间、混、套种。饲草的生产一定要结合当地的农业生产方式,各种类型的轮作不仅都可以安排单种饲草,也可以根据作物搭配来间、混、套种饲草。但轮作中,要有合理的作物布局,在不同时间、不同地块种植饲草时,不仅要满足茬口特性,也要在时间安排上达到青饲轮供中均衡供给的目的。

(5)要考虑不同季节饲草的均衡供给,青饲料种类要多样化。青饲轮供中一般选择种植6~8种牧草就可满足青饲料周年供应,青饲料种类不宜过多,超过10种,则管理繁杂。应特别注意选择能在早春或晚秋生长和收获的种类与品种,以延长供青期。如多年生牧草、麦类作物和块根、块茎类作物等。

(6)应易于管理,成本低。利用山地、坡地和灌溉条件差的地块种植多年生牧草,管理粗放,生产成本低,一次栽种多年利用,刈牧皆宜。

(7)便于调制贮藏。选择的饲草种类要适合收贮条件,不同的饲草、不同的气候地区和不同的收获季节,饲草收获、加工调制的特点是不同的。如北方干旱地区,调制的干草质量好;湿热的南方调制干草易霉变,适合调制青贮料;冬季过于寒冷地区,通常调制干草,调制青贮料则应选择低水分青贮的方式。

（二）掌握饲草的生长发育规律

各种饲草的生长发育都要求一定的环境条件。在不同地区和不同的环境条件下，同一饲草从出苗到完成整个发育期，其生长发育的表现是有差异的。因此，在组织青饲料轮供时，必须掌握饲草的生长规律，了解饲草适宜的播种期、收获期，持续利用的时间、产量和质量动态变化等，只有这样才能在充分利用土地资源的基础上，收获量多、质优的饲草，做到全年均衡地供应各种青饲料。

（三）选择适宜的骨干作物和搭配作物

青饲作物种类繁多，它们参与复种轮作的特性各异，收获季节和产量也不同。因此，要保证青饲料均衡供应，应确定适宜的骨干作物来组织青饲轮供。骨干作物可选择2~3种可多次利用、供应期长、高产优质、便于机械化作业、栽培面积相对较大的饲草。在多熟制的地区，春播作物和秋播作物都应该选择1~3种骨干饲草。为了保证蛋白质和能量的供应，骨干饲草应注意选择豆科牧草和薯类（或直根）作物。

在保证骨干饲草供应的基础上，往往小面积、短期种植一些不具再生性的速生作物，在青饲轮供中作为搭配作物。在轮作倒茬中，通过搭配作物的间、混、套作或单作，达到充分用地的目的，同时它们也是青饲料均衡供给的良好补充。一般选择搭配作物种类的数量不宜过多，视具体情况而定。

（四）运用综合农业技术，实行集约化经营

采用各种综合的农业技术措施，以集约化经营的方式生产青绿饲料是青饲轮供的有效方法。第一，运用合理的耕作制度，建立粮、经、草三元种植结构，实行草田轮作，充分利用土地资源，获得优质高产青饲料；第二，加强农田基本建设，兴修水利，创造灌溉条件，推行机械化生产，提高饲草生产的集约化、现代化生产水平；第三，对不具再生性的饲草（如玉米、小白菜等），可采用分期分批播种的方法以延长利用期，做到分期轮收，均衡供应；第四，具有再生性的饲草（如紫花苜蓿、黑麦草、菊苣等），可多次刈割、分期采收；第五，加强田间管理，注意杂草防除和病虫害防治，建立科学的施肥制度和灌溉制度，为获得饲草高产创造有利条件。

（五）种、采、贮配套

栽培的青饲轮供以饲草种植为主，但也有必要利用农隙草地采集各种野生饲草作为种草不足的补充；在青饲料栽培中要选择种植一定面积适宜青贮的高产、优质牧草，调制青贮料，以丰补缺。另外，还需做好块根、块茎和瓜类饲料的贮藏，以供冬、春缺青时利用。

（六）建立稳固的青饲料生产基地

畜牧业生产中，家畜养殖规模发展到一定水平，青饲料短缺常常是制约养殖业发展和养殖效益提高的重要因素，要有效地保证青饲轮供，必须设立专用的饲草地，以饲草轮作的方式生产青饲料，做到四季供青，周年平衡。建立青饲料生产基地的方式是灵活多样的，可以

根据养殖场的具体情况来定,多数养殖场或养殖户在没有足够的土地资源用于生产青饲料的情况下,可发展当地农户种草,通过与其签订牧草产销合同关系,建立青饲料生产基地,以保证青饲料的全年均衡供应。

思考题

1. 什么是饲草供应计划?应如何做好家畜养殖场的饲草供应?
2. 怎样制订饲草的种植计划?
3. 饲草平衡的意义是什么?它有哪些具体措施?
4. 什么是青饲轮供制?青饲轮供有哪些类型?
5. 如何组织青饲料的轮供?

参考文献

1. 董宽虎,沈益新. 饲草生产学[M]. 北京:中国农业出版社,2003.
2. 南京农学院. 饲料生产学[M]. 北京:农业出版社,1980.
3. 内蒙古农牧学院. 牧草及饲料作物栽培学(第二版)[M]. 北京:农业出版社,1990.
4. 陈宝书. 牧草饲料作物栽培学[M]. 北京:中国农业出版社,2001.
5. 王永. 现代肉用山羊健康养殖技术[M]. 北京:中国农业出版社,2012.
6. 吴渠来,张秀芬. 青饲料轮供的研究[J]. 内蒙古农业大学学报(自然科学版),1982(1):34-45.
7. 刘斌,王荣民,于徐根. 山羊舍饲技术及青粗饲料的均衡供应[J]. 江西畜牧兽医杂志,2001,(3):30-32.

第九章　饲草加工与贮藏

饲草加工与贮藏是草业种植、加工、养殖等系统中的重要环节之一，同时也是提高产品产量、质量，提高人民生活水平，维持畜牧业稳定发展的保障。熟练地掌握饲草加工与贮藏技术，可以有效地减少饲草、饲料的营养消耗。

第一节　饲草青贮及其调制

青贮饲料是指青绿饲料在厌氧条件下经过发酵处理调制而成的饲料。准确地说，青贮饲料是青绿饲料在密闭的条件下利用附着在其表面的乳酸菌的发酵作用，或者是利用外来添加剂促进或抑制微生物发酵，使青绿饲料在较低pH条件下保存的饲料。这个过程叫作青贮(Ensilage)，青贮饲料主要用于饲喂反刍动物。青贮是一种为了预防家畜春冬两季饲草的短缺，贮存青绿饲料的方法。

一、青贮的意义

青贮饲料比新鲜饲料耐储存，营养成分强于干饲料。优质的青贮饲料能最大限度地、长期地保存原料的营养成分，具有芳香气味，鲜嫩柔软，适口性佳。实践证明，青贮饲料已成为畜牧业不可缺少的优质基础饲料之一。

(一)青贮饲料营养损失较少

除了人工干燥而调制的干草以外，在田间调制的干草常常因为落叶、氧化、光化学等因素，使原料的营养物质损失达20%以上，甚至有时高达40%；在风干过程中，若遇到雨淋或发霉变质，造成的损失会更大。但是，将青绿饲料进行青贮，造成的营养物质损失一般不超过15%，特别是粗蛋白和胡萝卜素的损失更少，在科学的青贮方法和良好的贮存条件下，饲料的品质更佳。

(二)青贮饲料适口性好,消化率高

青贮饲料不仅可以很好地保持青绿饲料的鲜嫩汁液,而且质地柔软,在发酵过程中产生乳酸,具有酸甜的芳香味。并且经过青贮发酵,许多原本具有特殊气味的植物,比如蒿类,异味消失,适口性增强。青贮饲料与同类干草相比,不仅蛋白质、粗纤维消化率均较高,而且可消化粗蛋白(DCP)、可消化总养分(TDN)和消化能(DE)含量也比较高。

(三)扩大饲料来源,有利于养殖业集约化经营

青贮饲料的来源广泛,玉米、高粱以及向日葵茎叶等农作物秸秆都可以用于青贮。一些农作物秸秆质地粗硬,利用率较低,若适时青贮,则可制成柔软多汁的青贮饲料。有些菊科植物晒成干草后有异味,家畜不爱采食,但经过青贮发酵后,就能成为很好的家畜饲喂饲料。除此以外,家畜不爱采食的野草、野菜、树叶等绿色无毒植物,经过发酵,都可变成良好的青贮饲料,可饲喂畜禽。

(四)调制青贮饲料不受气候等环境条件的影响,并可以长期保存利用

青贮饲料除了具有营养品质较高、家畜喜食等优点外,还具有可长期保存、易于调制和减少病虫害等特性。调制青贮饲料不受风吹日晒等自然条件的影响,饲料作物因天气等原因无法调制成干草时,可以调制成青贮料。此外,青贮饲料可常年利用,如果青贮方法正确,原料优良,保存条件好,存贮窖位置合适,管理严格,青贮饲料可贮藏20~30年,其品质保持不变。

(五)家畜饲喂青贮饲料,可减少消化系统和寄生虫病的发生,也可减轻杂草危害

因为青贮发酵是在无氧、pH较低条件下进行的,所以牧草和饲料作物在经过青贮发酵后,原料中的寄生虫及其虫卵或病菌失去活力。农田中的杂草,其种子在经过青贮发酵后失去发芽能力,故青贮田间杂草,不仅能给家畜储备饲料,而且能有效地减少田间杂草的危害。

案例9-1:

我国西南地区农作物大多属于一年两熟,冬春季易出现饲草料缺乏的现象,特别是缺少鲜青饲草料。农民多数以干草饲喂,这种饲喂方式大大降低了饲料的营养成分和适口性。青贮加工不仅可提高饲料的适口性,还可在很大程度上解决秋冬季饲草料严重缺乏的问题。长期实践经验表明,牧草青贮是发展现代畜牧业的重要途径。

徐文志等对传统饲养和通过青贮舍饲喂养的6 200头奶牛进行了饲养模式的经济效益对比分析,结果表明:青贮舍饲相对于传统型饲养模式头年增加纯效益1 682元;刘春晓等在试验组和对照组(各组30头奶牛)自由采食干草的基础上,对试验组中午、晚间分别饲喂青贮玉米15 kg,经过60 d的饲养试验,结果表明,每头奶牛的产奶量较对照组平均提高2.3 kg/d,经济效益显著。

二、青贮发酵的基本原理

青贮是在厌氧条件下，利用植物表面附着的乳酸菌，或在外来添加剂的作用下，将原料中的糖分分解为乳酸，提高氢离子浓度，抑制有害微生物的繁殖，达到安全贮藏的目的。因此，乳酸生产的速率是抑制有害细菌生长和减少发酵损失的关键因素。

青贮的基本原理就在于通过充分压实的方法将饲料中的大部分氧气排出，再利用植物细胞的呼吸作用和微生物的活动将残余氧气耗尽，使其达到厌氧状态。此时，乳酸菌繁殖速度加快，将饲料中的糖分分解成以乳酸为主的有机酸。当pH降至3.8~4.2时，包括乳酸菌在内的微生物受到抑制，生命活动停滞，使饲料得以长期保存。

三、青贮发酵过程

根据青贮饲料中微生物的活动特点，可将青贮过程分为以下几个阶段。

（一）预发酵期

当青贮原料装填完毕并且压实密封后，由于还存在着少量的空气，附着在原料上的好氧性和厌氧性微生物便开始生长繁殖，这些微生物包括腐败菌、酵母菌和霉菌等。同时植物细胞也利用残余氧气进行呼吸作用，氧化分解可溶性碳水化合物产生CO_2、H_2O和热量，直至少量氧气被耗尽。

植物呼吸代谢产生适量的热虽有利于乳酸发酵，但若青贮容器内氧气残留过多，会延长植物细胞呼吸期，即引起糖过多消耗从而影响乳酸发酵，同时也会引起容器内的温度升高，使各种营养成分的损失加大。因此，在制作青贮饲料的过程中，应踩实压紧，排除青贮料间隙中的空气，降低氧化损失，这对促进乳酸发酵和降低养分损失具有重要意义。

（二）发酵期

随着氧气被耗尽，逐渐形成厌氧环境，好氧性微生物活动受到抑制。植物细胞产生的CO_2、H_2O和有机酸逐渐增多，pH下降，形成了不利于腐败菌、丁酸菌等继续生长的环境，而乳酸菌则可大量繁殖，分解可溶性碳水化合物而产生大量乳酸，使得pH迅速降低，导致腐败菌、丁酸菌等活动停止甚至死亡。在该阶段，主要发生下列氧化过程。

碳水化合物氧化产生水和二氧化碳：

$$C_6H_{12}O_6+6O_2 \rightarrow 6CO_2\uparrow+6H_2O+\text{热量}$$

六碳糖氧化形成乳酸：

$$C_6H_{12}O_6 \rightarrow 2C_3H_6O_3$$

五碳糖氧化形成乳酸和醋酸：

$$6C_5H_{10}O_5 \rightarrow 8C_3H_6O_3+3C_2H_4O_2$$

当原料中蛋白质过多，糖分不足时，有机酸形成量少，丁酸菌繁殖旺盛，青贮料腐败、变臭，乳酸分解成丁酸：

$$2C_3H_6O_3 \rightarrow C_4H_8O_2+2CO_2\uparrow+2H_2\uparrow$$

(三)酸化成熟期

由于乳酸的积累量上升,pH不断下降,青贮进一步酸化成熟。当pH下降到4.5以下,其他微生物的活动减弱,无芽孢的细菌死亡,有芽孢的细菌以芽孢的形式存活下来。

(四)保存期

饲料中的乳酸积累到一定程度,乳酸菌的活动也开始受到抑制。pH继续下降,降到4.0~4.2时,饲料中乳酸积累量为1.5%~2.0%,乳酸菌活动完全停止,开始死亡。最后,乳酸菌数量逐渐减少,青贮料在酸性、厌氧的环境中完全成熟,得以长期保存。

然而,当青贮原料、调制方法和青贮设备没有满足条件时,乳酸发酵过程中所产生的乳酸转化为酪酸,并且蛋白质和氨基酸也分解成氨类物质,导致pH上升,青贮料品质下降。若产生大量的酪酸,青贮料不仅产生腐臭味而且还会损失大量养分。同时,蛋白质分解产生大量氨和胺类物质也是由酪酸菌的繁殖引起的。这些物质与酪酸一起导致青贮料腐败变质,在饲喂奶牛时不仅容易引起产奶量下降,也会引起痢疾和乳腺炎等疾病的发生。

四、青贮设施

(一)青贮设施种类

青贮设施是指用以装填青贮料的容器,主要有青贮窖、青贮壕、青贮塔及塑料青贮袋等。青贮设施的建筑物,尽量利用当地建筑材料,以节约成本,而且要不透气,不漏水,坚固耐用。

1. 青贮窖

青贮窖是应用最普遍的青贮设施,按位置可分为地下式(图9-1)、半地下式、半地上式、地上式(图9-2),按形状可分为圆形窖和长方形窖。半地下、半地上式或地上式青贮窖宜建造在地势低平、地下水位较高的地方。圆形窖具有占地面积小,比同等尺寸的长方形窖装填原料多等特点。但圆形窖开窖取用时,必须将窖顶的泥土全部揭开,造成窖口不易管理的问题;取料时需逐层取用,冬季时,青贮料表层易冻结,夏季易发生霉变。长方形窖适于小规模饲养户,开窖时从一端开启,先挖1.0~1.5 m长,从上往下,逐层取用。该段饲料喂完后,再开新的一段,易于管理。长方形窖比圆形窖占地面积大。无论是圆形窖还是长方形窖,均应用砖、石、水泥建造,窖壁做成光滑壁,这样可以减少窖壁吸收青贮饲料水分的量,并且有利于压紧。为了使多余的水分渗漏,窖底只铺地面砖。

2. 青贮壕

青贮壕适用于大规模饲养场,是指大型壕沟式青贮设施。此类建筑最好选择宽敞、地势高且干燥或有斜坡的地方,开口设在低处,以便排出雨水。青贮壕深5~7 m,地上至少2~3 m,长20~40 m,一般宽4~6 m(图9-3),应方便链轨拖拉机压实,且必须用砖、石、水泥建筑永久窖。

3. 青贮塔

青贮塔（图9-4）适用于饲养规模较大、经济条件较好、机械化水平较高的饲养场。青贮塔是一种需要专业技术设计和施工的永久性建筑。塔高13~15 m，直径4~6 m，塔顶设防雨设备。塔身一侧每2~3 m留有60 cm×60 cm的窗口，用完后开启，装料时关闭。

4. 塑料青贮袋

塑料青贮袋一般采用质量较好的塑料薄膜制成，将青贮原料装填进袋后将袋口扎紧调制青贮饲料。塑料袋青贮具有便于管理、便于运输、使用方便等特性。

除了扎口式的，国外使用较多的是“小型裹包青贮”技术，即拉伸膜裹包青贮（Plastic Film Wrapping Silage）。将收割好的牧草揉碎后，用打捆机进行压实打捆，再用裹包机把草捆用塑料拉伸膜包裹起来，创造最佳发酵环境，在3~6周内完成乳酸型自然发酵过程。

塑料袋扎口青贮和裹包青贮具有下列优点：青贮饲料品质好、消化率高、粗蛋白含量高、适口性好；损失和浪费少；储存期长；不受日晒，降雨和季节的影响，可直接露天堆放；取饲、贮存方便；节约建窖和维修费用。近年来，这些技术在我国逐步得到了推广应用。

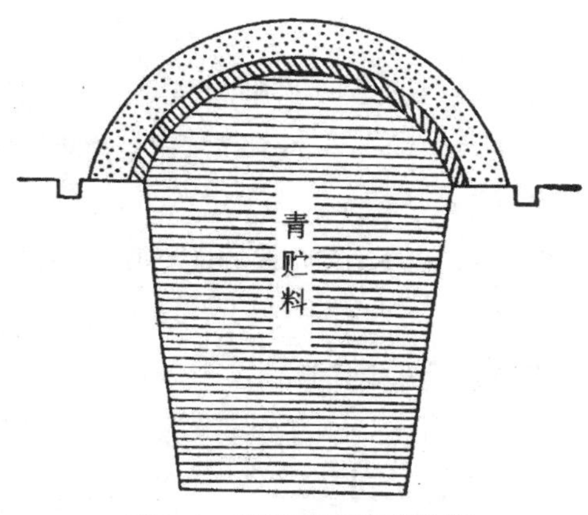

图9-1 地下式圆形青贮窖
（引自《饲料生产学》，南京农学院主编，1980）

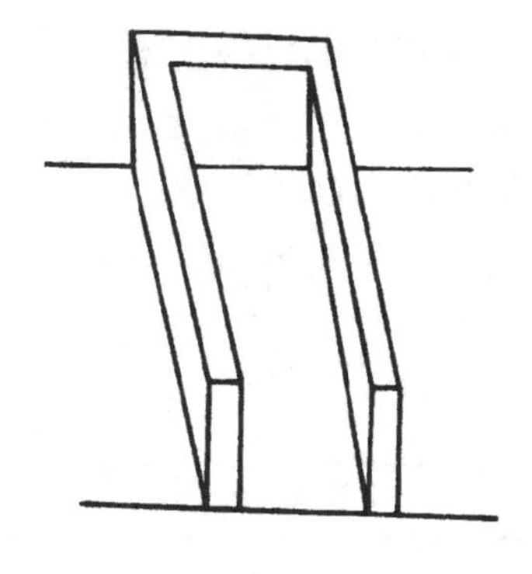
图9-2 地上式青贮窖
（引自《粗饲料调制技术》，陈自胜编，1999）

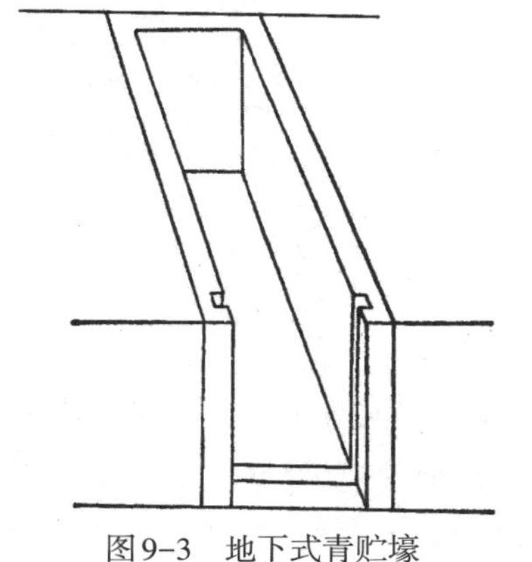
图9-3 地下式青贮壕
（引自《饲料生产学》，南京农学院主编，1980）

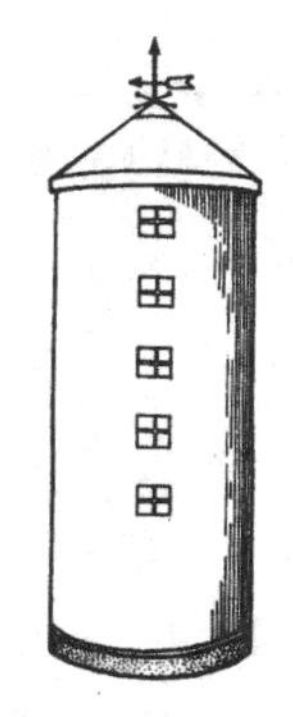
图9-4 青贮塔外形图
（引自《饲料生产学》，南京农学院主编，1980）

(二)青贮设施基本要求

1. 不透气

调制优质青贮饲料的前提条件:无论哪种青贮设备都要做到密封。

2. 不透水

为了避免污水渗入,青贮设施应远离水塘和粪池。

3. 墙壁要平直

青贮设施的墙壁应垂直平滑,且墙角圆滑,才能使青贮料得到充分的压实。

4. 要有一定深度

青贮设备的宽度直径应小于深度,这样有利于青贮料借助本身质量压实,保证青贮品质。

5. 能防冻

地上式的青贮设备必须能够很好地防止青贮料冻结。

五、常规青贮调制

(一)适时刈割

调制优质青贮饲料的基础是要选取优质的青贮原料。适时收割,不仅可以从单位面积上获得最大营养物质产量,而且含水量和可溶性碳水化合物含量适当,这对乳酸发酵有利,易于制成优质青贮料。

综合考虑产量、营养价值、青贮品质和采食量等因素,常用青贮原料的适宜收割期如表9-1。

表9-1 常用青贮原料的适宜收割期

青贮原料种类	收割时期
玉米	蜡熟期收割,如遇霜害,也可提前至乳熟期收割
豆科牧草	现蕾期至开花初期
禾本科牧草	孕穗期至抽穗期
马铃薯茎叶、藤	霜前或收薯前1~2 d

(引自《畜禽营养与饲料加工学》,邱以亮主编,2006)

(二)调节水分

适时收割后青绿饲料的含水量一般为75%~80%,甚至更高,而最适宜于乳酸菌繁殖的含水量为65%~75%。因此,含水量过高或过低的青贮原料,青贮时都要进行含水量调节。水分过多的原料青贮前可进行晾晒,直到原料水分含量达到要求后再青贮。无法达到或难以达到合适水分含量的,可采用混合青贮的方法调节总体含水量。

采用混合青贮进行含水量调节时，根据公式：

$$X=(A-B)/(B-C)$$

计算需添加物料的量(单位kg)。式中：X为添加料量；A为原料含水量；B为理想含水量；C为添加料含水量。

例：水葫芦和小麦秸秆粉混合青贮时，水葫芦摊晒1 d后含水量为85%，小麦秸秆粉含水量为10%，混合青贮的理想含水量为75%。问：经摊晒1 d后，每1 000 kg水葫芦青贮时，需添加小麦秸秆粉多少千克？

根据公式$X=(A-B)/(B-C)$计算需添加小麦秸秆粉的量。式中A为85%，B为75%，C为10%，因此得到$X=(85\%-75\%)/(75\%-10\%)=0.1538$

答：经摊晒1 d后，每青贮1 000 kg水葫芦，需添加小麦秸秆粉的质量为153.8 kg。

（三）切短

青贮原料收割后，应立即运至贮藏地点切断。原料的切断和压裂是促进青贮发酵的一种重要方法(见表9-2)。切断的长度取决于原料的软硬程度、粗细、含水量、铡切的工具和饲喂家畜的种类等。对于反刍动物牛、羊来说，玉米和向日葵等粗茎植物一般切成0.5~2.0 cm，禾本科和豆科牧草及叶菜类等切成2~3 cm，幼嫩柔软的原料可不切碎或切长一些。

表9-2 牧草原料切碎对青贮饲料质量的影响

原料处理	装干物质的量（kg/m^3）	干物质回收率/%	pH	乳酸含量/%	丁酸占挥发酸量/%	消化率/%		
						干物质	蛋白质	无氮浸出物
切碎	115.00	71.60	4.23	0.86	5.10	64.30	64.60	60.00
不切	72.00	59.90	4.68	0.33	50.8	58.30	48.90	54.60

（引自《饲料作物》，农山渔村文化协会编，1983）

（四）装填

切短的青饲料，应及时装填。在装填前，先在窖底填一层10~15 cm长的短秸秆或干草，以便吸收多余的青贮汁液。窖壁四周可铺设塑料薄膜，防止渗水、漏气并加强密封。装填时应注意边切边装，逐层装入，每层踩实，再继续装填，时间不宜过长，快速装填。

（五）压实

为了避免空隙存有空气而腐败，切好的原料在青贮设施中均要压实和装匀，靠近壁和角的地方千万不能留有空隙，压得越实越好，这样更有利于创造厌氧环境，利于乳酸菌的生长繁殖并抑制好氧性微生物的生存。长形窖、青贮壕或地面青贮，可用链轨拖拉机碾轧，小型窖可用人力或畜力踏实。青贮料的紧实程度是青贮成败的关键之一。

(六)密封与覆盖

待青贮原料装填压实后应马上密封覆盖，目的是隔绝空气与原料接触，并防止雨水进入。如果容器密封不好，空气或雨水的进入会导致腐败菌、霉菌等大量繁殖，使青贮料变质(见表9-3)。青贮原料装填超过60 cm以上时，即可加盖封顶。封顶时先盖一层青干草或切短的秸秆，然后盖上塑料薄膜，再用土覆盖拍实，窖顶做成馒头形状便于排水。

表9-3　密封与初期空气进入对青贮品质的影响

密封情况	贮藏天数/d	pH	总酸量/%	乳酸/%	醋酸/%	酪酸/%
密封	68	4.50	1.69	1.38	0.31	0
初期空气进入	68	6.25	0.89	0.05	0.59	0.25

(引自《畜禽营养与饲料加工学》，邱以亮主编，2006)

(七)管理

青贮窖密封后，应在窖周围约1 m处挖沟排水，以防雨水渗入。以后应加强检查，如发现青贮窖出现裂缝应及时处理，确保高度密封。

(八)青贮启封

经过20~30 d的发酵，即可开窖启用。开窖时，从一侧剖面开启，从上到下，随用随取，不要开口太大，防止二次发酵。所谓二次发酵，是指经过乳酸发酵后的青贮料，在开窖后，由于酵母菌、霉菌及其他好氧性细菌大量生长而引起的腐败现象。二次发酵的原因是大量空气进入窖内，导致好氧性微生物繁殖，窖内温度上升，最后导致青贮料发生霉变。避免二次发酵的方法是取料后严密封窖，尽量减少空气的进入。

案例9-2：青贮失败原因探析

近几年，随着牛羊养殖业规模化的发展，青贮饲料的推广普及速度加快，许多养殖户受益。但也有部分饲养户青贮失败，根据调查分析，失败原因主要有以下几方面。

1.青贮窖建筑设计不合理。一是过分追求贮存数量，青贮窖体积过大。二是青贮窖过宽过深，给装、填、踩、封、取料带来许多不便。三是窖口坡度不够或没采取排水措施。青贮成功与否，建窖很关键，使用什么样的建筑方式，建多大的青贮窖，一定要根据饲养畜禽的种类、数量、人力、机械和自身经济状况来确定，并在技术人员指导下建设。

2.青贮原料切割机械选择不当。目前，多数农户都是采用先收割回来，再用铡草机切碎装入青贮建筑物中的方法。铡草机型号比较多，部分农户机型选择不当，切割速度慢，装填时间长。还有的农户舍不得投资，用旧的切割机具或质次价廉的机具切

割，使用时故障多，耽误时间。

3. 单纯追求粮食产量，忽视青贮质量。如果玉米在乳熟后期带果穗青贮，营养最丰富，又利于错开活茬，好处相当多，而不少人对此缺乏认识，或单纯追求粮食产量，结果是收了玉米穗，又遇下雨天，只好让玉米秆烂在地里。

4. 没有做到随收、随运、随切、随装、随压、封严。随收、随运、随切、随装是保证青贮饲料营养多汁的重要环节，切碎、压实、封严则是青贮必须把握的技术要领。部分农户由于疏忽了其中的某个环节，导致青贮失败。

六、青贮类型划分

（一）高水分青贮

高水分青贮是指被刈割的青贮原料未经田间干燥即行贮存，一般情况下含水量均在70%以上。这种青贮方式的优点为牧草不经晾晒，减少了气候影响和田间损失。其特点是作业简单，效率高。但是为了得到好的贮存效果，水分含量越高，越需要达到更低的pH。高水分对发酵过程有害，容易产生品质差和不稳定的青贮饲料。另外由于渗漏，还会造成营养物质的大量流失，以及增加运输工作量。为了克服高水分引起的不利因素，可以添加能促进乳酸菌生长或抑制不良发酵的一些有效添加剂，促使其发酵理想。

（二）凋萎青贮

该技术是20世纪40年代初开始在美国等国家广泛应用的方法，至今在牧草青贮中仍然使用。在良好干燥条件下，经过4~6 h的晾晒或风干，使原料含水量达到60%~70%之间，再捡拾、切碎、入窖青贮。将青贮原料晾晒，虽然干物质、胡萝卜素损失有所增加，但由于含水量适中，既可抑制不良微生物的繁殖而减少丁酸发酵引起的损失，又可在一定程度上减少流出液损失。适当凋萎的青贮料无需任何添加剂，此外，凋萎青贮含水量低，减少了运输工作量。凋萎青贮，操作较简单，成本较低，但对青贮调制的条件和青贮原料都有较高的要求，调制青贮料时要满足天气晴朗，湿度较低，保证厌氧的条件，且青贮原料含水量适宜，糖分充足。

（三）半干青贮（低水分青贮）

原料水分含量低，含水量为一般为45%~60%，所以半干青贮又叫低水分青贮。半干青贮主要应用在豆科牧草上，美国、加拿大等畜牧业发达国家已广泛应用。

半干青贮的发酵过程分为3部分。首先是好氧性发酵期，相比高水分青贮，半干青贮的好氧性发酵期要长一些，因为半干青贮水分含量低，植物呼吸作用弱，形成厌氧状态慢；其次是乳酸发酵期，由于半干青贮需要的萎蔫过程会导致附着在原料上的乳酸菌死掉一部分，因此相比高水分青贮,半干青贮乳酸菌繁殖缓慢,乳酸量也只有高水分青贮含量的一半;最后进入发酵稳定期,因为乳酸菌含量比高水分青贮的少,所以pH不能降至4.2以下。对于半干青贮,乳酸发酵并不是那么重要,应使原料水分降低,微生物处于生理干燥状态,生长繁殖受到抑制,饲料中微生物发酵微弱,养分不被分解,从而达到保存养分安全贮藏的目的。

(四)添加剂青贮

添加剂青贮就是在常规青贮的基础上增加了一个步骤,即在原料装填时加入适当的添加剂。根据使用目的及效果,可将添加剂分为4类,分别是发酵促进剂、发酵抑制剂、好氧性腐败菌抑制剂和营养性添加剂。

1. 发酵促进剂

(1)乳酸菌制剂:添加乳酸菌制剂可以扩大青贮原料中的乳酸菌群体,能够确保发酵初期所需的乳酸菌数量,争取早点进入乳酸发酵的优势期。

(2)酶制剂:主要是多种细胞壁分解酶,基本原理是将原料中的纤维素和半纤维素分解,产生可被利用的可溶性糖。

(3)糖类和富含糖分的饲料:当原料中的可溶性糖分不足2%时,可通过添加含糖量高的饲料或者直接添加糖类物质来改善发酵效果。这类添加剂包括糖蜜、葡萄糖、糖蜜饲料、谷类、米糠等。

2. 发酵抑制剂

(1)无机酸:因为对家畜、环境和设备不利,所以很少采用。

(2)甲酸:甲酸能抑制原料的呼吸作用和细菌的活动,且快速降低pH,降低营养物质的分解水平。

(3)甲醛:可以有效地抑制微生物的生长繁殖,能够阻止或减弱瘤胃微生物对食入蛋白的分解,使家畜可以吸收利用大部分蛋白质。

3. 好氧性腐败菌抑制剂

这类抑制剂主要包含丙酸、己酸、乳酸菌制剂、山梨酸和氨等。

4. 营养性添加剂

营养性添加剂在使青贮饲料营养价值得到改善的同时对青贮发酵一般不产生影响。现在用的最广泛的是尿素。

七、青贮饲料品质鉴定

青贮饲料发酵品质的优劣,与贮藏过程中的养分损失和青贮产品的饲料价值有关,且对家畜的采食量、生理功能和生产性能以及青贮料的适口性有很大影响。所以,正确评价青贮饲料的品质可为确定饲料等级和制订饲养计划提供科学的理论依据。

鉴定青贮饲料品质有两种方法,一种是根据发酵品质,即发酵的优劣状况(狭义品质)来评定;而另一种是根据其饲料价值(广义品质)来判断。青贮饲料品质通常指狭义上的品质。

青贮原料品质和发酵品质决定了青贮饲料的饲料价值。青贮发酵品质好，而原料品质差，饲料价值低。青贮原料品质好，发酵品质差，其饲料价值也不高。优质的原料是获得优质青贮饲料的前提，然后才是利用科学的调制技术，这样才能取得良好的青贮发酵品质。

(一)感官鉴定法

感官鉴定法多采用气味、颜色和质地等指标鉴定青贮饲料的品质(见表9-4)。

1. 香

品质优良的青贮饲料，具有较浓芳香味和果实味，气味柔和，不刺鼻，乳酸含量高，一般这样的青贮料pH低于4.0；中等品质的青贮料，稍有醋味或酸味，芳香味较淡。如果青贮饲料带有刺鼻臭味，如腐败味、氨臭味、堆肥味，则该饲料已变质，且不能饲用。

2. 味

若pH为3.8~4.5时，青贮料具有水果香味和酸味，含在嘴里给人以舒适感，青贮料品质优良。若pH为3.7左右时，青贮料酸味较浓；pH为4.0左右时，青贮料不仅有酸味而且还有米糠酱味；pH在4.5以上时，青贮料酸味中带有苦涩味，表明氨含量较高，品质不良。

3. 色

优质青贮饲料非常接近于作物原先的颜色，即呈青绿色或黄绿色；中等质量的青贮料呈黄褐色或暗褐色；品质差的为黑色或墨绿色。

4. 质地

品质良好的青贮料用手捏成团后会逐渐散开，质地软，略带湿润，茎、叶仍保持原形。相反，如果青贮饲料质地松散干燥、粗硬，或者是黏成一团，不易散开，黏滑、结块或腐烂呈污泥状，则品质不良，不能饲喂。

表9-4 青贮饲料感官鉴定标准

等级	香	味	色	质地
优良	芳香、酒酸味给人以舒适感	酸味浓	接近原料的颜色，一般呈黄绿或青绿	湿润松散，保持茎叶花原状
中等	芳香味弱，并稍有酒精或醋酸味	酸味中	黄褐、暗褐	柔软，水分稍多，基本保持茎叶花原状
低劣	刺鼻臭味、霉味	酸味淡，味苦	黑色、墨绿	腐烂成块无结构，黏糊、滴水

(引自《饲草生产学》，董宽虎、沈益新主编，2003)

(二)实验室鉴定法

实验室鉴定即化学分析鉴定，主要包括测定青贮料的酸碱度(pH)和各种有机酸(乙酸、丙酸、丁酸、乳酸)的含量和构成。其中氨态氮占总氮的比例，是评价青贮料中蛋白质与氨基酸分解程度最有效的指标。

1. pH

用酸度计测定。pH低,则乳酸发酵良好,且pH越低,青贮饲料品质越好。对于常规青贮来说,pH 4.2以下为优;pH 4.2~4.5为良;pH 4.6~4.8为可利用;pH 4.8以上则不能利用。

但pH不能作为半干青贮饲料品质好坏的评定标准,而是应根据感官鉴定结果来评定。

2. 乳酸及其他挥发性脂肪酸

一般乳酸采用常规法测定,挥发性脂肪酸的测定需要用气相色谱仪,并利用弗氏评分法进行评价。1938年,德国的Flieg提出青贮料的评分方法,1966年,Zummer对弗氏法进行了修订,即为现在的弗氏评分法,现被世界各地广泛采用(表9–5)。

表9–5 弗氏青贮评分方案

	总酸中的比例(%)	评分(分)	总酸中的比例(%)	评分(分)	总酸中的比例(%)	评分(分)	总酸中的比例(%)	评分(分)	评价
乳酸	0~25.0	0	40.1~42.0	8	56.1~58.0	16	68.1~69.0	23	总评分 等级 81~100分优 61~80分良 41~60分可 21~40分中 0~20分劣
	25.1~27.5	1	42.1~44.0	9	58.1~60.0	17	69.1~70.0	24	
	27.6~30.0	2	44.1~46.0	10	60.1~62.0	18	70.1~71.2	25	
	30.1~32.0	3	46.1~48.0	11	62.1~64.0	19	71.3~72.4	26	
	32.1~34.0	4	48.1~50.0	12	64.1~66.0	20	72.5~73.7	27	
	34.1~36.0	5	50.1~52.0	13	66.1~67.0	21	73.8~75.0	28	
	36.1~38.0	6	52.1~54.0	14	67.1~68.0	22	> 75.0	30	
	38.1~40.0	7	54.1~56.0	15					
醋酸	0.0~15.0	20	24.1~25.4	15	30.8~32.0	10	37.5~38.7	5	
	15.1~17.5	19	25.5~26.7	14	32.1~33.4	9	38.8~40.0	4	
	17.6~20.0	18	26.8~28.0	13	33.5~34.7	8	40.1~42.5	3	
	20.1~22.0	17	28.1~29.4	12	34.8~36.0	7	42.6~45.0	2	
	22.1~24.0	16	29.5~30.7	11	36.1~37.4	6	> 45	0	
丁酸	0.0~1.5	50	8.1~10.0	9	17.1~18.0	4	32.1~34.0	−2	
	1.6~3.0	30	10.1~12.0	8	18.1~19.0	3	34.1~36.0	−3	
	3.1~4.0	20	12.1~14.0	7	19.1~20.0	2	36.1~38.0	−4	
	4.1~6.0	15	14.1~16.0	6	20.1~30.0	0	38.1~40.0	−5	
	6.1~8.0	10	16.1~17.0	5	30.1~32.0	−1	> 40.0	−10	

(引自《饲草生产学》,董宽虎、沈益新主编,2003)

3. 氨态氮

根据氨态氮占总氮的比例进行评价,数值大的品质差。标准为:10%以下为优;10%~15%为良;15%~20%为一般;20%以上为劣。

为了使测定结果具有说服力并能充分说明青贮饲料品质的好坏,因此取样一定要具有代表性。无论是哪种青贮容器,都应遵循对角线和上、中、下设点取样的原则。

八、青贮饲料饲用技术

青贮饲料不仅在乳牛饲养中的效果很明显，而且在猪、肉牛、羊和马的饲养上，有时在鸡的生产中也加以运用。家畜对适口性强的青贮饲料的采食量高。但首次饲喂青贮饲料时，家畜可能不习惯，可在食槽底部放少许青贮饲料，在上面覆盖一些精饲料，待家畜习惯后，再逐渐增加饲喂量。一般每头家畜的青贮饲料适宜喂量为羊1.5~5.0 kg/d，役牛13~18 kg/d，乳牛15~30 kg/d，马5~10 kg/d。而妊娠家畜则应适当减少青贮饲料喂量，在妊娠后期应该停喂，以防引起流产。冰冻的青贮饲料，则要解冻后再饲喂。在生产实践中应该根据青贮饲料的发酵品质和饲料品质来确定适宜的日喂量。

第二节　干草调制、贮存及草产品加工

一、牧草收获及干草调制

鲜草经过人工干燥或一定时间的晾晒，水分降至18%以下时，称之为干草。青饲料调制成干草后，除维生素D有所增加外，其他营养物质均有不同程度的损失，但仍是奶牛最基本、最主要的饲料，特别是优质干草各种养分比较平衡，含有肉牛所必需的营养物质，是磷、钙、维生素D的重要来源。优质干草所含的蛋白质（7%~14%）高于禾谷类籽实饲料，在玉米等籽实饲料中加入干草或干草粉，可以提高籽实饲料中蛋白质的利用率。

与青饲料和青贮饲料相比，青干草具有取材方便、技术易掌握、易贮藏、可长途调运等优点。但干草营养物质的消化率要低于青绿牧草。首先，牧草干燥后，纤维素消化率下降。其次，牧草干燥时，可溶性碳水化合物和含氮物质流失，影响干草中营养物质消化率。一般牧草在干燥过程中，总营养价值损失20%~30%，饲料单位损失30%~40%，可消化蛋白损失30%左右。

（一）牧草的收获

1.牧草的收获时期

调制优质干草的前提是要保证有优质的原料。因此，干草调制的首要问题是要确定适宜的收割期。因为同一种牧草在不同的时间收割，其产量和品质具有很大差异（表9-6）。从牧草的产量动态看，随着牧草的生长发育，产量先逐渐增加，产量最高时期一般在开花期，之后逐渐下降；从牧草的营养成分含量看，其粗蛋白、维生素及矿物质含量随生育时期的延迟逐渐降低，而粗纤维和无氮浸出物含量逐渐增多。综合考虑牧草的产量、品质及再生性等因素，豆科牧草最适收割期为现蕾盛期至始花期；禾本科则在抽穗至开花期刈割较为适宜。对于多年生牧草秋季最后一次刈割应以停止生产前30 d为宜。

表9-6 红三叶和猫尾草混播在不同刈割期的干草产量及畜产品量 单位:kg/hm²

收割期	干草产量	干草中可消化蛋白	畜产品	
			牛乳	肉
始花期	3 550	185	5 243	291
盛花期	4 440	86	4 324	216
结荚期	4 350	60	1 435	73

(引自《饲草饲料加工与贮藏》,张秀芬主编,1992)

2. 刈割牧草的留茬高度

刈割牧草的留茬高度与其产量、品质、牧草的再生及来年生长等都有很大的关系。留茬过高,影响牧草产量和营养物质收获量;留茬过低,会使以后年份的产量明显降低。

3. 牧草的刈割次数

割草次数的多少,与牧草的产量、品质,以及草地的利用年限都有密切关系。多次割草是增加单位面积饲料收获量的一项重要措施。但对天然草地而言,多次刈割导致草地中上繁禾草衰退,下繁草和杂类草比例增加,草地产量和质量下降。因此,天然草地不宜多次刈割,如要刈割再生草,必须要辅之以必要的施肥、灌溉等措施。人工栽培的高产草地,根据当地的水热条件及管理水平,可以采用多刈利用的方法,刈割次数可达2~4次,在多刈利用时,必须加强对草地的培育与管理。

(二)干草调制

牧草或饲料作物进行实时收割、晾晒和贮藏的过程称为干草调制。干草调制是解决饲草供给不平衡、减少家畜"春乏"损失的重要途径。

1. 干草调制需掌握的原则

根据干草调制的基本原理,在牧草干燥过程中必须掌握以下原则:

(1)使牧草快速脱水,尽量缩短干燥的时间,减少营养损失;

(2)在干燥后期,应尽量使植物的各部分含水均匀;

(3)在干燥的过程中,要防止被雨露淋湿,且尽量避免长时间的曝晒;

(4)在植物细嫩部分还不易折断时进行集草、堆聚、打捆等作业。

2. 干草调制方法

牧草干燥方法大体上可分为两种,即自然干燥法和人工干燥法。

(1)自然干燥法

自然干燥法即完全依靠日光和风力的作用使牧草水分迅速降到17%左右的调制方法。这种方法简便、经济,但受天气的影响较大,营养物质损失相对于人工干燥来说也比较多。自然干燥又分以下两种形式:

①地面干燥:地面干燥是在牧草刈割后平铺地面就地干燥4~6 h,使含水量降至40%~50%时,再堆成小草堆,高度30 cm左右,质量30~50 kg,任其在小堆内逐渐风干。注意草堆要疏松,以利通风。此法又称小草堆干燥法。在牧区或在便于机械化作业的草地上,牧草经4~6 h的平铺日晒后,用搂草机搂成草垄,注意草垄要疏松,让牧草在草垄内自然风干。此法又称草垄干燥法。上述方法可使茎叶干燥速度一致,叶片碎裂较少,同时与阳光的接触面积较少,可有效降低干草调制过程中的养分损失。

②草架干燥法:用一些木棍、竹棍或金属材料等制成草架。牧草刈割后先平铺晒4~6 h,至含水量40%~50%时,将半干牧草搭在草架上,不要压紧,要蓬松。然后让牧草在草架上自然干燥。与地面干燥法相比,草架干燥法干燥速度快,调制成的干草品质好。

(2)人工干燥法

自然条件晒制干草,会造成营养物质损失较多,如果采用人工干燥法,利用高温和大气快速流动的方法迅速干燥可有效避免牧草营养物质的损失(表9-7)。

人工干燥法兴起于20世纪50年代,其原理是使牧草与大气间的水分势的差距扩大,加快失水速度。与自然干燥法相比,人工干燥法营养物质损失少,色泽青绿,干草品质好,但设备投资较高。

目前常用的人工干燥法有以下几种。

① 常温鼓风干燥法

常温鼓风干燥是把刈割后的牧草压扁并在田间预干到含水量为50%,然后移到有通风道的干草棚内,用电风扇或鼓风机等装置进行常温鼓风干燥。

② 高温快速干燥法

高温快速干燥法将鲜草切短,经高温气流,使牧草迅速干燥。烘干机的型号和种类决定干燥时间的长短,时间从几小时到几分钟,甚至数秒钟不等,在短时间内牧草的含水量下降到15%以下。

表9-7 不同调制方法对干草营养物质损失的影响

调制方法	可消化蛋白质的损失	胡萝卜素含量(mg/kg)
地面晒制	20%~50%	15
架上晒制	15%~20%	40
机械烘干	5%	120

(引自《饲草饲料加工与贮藏》,张秀芬主编,1992)

③ 压裂牧草茎秆法

压裂牧草的茎秆会大大加快茎内的水分散失速度,基本上和叶片的干燥速度一致。此法最适于豆科牧草,可减少曝晒时间,减少叶片脱落,并减少养分损失,从而提高干草质量。

④ 施用化学制剂加速田间牧草的干燥

已有研究表明,对刈割后的苜蓿喷洒碳酸钾(K_2CO_3)和长链脂肪酸酯之后,能够引起植物体角质层上的蜡质物理结构的变化,加快干燥。

⑤秸秆碾青法

秸秆碾青法是常用的一种加速牧草干燥的方法,该法具体操作如下:在晒场上,先铺上约30 cm厚的麦秸,再铺约30 cm的鲜草,最后在鲜草上面铺约30 cm的秸秆,用石磙或镇压器碾压,把鲜草压扁,汁液流出后被麦秸吸收。这样既缩短鲜草干燥的时间,减少养分的损失,又提高了麦秸的营养价值和利用率。

(三)牧草干燥过程中水分的散失

牧草刈割后,植物体内先散失的水分是游离水,且游离水散失的过程中植物各部位失水速度基本一致。在晴天,牧草含水量从80%~90%降到45%~55%需5~8 h。干燥牧草用地面干燥法时,时间不应太久。当豆科牧草含水量减少到50%~55%,禾本科牧草含水量大约减少到40%~45%时,水分散失速度会越来越慢,这一阶段散失的是结合水,而此时牧草含水量由45%~55%降至18%~20%需要24~48 h。

(四)牧草干燥过程中营养物质的变化

牧草在自然干燥的过程中,营养物质的变化需要经过饥饿代谢和自体溶解两个复杂过程。饥饿代谢过程的特点是所有变化均发生在活细胞中,而自体溶解过程的特点是所有变化均在死细胞中进行。

1. 牧草凋萎期(饥饿代谢)

牧草刈割后,细胞还保持活力,因营养物质无法供应,细胞只能分解植物体自身的营养物质,导致饥饿代谢。植物体水分降至40%~50%时细胞死亡,呼吸作用停止。

2. 牧草干燥后期(自体溶解阶段)

此时植物细胞均已死亡,在酶的作用下植物体进入生化过程,自体溶解阶段就是这种在死细胞内进行物质转化的过程。这一阶段,植物体内含有的碳水化合物几乎不变,随着这一时期的拖长,蛋白质和氨基酸的破坏随之加大。另外,由于阳光漂白和体内氧化酶的破坏,一些色素破坏严重,胡萝卜素损失高达50%。

为了避免或减轻植物体内营养成分因呼吸和氧化作用的严重损失,应采取措施,使水分迅速降至17%以下,并尽可能减少阳光曝晒的时间。

(五)干草调制过程中养分的损失

1. 机械作用引起的损失

在晾晒干草过程中,植物各部分干燥速度不一致,所以在搂草、搬运、堆垛等作业中,易造成嫩茎、叶片、花序等细嫩部分折断损失。一般造成禾本科牧草的损失为2%~5%,而豆科牧草的损失达到15%~35%。

机械作用造成的养分损失主要与植物种类、刈割时期以及干燥技术有关。为降低损失,应及时刈割，在牧草不易脱落时，将其集成草堆或草垄进行干燥。干草压捆应在早晨或傍晚进行。

2. 光化学作用造成的损失

阳光直射会使植物体内的胡萝卜素、叶绿素遭到破坏，维生素C几乎全部损失。破坏及损失程度与阳光照射时间和调制方法有关，不同的干燥方法对干草中保留的胡萝卜素影响不同，一般是鲜草>人工干燥>暗中干燥>阴干干燥>干草架干燥>草堆中干燥>草垄中干燥>平摊地面干燥。

3. 淋雨造成的损失

干草晒制最怕淋雨。淋雨会增加植物水分，延长晒制时间，使得植物细胞呼吸作用消耗更多的营养物质。淋雨对干草也会造成破坏，当植物细胞死亡后，细胞原生质的渗透性提高，养分被酶水解成简单的可溶性成分，通过原生质膜流失。

4. 微生物作用引起的损失

在植物细胞死亡后，微生物在死亡的植物体上繁殖，当满足一定的条件，可能导致干草发霉。发霉的干草品质下降，水溶性糖和淀粉含量显著下降。发霉严重时，脂肪含量下降，含氮物质总量也下降。发霉的干草不能饲喂家畜，易使家畜患肠胃病或流产。

在牧草干燥过程中的总损失量里，以机械作用造成的损失最大，可达15%~20%，尤其是豆科牧草的叶片脱落造成的损失；其次是呼吸作用造成的损失，为10%~15%；酶分解作用造成的损失为5%~10%；由雨露淋洗溶解作用造成的损失约5%。

（六）干草品质鉴定及等级划分

1. 干草的品质鉴定

干草品质鉴定分为感官判断与化学分析两种方法。化学分析即实验室鉴定，包括水分、干物质、粗脂肪、粗蛋白质、粗纤维、粗灰分、无氮浸出物及矿物质含量和维生素的测定，即各种营养物质的消化率和有毒有害物质的测定。在生产中主要依据下列几个方面对干草品质做初步鉴定。

颜色气味：干草的颜色是反映干草品质优劣最显著的标志。优质干草的颜色呈绿色，说明其营养物质损失少，可溶性营养物质、胡萝卜素及其他维生素含量多，绿色越深，则品质越好（表9-8）。适时刈割制成的优质干草具有浓厚的芳香味，这种香味能刺激家畜的食欲，从而增加采食量；若有焦灼味或霉味，说明其品质不佳。

表9-8　干草颜色感官判断标准

品种等级	颜色	养分保存	饲用价值	分析与说明
优 良	鲜 绿	完好	优	刈割适时，调制顺利，保存完好
良 好	淡 绿	损失小	良	调制贮存基本合理，无雨淋、霉变
次 等	黄 褐	损失严重	差	刈割晚、受雨淋、高温发酵
劣 等	暗 褐	养分损失严重且有霉变	不宜饲用	调制、贮存均不合理

（引自《饲草生产学》，董宽虎、沈益新主编，2003）

叶片含量:干草叶片所含的胡萝卜素比茎秆中多10~15倍,矿物质、蛋白质多1.0~1.5倍,纤维素少1/2~2/3,消化率高40%,营养价值较高,因此,干草叶量越多,品质越好。鉴定时可取一束干草,比较叶量的多少。

牧草形态:影响干草品质的重要因素是是否适时刈割调制。初花期或初花期前刈割时,干草含有花蕾,未结实的枝条较多,而且叶量丰富,茎秆质地较柔软,适口性和品质好。若刈割过迟,干草叶量少,此时茎秆坚硬,适口性差、消化率降低,品质劣。

牧草组分:影响干草品质的另一重要因素是干草中各种牧草的比例,优质禾本科或豆科牧草占有的比例大时,品质好。

含水量:干草的含水量在15%~18%时利于贮藏,而含水量在20%以上则相反。

病虫害情况:由病虫侵害过的牧草调制而成的干草,不仅营养价值较低,而且不利于家畜健康。鉴定时检查干草叶片、穗上是否出现病斑,是否有黑色粉末等,若发现干草上有上述现象,则不能饲喂家畜。

2. 干草的等级划分

干草品质可根据各国的标准分为若干等级,以此作为干草调制、销售中检验和评定的依据。目前,我国尚无统一标准,现将内蒙古自治区的干草等级介绍如下。

一级:枝叶颜色鲜绿或深绿,叶及花序保存完整损失较少,含水量15%~17%,且干草具有浓郁的芳香味。

二级:枝叶颜色绿色,损失的叶及花序少于10%,含水量15%~17%,有香味。

三级:枝叶颜色发暗,损失的叶及花序少于15%,含水量15%~17%,有香味。

四级:茎叶发黄或发白,且部分茎叶出现褐色斑点,损失的叶及花序大于15%,含水量15%~17%,具有轻微的香味。

五级:枝叶发霉变质,有臭味,不可进行饲喂。

近年来美国对干草等级划分的标准进行了修订,主要以粗蛋白质、酸性洗涤纤维、中性洗涤纤维、可消化干物质、干物质采食量5个指标为依据对干草等级进行划分。

二、干草贮藏

(一)散干草的堆藏

1. 露天堆垛

散干草堆垛的形式有长方形、圆形两种。散干草堆垛虽然简单易行,但由于露天堆放、风吹日晒雨淋,造成营养物质损失严重,甚至变质不能饲喂家畜。因此,在堆垛时为了减少与空气的接触面应尽量压紧,加大密度。

2. 草棚堆藏

条件好的牧场和农户应建造干草棚,以防雨淋、日晒。堆垛时干草和棚顶应保持一定距离,有利于通风散热。

(二)压捆干草的贮存

在生产实践中常把青干草压缩打成干草捆进行贮存,草捆密度一般为80~130 kg/m³,如果采用高压打捆机,草捆密度可达200 kg/m³以上。草捆贮藏不但减少了营养物质的损失浪费,也便于装卸和运输。

(三)半干草贮藏

在湿润地区或雨季,为了加工优质青干草,可在青草半干时贮藏。在半干草中可加入氨水防腐剂,抑制微生物的生长繁殖,减少营养物质损失。但选用的防腐剂必须对家畜无毒无害,并具有一定的挥发性,能均匀分布在干草堆中。

1. 用氨水处理半干草

适时刈割牧草,在田间晾晒至含水量为35%~40%时打捆,并逐捆注入25%的氨水,然后堆垛并用塑料薄膜密封。用氨水处理的半干草不发霉变质,而且能提高青干草的质量。

2. 用有机酸防腐剂贮存半干草

有机酸可以有效防止高水分干草发霉变质,减少营养物质损失。在干草压缩过程中喷洒丙酸(70%~80%的丙酸用量9 mL/ kg),经处理的干草捆,温度为28.9 ℃,干物质损失为8.8%~10%,而对照组温度为51.1 ℃,干物质损失为18%左右。

另外,用丙酸铵、二丙酸铵处理干草效果更好,因为这些化合物中含有非蛋白氮,不仅有杀菌作用,还能提高干草中粗蛋白质的含量。

无论采取什么方法贮藏干草,都必须经常注意干草堆的水分和温度变化,必要时还要穿垛降温或倒垛。

三、草产品加工技术

草产品是指以干草为原料进行深加工而形成的产品。主要有草捆、草粉、草颗粒、草块等。

(一)草捆加工

1. 打捆

利用捡拾打捆机将干燥的散干草打成草捆的过程就是打捆。其目的是方便贮藏和运输。在压捆时一定要掌握好牧草的含水量。一般来说,在干旱地区适于打捆的牧草含水量为25%~30%,在较潮湿地区为30%~35%。

因打捆机的种类不同,所以可以将打成的草捆分为小方草捆、大方草捆和圆柱形草捆3种。

(1)小方草捆

草捆的长度从0.5 m到1.2 m,切面从0.36 m×0.43 m到0.46 m×0.61 m,质量从10 kg到45 kg不等,密度约为160~300 kg/m³。草捆常用金属线或两条麻绳捆扎,较大的则用3条金属线。

(2)大方草捆

草捆大小为1.22 m×1.22 m×(2.00~2.80)m,质量为820~910 kg,草捆的密度240 kg/m³左右,用6根粗塑料绳捆扎。大方草捆需用铲车或重型装卸机来装卸。

(3)圆柱形草捆

其规格为长1.0~1.7 m,直径1.0~1.8 m,质量为600~850 kg,草捆的密度为110~250 kg/m³。圆柱形草捆因其容积和形态而不能达到和方草捆等同的一次装载量,因此,一般不适合远距离运输。

2.二次打捆

二次打捆是在远距离运输草捆时,把首次打成捆的小方草捆压紧压实的过程。方法是把低密度(小方草捆)草捆通过压缩形成高密度紧实的草捆。高密度紧实的草捆,其大小约为30 cm×40 cm×70 cm,质量为40~50 kg。二次压捆时要求干草捆的水分含量为14%~17%。若含水量过高,则压缩后的水分难以蒸发,易造成草捆发霉变质。大部分二次打捆机会在完成压缩作业后,直接用纤维包装膜给草捆打上,一个完整的干草产品就制作完成,可以直接进行贮存和销售。

(二)草粉加工

草粉加工所用的原料主要是豆科牧草和禾本科牧草,特别是苜蓿。全世界草粉中,苜蓿是草粉中最常用的原料,由苜蓿加工而成的产品约占95%。

草粉既可用干草加工,也可用鲜草加工。当用干草进行加工时,一定要选用优质青干草作为原料。首先要除去干草中的尘沙、发霉变质部分以及毒草;再看其干燥程度,若有返潮草,应该重新晾晒干燥后再粉碎。用豆科干草时,应注意将叶片和茎秆调和均匀。将干燥的牧草用锤式粉碎机粉碎,然后过筛制成干草粉。对于肉牛,所需草粉的粒径大小以3 mm左右为宜。若用鲜草直接加工,首先是将鲜草置于1 000 ℃左右的高温烘干机中烘干,数秒钟后鲜草的含水量会降到12%左右,然后马上进入粉碎装置,直接加工成所需草粉。这种方法既省去了干草的调制与贮存工序,又能快速获得优质草粉,但制作成本高于前者。

(三)草颗粒加工

为了减小草粉体积,便于运输和贮藏,可以将干草粉用制粒机压制成颗粒状,即草颗粒。草颗粒根据实际需要可大可小,一般长度为0.64~2.54 cm,直径为0.64~1.27 cm。颗粒的密度可达到为700 kg/m³(而草粉密度约为300 kg/m³)。在草颗粒压制过程中,为防止胡萝卜素的损失,可加入抗氧化剂。苜蓿颗粒在生产上应用最多,占90%以上,而以其他牧草为原料的草颗粒较少。

(四)草块加工

牧草草块加工分为田间压块、固定压块和烘干压块3种类型。田间压块是由专门的干草收获机械,即田间捡拾压块机完成的,它能在田间捡拾干草并制成密实的块状产品,压制成的草块大小为30 mm×30 mm×(50~100)mm，密度为700~850 kg/m³。它要求干草含水量必须在10%~12%，且豆科牧草至少占90%。固定压块是用固定压块机强迫粉碎的干草通过挤压钢模，形成密度为600~1 000 kg/m³，大小约3.2 cm×3.2 cm×(3.7~5.0)cm的干草块。烘干压块由移动式烘干压块机完成，将运输车运来的牧草，切成2~5 cm，由运送器输入干燥滚筒，使牧草的水分由75%~80%降至12%~15%，干燥后的牧草则直接进入压块机压成厚约10 mm，直径55~65 mm的草块，密度为300~450 kg/m³。草块压制过程中可根据牲畜的需要，加入矿物质、尿素及其他添加剂。

第三节　秸秆的加工调制

秸秆是指农作物成熟脱粒后剩余的茎叶部分，主要有禾本科和豆科两大类，禾本科主要有麦秸、玉米秸、稻草、谷草和高粱秸等，豆科有大豆秸、蚕豆秸等。

秸秆作为农业生产副产品，其产量一般按籽实:秸秆为1.0:1.2~1.0:1.0来估测。在秸秆利用方面我国存在很大的浪费，大部分的秸秆被用作燃料物，或者是还田和用于造纸，甚至被直接焚烧，用作饲料的不足20%。因此，改善秸秆适口性和提高秸秆营养价值，充分利用秸秆资源，对缓解我国饲料供应紧张问题具有重要现实意义。

一、秸秆饲料的调制

（一）　物理处理

秸秆饲料通过机械、水、热等物理处理，可变得柔软，有利于家畜咀嚼和消化。处理方法包括切碎或粉碎、浸泡、蒸煮、碾青和热喷等。

(1)切碎或粉碎:切碎是秸秆处理最简单也是最重要的一个方法，是其他处理的基础。切短后的秸秆能有效地减少家畜的咀嚼能量消耗。粉碎秸秆是使秸秆纵向和横向都遭到破坏，使瘤胃液与秸秆充分接触，增加牲畜的采食量，减少能量消耗，提高消化率。但是也不能粉碎得太细，否则不但不能提高消化率，还会降低消化率。

(2)浸泡:浸泡可使秸秆饲料软化，提高适口性，并清洗掉饲料上的杂物。但因浸泡不易操作，所以一般不提倡浸泡。

(3)蒸煮:秸秆中纤维素的结晶度可通过蒸煮来降低，提高适口性，增加消化率。方法是在90 ℃下蒸煮1 h。

(4)碾青:将秸秆和豆科牧草分层晾晒，其上再铺一层秸秆，用拖拉机或石碾在上面碾压。由于鲜草的汁液被秸秆吸收，因此，提高了秸秆的营养价值和适口性，同时加快了鲜草失水的速度。

(5)热喷处理:将秸秆装进热喷机,通过饱和的热蒸汽,经过热压处理后骤然降压,物料从机内喷出并膨胀,改变了秸秆的结构和化学成分。热喷处理的原理是通过高压效应和热效应,使饲料的纤维细胞间以及细胞壁内各层间的木质素分解,导致纤维素的结晶度降低;再利用全压喷放的机械效应,使细胞游离,细胞壁疏松,物料颗粒变小,总面积增加,从而提高家畜对秸秆的消化率和采食量。

(二)化学处理

1.碱化处理

碱化处理是简便易行、成本低廉的秸秆加工方法之一。其原理是通过氢氧根离子打断半纤维素、木质素与纤维素之间对碱不稳定的酯键,使半纤维素和部分木质素、硅溶于碱中,从而提高饲料的适口性和消化率。

常用的碱化剂有熟石灰、NaOH、$NaHCO_3$、KOH等。

碱化处理包括湿法碱处理和干法碱处理。

(1)湿法碱处理

将切碎的秸秆放入8%的NaOH溶液中浸泡24 h,然后用清水漂洗,去除秸秆上残留的碱。经过碱处理,秸秆的消化率可以由4%提升至70%,净能可以达到优质干草的水平。

(2)干法碱处理

用占秸秆质量4%~5%的氢氧化钠,配制成20%~40%的溶液,喷洒在粉碎好的秸秆上,堆放数日,不经冲洗直接喂用,可提高有机物消化率12%~20%。

2.氨化处理

氨化处理也称为秸秆氨化,是指在秸秆中加入一定比例的液氨、氨水、尿素、碳酸氢铵等,以提高秸秆营养价值和消化率的方法。

氨化的原理是秸秆与氨相遇时发生氨解反应,破坏连接秸秆木质素与多糖之间的酯键,并形成铵盐,成为牛、羊瘤胃内微生物的氮源。同时,氨溶于水形成氢氧化氨,对秸秆有碱化作用。因此,氨化处理是通过氨化与碱化双重作用以提高秸秆的营养价值和消化率。氨化方法有以下3种。

(1)堆垛法

堆垛法是指在平地上,将秸秆堆成长方形垛,用塑料薄膜覆盖,注入氨源进行氨化的方法。其优点是不需建造基本设施、投资较少、适于大量制作,堆放与取用方便,适于夏季气温较高的季节采用。主要缺点是塑料薄膜容易破损,使氨气逸出,影响氨化效果。秸秆堆垛氨化的地址,要选地势高燥、平整,排水良好,雨季不积水,地方较宽敞且距畜舍较近处,有围墙或围栏保护,能防止牲畜危害。麦秸和稻草是比较柔软的秸秆,可以铡成2~3 cm,也可以整秸堆垛。但玉米秸秆高大、粗硬,体积太大,不易压实,应铡成1 cm左右碎秸。边堆垛边调整秸秆含水量。如用液氨作氨源,含水量可调整到20%左右;若用尿素、碳酸铵作氨源,含水量应调整到40%~50%。水与秸秆要搅拌均匀,堆垛法适宜用液氨作氨源。

(2)窖、池容器氨化法

建造永久性的氨化窖、池,可以与青贮饲料转换使用,即夏、秋季氨化,冬、春季青贮。也可以建2~3窖轮换制作氨化饲料。采用窖、池容器氨化秸秆,首先把秸秆铡碎,麦秸、稻草较柔软,可铡成2~3 cm,玉米秸秆较粗硬,应以1 cm左右为宜。用尿素氨化秸秆,一般每吨秸秆需要尿素40~50 kg,溶于400~500 kg清水中,待充分溶解后,用喷雾器或水瓢泼洒,与秸秆搅拌均匀后,分批装入窖内,摊平、踩实。原料要高出窖口30~40 cm,长方形窖呈鱼脊背式,圆形窖成馒头状,再覆盖塑料薄膜。盖膜要大于窖口,封闭严实,先在四周填压泥土,再逐渐向上均匀填压湿润的碎土,轻轻盖上,切勿将塑料薄膜打破,造成氨气泄出。

(3)塑料袋氨化法

主要利用厚度0.12 mm以上的聚乙烯薄膜塑料袋,它们具有韧性好、抗老化等特点。袋口直径1.0~1.2 m,长1.3~1.5 m。用烙铁粘缝,装满饲料后,袋口用绳子扎紧,放在向阳背风、距地面1 m以上的棚架或房顶上,以防老鼠咬破塑料袋。氨化方法,可用相当于干秸秆风干质量3%~4%的尿素或6%~8%的碳酸铵,溶在相当于秸秆质量40%~50%的清水中,充分溶解后与秸秆搅拌均匀装入袋内。昼夜气温平均在20 ℃以上时,经15~20 d处理即可喂用。此法的缺点是氨化数量少,塑料袋一般只能用2~3次,成本相对较高。塑料袋易破损,需经常检查粘补。

秸秆经过一段时间的氨化后,即可开窖饲用。氨化时间的长短要根据气温而定。气温低于5 ℃,需要56 d以上;气温为5~10 ℃,需要28~56 d;气温为10~20 ℃,需要14~28 d;气温为20~30 ℃,需要7~14 d;气温高于30 ℃,只需要5~7 d。

氨化秸秆在饲喂牲畜之前应进行品质鉴定,一般来说,经氨化的秸秆质地蓬松,pH8左右。颜色方面,氨化的麦秸颜色为杏黄色,玉米秸为褐色。气味方面,氨化的麦秆有糊香味和刺鼻的氨味;氨化玉米秸的气味略有不同,既有青贮的酸香味,又有刺鼻的氨味。需注意的是,若发现氨化秸秆大部分已发霉时,则不能用于饲喂家畜。

氨化秸秆的饲喂方法如下:取喂时,按需求量从氨化池取出秸秆,放置10~20 h,在阴凉处摊开散尽氨气,至没有刺激的氨味即可饲喂。开始时应少量饲喂,待牲畜适应氨化秸秆后,逐渐加大喂量,供其自由采食,亦可以与其他饲草混合饲喂。剩余的仍要封严,防止氨气损失或进水腐烂变质。

(三)生物处理

生物处理就是在适宜的条件下,利用有益微生物和酶分解秸秆中难以被家畜所利用的部分,并软化秸秆,提高适口性,增加对家畜有益的物质。

1. 干粗饲料的发酵

干粗饲料发酵常用的菌种有酵母菌、霉菌等,菌种要对人畜无害,易于分离收集。秸秆发酵的优劣全部取决于菌种的质量,因此菌种应包括杂质少、有益微生物多、活力强、生长快、生产率高等特点。菌种制作方法是将某些酵母菌或霉菌等和粉碎的秸秆及新鲜糠麸以0.01∶4∶10的质量比混合发酵。制好后保存在阴凉、干燥、通风的地方。

2. 仿生饲料

所谓仿生饲料,又称作人工瘤胃发酵饲料,是根据牛、羊瘤胃转化功能的特点,通过人工仿生技术,制成纤维素被有益微生物发酵降解,增加氨基酸含量和粗蛋白的饲料。人工模仿瘤胃的主要参数有:40 ℃恒温、厌氧环境及必需的氮、碳及矿物元素pH 6~8。

(1)菌种和添加物

仿生饲料的菌种来自瘤胃液或瘤胃内容物。瘤胃内容物的采集方法一般如下。

① 胃导管法:选择健康的牛、羊,使用导管利用虹吸原理吸出瘤胃内容物。

② 屠宰场获取:即从宰杀后的牛、羊的瘤胃中获取。

③ 永久瘤胃瘘管法:利用外科手术,给健康的牛、羊安装瘤胃瘘管,获取瘤胃内容物。

为了方便运输和贮藏,一般将瘤胃内容物或胃液制成固体菌种。方法是将瘤胃内容物去除大块草段碎片,在40 ℃,标准大气压下放入干燥箱干燥,干燥完成后粉碎,曲种制作即完成。另外,为了保证菌种有充足的营养物质及适宜的pH,常需要添加一些物质,如磷酸盐、尿素等。

(2)仿生饲料的生产流程

①一级发酵

一级发酵就是将原种扩大培养,并将新鲜瘤胃液扩大7倍。其方法是在一级种子缸内放入温度为45 ℃,体积为瘤胃液6倍量的水,并加入2%的秸秆粉、精料或0.5%的优质干草、0.1%的食盐、0.6%~0.8%的碳酸氢铵,并搅拌均匀。当pH为7.2左右、温度约为42 ℃时,接种新鲜的瘤胃液,并立即用塑料布封口、加盖,造成厌氧环境。密封2~3 d后,观察滤纸分解情况,作为分解纤维能力的指标,若滤纸分解即可。

②二级发酵及菌种继代

将一级发酵液扩大4倍即二级发酵,然后在相同条件下继续发酵。原种继代一般可持续2~3个月。优质种子液的纤维分解率一般为15%~30%,真蛋白质约增加50%。如果达不到这两项指标,则种子液发酵能力下降,滤纸在2~3 d内不能分解,应重新制种。

③三级发酵

三级发酵就是人工瘤胃饲料发酵。在发酵的过程中,每隔24 h搅拌1次,一般经过2~3 d的发酵才可完成。

目前国内已应用机械化、半机械化大型发酵装置,一次可调制1 500 kg仿生饲料。发酵过程中的搅拌、出料控制、各种饲料的均匀混合,以及通过管道输送到食槽,都由机械完成。

(3)仿生饲料的品质鉴定

优质的秸秆仿生饲料呈现软、烂、黏等类似面酱的状态,具酸香味,略带瘤胃的膻、臭味,汁液较多。发酵后的秸秆,其营养成分有一定改善,粗纤维有15%~20%被分解,甚至可达35%;真蛋白质的增加量可达50%以上,粗脂肪的增加量在60%以上,且挥发性脂肪酸含量显著增加。为保证仿生饲料的质量,需要经常对饲料进行品质检验。

仿生饲料的品质鉴定方法有感官鉴定法和滤纸鉴定法2种。

①感官鉴定法：根据秸秆仿生饲料的外部特征，通过看、嗅和手感的方法进行鉴定。

看　经24 h发酵，优质的秸秆仿生饲料，表面灰黑色，下部呈黄色，且搅拌时发黏，形似酱油状态，汁液较多。开缸时的温度应在40 ℃左右，pH 5~6，否则为发酵不好的饲料。

嗅　优质的秸秆仿生饲料具有酸香味，略带瘤胃的膻臭味。一般禾本科秸秆仿生饲料臭味较淡，豆科秸秆较浓；相同的原料下，用硫酸铵处理后的酸味比用尿素处理后的大。若有其他味道或腐败，说明此饲料已坏。此种饲料一般不宜用于饲喂家畜。

手感　把饲料抓在手里，质量好的秸秆仿生饲料纤维软化、发黏；如果与发酵前差别不大，质地较硬，则表明发酵不充分，质量差。

②滤纸鉴定法

将滤纸条装在纱网口袋内，放在距缸口1/3处，和饲料一起发酵。48 h之后，将滤纸慢慢拉出，冲掉纱袋上的饲料，如果滤纸条断裂，表明发酵能力强，否则发酵能力弱。

这些年，国内外对于秸秆的微生物处理技术日益关注，并取得了较大进展。20世纪80年代初，苏联哈萨克斯科学院研究出一种能够完全消化秸秆中纤维的微生物制剂。加拿大学者用微生物处理秸秆得到了蛋白质含量为14.3%的产品。日本科学家从土壤中分离出了能分解纤维素的微生物。

案例9-3：

作为农业大市，长期以来，河北省某市农村大量的小麦、玉米等秸秆被废弃、燃烧，给生态环境带来压力。近年来，该市在实施秸秆还田的同时，着力侧重循环经济项目的引进，建立发展循环经济的制度保障体系。在坚决淘汰高耗能、高污染、低产出生产项目和生产设备的基础上，积极探索推行循环经济发展模式。

对养殖业和种植业发达的乡镇，该市重点安排秸秆饲料加工项目，推动企业与农户的合作。通过农民卖秸秆，由企业加工制成饲料，再销售给奶牛养殖场，奶牛粪便变沼气，沼气再用作燃料做饭、照明，形成秸秆—饲料—牛(羊)粪便—沼气循环产业链，从而提高能源利用率，降低环境污染。目前，该市共引进饲料加工项目4个，5个乡镇30多个村建设沼气池150多座。

思考题

1. 青贮饲料的优点有哪些?
2. 简述青贮发酵过程中的变化。
3. 牧草在青贮调制过程中哪些步骤会造成养分损失?
4. 简述青贮饲料的加工过程。
5. 在加工青贮过程中,需要注意哪些问题?
6. 除了青贮饲料,还有什么其他方式处理贮存饲料?

参考文献

1. 董宽虎,沈益新. 饲草生产学[M]. 北京: 中国农业出版社,2003.

2. 云南省草地学会. 南方牧草及饲料作物栽培学[M]. 昆明: 云南科技出版社,2001.

3. 周明. 饲料学[M]. 合肥: 安徽科学技术出版社,2007.

4. 何峰,李向林. 饲草加工[M]. 北京: 海洋出版社,2010.

5. 玉柱,杨富裕. 饲草加工与贮藏技术[M]. 北京: 中国农业科学技术出版社,2003.

6. 张秀芬. 饲草饲料加工与贮藏[M]. 北京: 中国农业出版社,1992.

7. 邱以亮,宋健兰. 畜禽营养与饲料[M]. 北京: 高等教育出版社,2002.

8. 南京农学院. 饲料生产学[M]. 北京: 农业出版社,1980.

9. 陈自胜,陈世良. 粗饲料调制技术[M]. 北京: 中国农业出版社,1999.

10. 徐文志,金俊浩,陆凯. 传统型奶牛饲养与青贮舍饲型饲养模式的对比分析[J]. 中国奶牛,2002(4): 25-26.

11. 刘春晓,吴宏军,王晓燕,等. 青贮玉米利用价值及对奶牛产奶量的影响[J]. 内蒙古草业,2004,16(1): 4-5,29.

第十章 草畜配套技术

在提倡大力发展草地农业、实行草田轮作的“三元”种植业结构的今天，草畜配套的重要性不言而喻。草与畜配套最早是在牧区草原上提出的，称为“草畜平衡”，即牲畜饲养规模必须按照草地载畜量和草地面积来确定，不能造成草地的过牧。草畜配套指的是牲畜的饲养种类、数量和饲养模式与牧草种植加工和贮藏的配套，要求以草定畜和以畜定草。以草定畜就是准备了多少饲草料就养多少牲畜，以畜定草则相反。草畜配套讲求养殖规模和方式与牧草供应相协调，牧草的供应量和需求量达到动态平衡。草畜配套是现代化畜牧业健康发展的保障，是草食畜牧业规模养殖所必须解决的首要问题。

目前，在青藏高原高寒牧区实施的“人草畜”三配套建设工程即“草畜平衡”的重要体现。三配套是指将牧民的定居住房、草料基地、牲畜保暖棚（圈）三者进行配套建设，三配套建设正确处理了人、草、畜三者的关系，并合理配置了资源，组合生产要素，抓住了牧区发展的主要矛盾。为此，《全国草原保护建设利用总体规划》明确提出要实施农牧民“人草畜”三配套建设。同样，农区的草畜配套是合理利用土地，发展高效草地农业的重要举措。

第一节 牧草在草食家畜生产中的作用

优质牧草在草食家畜生产中具有不可替代的作用，优质牧草营养体包含了植株的各个可利用部分，与植物籽实相比它更充分地利用了光能，单位面积产量中所含的储藏化学能是植物籽实的数十倍。

一、牧草在草畜配套中的重要地位

牧草是发展草食畜牧业的物质基础，是维持草食动物生命及正常生长发育的主要饲料，决定着草食畜牧业的发展规模、速度和效益，也是绿色、无公害和有机畜产品生产的主要饲料来源。

(一)新鲜牧草对畜禽的营养价值

广义的新鲜牧草主要包括天然牧草、人工栽培牧草、青饲作物、叶菜类、非淀粉质根茎瓜类、水生植物及树叶类等。其特点是产量高、营养丰富,对促进动物生长发育、提高畜产品品质和产量等方面具有重要作用,被人们誉为“绿色能源”。新鲜牧草的营养特性主要包括以下几个方面。

1. 水分含量高,鲜嫩多汁

鲜草水分含量一般为75%~90%。但是,鲜草的营养浓度较低,消化能只有1 250~2 500 kJ/kg。

2. 蛋白质丰富,品质好

一般禾本科牧草和叶菜类饲料的粗蛋白含量在1.5%~3.0%之间,豆科牧草在3.2%~4.4%之间。如以干物质计算,鲜草中粗蛋白的含量比禾本科籽实中的还要多。如高产牧草一年生黑麦草和饲用玉米的粗蛋白含量分别达17%和13.8%。不仅如此,鲜草所含的氨基酸组成也优于禾本科籽实,尤其是赖氨酸、色氨酸等含量较高。

3. 粗纤维含量较低

幼嫩牧草粗纤维含量较低,无氮浸出物含量较高。若以干物质为基础,粗纤维含量为15%~30%,无氮浸出物为40%~50%。粗纤维的含量随着植物生长期的延长而增加。一般来说,在植物开花或抽穗之前,粗纤维含量较低。

4. 矿物质及钙磷含量丰富,比例适宜

新鲜牧草中的铁、锌、铜等必需元素含量较高,钙磷丰富,植物开花前或抽穗前利用,则消化率高。

5. 富含多种维生素

新鲜牧草是畜禽维生素的主要来源,能为畜禽提供丰富的维生素B、维生素C、维生素E、维生素K、胡萝卜素等。另外,幼嫩鲜草柔软多汁,适口性好,还含有各种酶、激素和有机酸,易于消化。

6. 适口性好

新鲜牧草柔软多汁,纤维素含量低,适口性好,是草食家畜不可或缺的饲料来源之一。

(二)青干草对畜禽的营养价值

青干草是指由青绿牧草及饲用作物干燥而成,水分15%~18%以下的牧草。一般情况下,鲜草的生长发育受环境条件影响较大。天气寒冷或是酷暑都会在较大程度上影响到鲜草的产量及营养品质。因此,在夏秋牧草生长旺季,在调制青贮料的同时,应调制贮备好优质青干草供冬春季节利用。此外,调制良好的青干草不仅可以保存青饲料的营养成分,而且便于贮藏和随时取用。

青干草的营养价值与饲草种类、生长阶段及调制方法有关。调制良好的青干草含较多的蛋白质,较齐全的氨基酸,且富含胡萝卜素、维生素D、维生素E及矿物元素,粗纤维消化率也较高,是一种营养价值比较完全的基础饲料。干草粗纤维含量一般较高,为20%~30%,所

含能量为玉米的30%~50%。豆科干草粗蛋白含量为12%~20%，禾本科干草为7%~10%。豆科干草钙含量如苜蓿为1.2%~1.9%，而一般禾本科干草仅为0.4%左右。谷物类的干草营养价值低于豆科及大部分禾本科干草的营养价值。

（三）青贮牧草对畜禽的营养价值

牧草青贮是指在密封状态下贮存，利用乳酸菌发酵，抑制其他有害细菌生长，使青绿牧草保存在乳酸环境中的牧草加工贮存方式。青贮不仅能较好地保持牧草的营养特性，减少养分损失，而且能增加适口性，达到长期贮存的目的。另外，青贮还是饲喂牛羊等大型草食牲畜的重要饲料来源。青贮牧草的特点如下。

1. 营养成分保持好

与天然或经人工干燥调制成的干草相比，青贮后的青绿牧草营养损失在10%以下，而自然干燥贮存的损失达到11%~15%。青贮尤其能有效地保存鲜草中的蛋白质和胡萝卜素，特别是在优良的青贮条件和方法下，保存养分的效果更佳。

2. 使用方便，利用时间长

青贮牧草可以保存多年不变质，能解决季节性牧草短缺问题，从而保持年度间饲料平衡供应。

3. 适口性好且消化率高

青贮牧草能保持鲜草时的鲜嫩多汁，且具有芳香的酸味，适口性好，能刺激家畜食欲、消化液的分泌和肠道蠕动，从而增强消化功能。

4. 青贮饲料存储方便

每立方米青贮料质量为450~700 kg，其中含干物质为150 kg，而每立方米干草质量仅70 kg，约含干物质60 kg。1 t青贮苜蓿约占体积1.25 m^3，相比而言，1 t苜蓿干草占体积13.3~13.5 m^3。在贮藏过程中，青贮饲料不受风吹、日晒、雨淋的影响，也不易发生火灾等事故。

第二节　牛养殖草畜配套

近年来，随着国内居民生活质量和消费水平的不断提高，人民的膳食结构也发生了改变，对牛肉和牛奶的需求量日益增加，促使国内肉牛和奶牛养殖业蓬勃发展，2011年我国肉牛和奶牛的年末存栏数分别达到6 646.4万头和1 440.2万头。伴随着养牛业的迅速发展，饲料供应不足，草畜配套不平衡的问题逐渐显现。因此，大力发展人工牧草种植和充分开发利用饲草资源养殖肉牛、奶牛是保护生态、增加农民收入、发展社会经济的重要举措。

一、肉牛的消化代谢特点

牛是大型草食动物,具有反刍和嗳气两大生理特点,一头肉牛干物质日采食量应达体重的2%~4%才能满足其生长和中等育肥水平所需能量。牛的瘤胃内含有大量的微生物和纤毛虫。这些数量庞大的微生物的存在使瘤胃对营养物质的消化代谢具有独特之处,尤其是能够有效地利用粗纤维。因此,在实际生产中,牛较其他家畜能更彻底地利用优质牧草。

二、肉牛养殖常用牧草及其栽培模式

牧草是肉牛养殖必需的饲料之一。优质牧草不仅能够满足肉牛营养的需要,而且能够充分发挥肉牛的优良性状,取得更高的经济效益。

肉牛饲用优质牧草应该具有以下特性:

(1)高产;

(2)适口性好,叶量丰富、含糖量高;

(3)具有较高消化率,能量和蛋白质等含量较高;

(4)丹宁酸、硝酸盐、生物碱、氢基胍、激素等含量低;

(5)肉牛采食后表现好,具较高生长性能和较强抗病性。

(一)肉牛养殖常用牧草

适宜肉牛饲用的常用优质牧草种类包括多花黑麦草、多年生黑麦草、紫花苜蓿、红三叶、白三叶、鸭茅、扁穗牛鞭草、青贮玉米、皇竹草、高丹草、饲用甜高粱、拉巴豆等。在上述肉牛养殖常用牧草中,不同的牧草种类具有不同的生态适应性,应根据当地水热因子、海拔等选择适宜的牧草种类,如高海拔地区(1 000 m以上),应以多年生冷季型品种为主,包括多年生黑麦草、鸭茅、红三叶、白三叶等。中海拔地区(500~1 000 m),以多年生与一年生品种结合为主,如鸭茅等与甜高粱、多花黑麦草结合。低海拔地区(500 m以下),主要选用一些耐热牧草品种,如皇竹草等。

(二)肉牛养殖常用牧草栽培模式

1. 单播

(1)秋播

多花黑麦草是南方地区最常用的牧草,利用非常广泛。在9月下旬至10月中旬应大量分期分批播种,规模种植播种计划应以此阶段为重点。此外,多年生牧草如紫花苜蓿、红三叶、白三叶、鸭茅等可秋播也可春播,但考虑到夏末的伏旱天气和春播易受杂草危害的问题,最好采用秋播。

(2)春播

扁穗牛鞭草、青贮玉米、皇竹草、饲用甜高粱等牧草适宜春播,是肉牛夏秋季的优良牧草。播种时间多在3月。扁穗牛鞭草和皇竹草适宜用茎秆、老根等营养体扦插繁殖。

2. 混播

混播是建植人工草地或进行草地改良的最好方式，可以提高单位面积土地上牧草的产量和品质。肉牛养殖，可选用苇状羊茅、鸭茅、白三叶、多花黑麦草、红三叶、多年生黑麦草等2~4种牧草进行混播。如重庆市丰都县常用的肉牛养殖混播牧草种植模式为：人工草地建植每亩采用鸭茅（1.0~1.2 kg）+白三叶（0.2 kg）+多花黑麦草（0.3~0.5 kg）+红三叶（0.2 kg）混播（条播法）；改良人工草地采用鸭茅（1.0~1.2 kg）+白三叶（0.2 kg）+多花黑麦草（0.3~0.5 kg）+红三叶（0.2 kg）混播。

3. 套作

套作的主要意义在于争取时间以提高光能和土地的利用率，提高单位面积产量。套作有利于保证产量的稳定。在实际生产中，套作应选配适当的牧草品种组合，调节好牧草田间配置，掌握好套种时间，调节预留套种行的宽窄、牧草的株距、行距等，解决不同牧草品种在套作共生期间互相争夺日光、水分、养分等矛盾，促使牧草幼苗生长良好，以达到牧草套作的预期效果。

（1）多年生牧草与一年生牧草套作

多年生牧草，如皇竹草，鲜草利用期为5~11月，可在10月中下旬在皇竹草行间套种多花黑麦草。多花黑麦草鲜草利用期为12月份至翌年5月份。4月份中旬将多花黑麦草全部收割以促进皇竹草生长。

（2）禾本科牧草与豆科牧草套作

禾本科牧草，如甜高粱或青贮玉米具有高产和碳水化合物含量高的特点，豆科牧草如拉巴豆具有蛋白质含量高的特点。此外，将禾本科牧草与豆科牧草套作，不仅可以提高牧草产量，而且能提高牧草品质。

4. 轮作

（1）一年生暖季型牧草与冷季型牧草轮作

暖季型牧草，如甜高粱的播种和生长期是4月至11月，冷季型牧草如多花黑麦草播种和生长季节是9月至翌年5月，可以通过条播的方式开展轮作。

（2）一年生牧草与饲料作物轮作

一年生牧草，如芜菁甘蓝是含水量和产量均较高的短季冬春作物，适宜与甜高粱等生长期短的暖季型高产牧草轮作。这种栽培模式可以较好地解决肉牛生产冬、春季节牧草缺乏的难题。

三、奶牛养殖常用牧草及其栽培模式

奶牛饲用牧草种类与肉牛的类似，其主要特点除了营养丰富、高产外，还具有较好的适口性，青绿多汁。奶牛的畜产品产出方式为产奶，因此在实际生产中应饲喂含水量较高的饲草品种，如菊苣。菊苣作为一种含水量较高的叶菜类饲草，在奶牛草畜配套中应用较为广泛。然而，菊苣在北方地区越冬是主要问题，在西南地区部分菊苣因炎热而不能越夏。另外,在1000 m以上的高海拔地区,菊苣可以与白三叶、鸭茅、多年生黑麦草混播建立多年生草场,菊苣因为种子脱落后自动繁衍,能在草地中长期生存。

皇竹草因为粗纤维含量较高,适口性相对较差,过去不适宜饲喂奶牛,但随着对牧草生产加工机械的改进,目前可以利用饲草青切机或揉搓机将鲜草切碎或揉搓成丝,直接饲喂奶牛。

奶牛采食量较大,按产奶量来分,奶牛日粮中干物质含量占体重的百分数:低产奶牛为2.5%~2.8%,中等产奶牛为2.8%~3.3%,高产奶牛为3.3%~3.6%。奶牛日粮中必须含有一定量的幼嫩牧草或青贮多汁料。日粮中青粗饲料应占干物质总量的60%以上。一般可按100 kg体重饲喂干草1.5~2.0 kg计算。若用新鲜牧草代替干草,按4~5 kg鲜草或块茎饲料代替1 kg干草计。

奶牛草畜配套牧草栽培模式与肉牛的栽培模式相似。

案例10-1:奶牛饲养中菊苣的使用

农业农村部饲料工业中心在北京某区选择了一个种植菊苣示范田的奶牛养殖户进行了菊苣饲喂奶牛的试验。试验采用交叉分组设计,试验组和对照组共有4个重复。结果表明:试验组奶牛比对照组平均每头每天多产奶1.23 kg($P<0.05$),差异显著;试验组奶牛比对照组的乳蛋白率增加了0.10%($P<0.05$),差异显著;试验组奶牛比对照组牛的乳脂率降低了0.005%($P>0.05$),差异不显著;经济效益方面,每头奶牛每年可增加经济收入912.5元。

第三节　羊养殖草畜配套

在我国34个省(自治区、直辖市、特别行政区)中,32个有羊的分布。2008年全国存栏的绵羊、山羊总数中,年存栏量在1 000万只以上的有内蒙古、新疆、山东、河南、四川、西藏、甘肃、河北和青海。2008年,我国人均羊肉分配量为2.9 kg;出栏羊平均每只胴体重14.55 kg,全国平均出栏率为91.5%,平均每只存栏羊年产肉量13.5 kg;平均每只存栏绵羊年产绵羊毛2.86 kg。2008年,农业部(现为农业农村部)制定了《全国羊业优势区域布局发展规划(2008—2015)》,大大推动了全国养羊生产的发展,同时对高产、优质的饲草生产也提出了新的要求。

羊草配套是科学养羊的一项重要技术,核心任务就是解决好羊饲养中牧草的生产组织与供给,做到草畜平衡。羊草配套技术中有两个重要方面,即草与畜,草是羊生产的物质基础和前提,羊的生产依赖于草的生产。因此,羊草配套就是草畜协调,合理开发和利用牧草资源,促进养羊业的发展,增加产品数量,在提高产品质量,全面提高养羊业经济效益。羊草配套,通过种草养羊把畜牧业和种植业有机地结合起来,推动农业经济结构的优化调整,增加农牧业经济效益,促进农业生态的良性循环。

随着农村经济结构的优化调整,种草养羊已成为我国广大山区发展农村经济,增加农民收入的一项重要举措。如在我国南方草山草坡开发示范和天然草原植被恢复项目建设中,通过退耕还草,羊草配套,科学养羊,收到了良好的生态效益、经济效益和社会效益。在我国北方草原牧区,结合天然草地生态保护工程,发挥天然草原牧草资源优势,建立青贮草基地,羊草配套,减轻天然草地放牧压力,在提高羊生产效率的同时,也促进了草原地区生态建设的协调发展。

一、羊的采食习性和消化代谢特性

羊以采食富含粗纤维的牧草为主,尤其喜食优质的新鲜牧草、青干草和多汁饲料。除此之外,羊喜食优质的豆草和禾草,不爱吃稻草、茅草、芦苇等;喜食柔嫩的青草,不爱吃花后期枯萎的老草;爱吃牧草的上部,不爱吃粗老的下部;爱吃叶面较宽而薄的甘薯叶、桑叶等,不爱吃叶呈尖状的莎草、大米草和松针叶等。

羊的采食习性受生活习性和饲养方式的影响较大,在圈养过程中,日粮的干物质品种不能过于单一,要注意采用多品种、多科别的牧草搭配,特别是(富含蛋白的)豆草与禾草的平衡搭配,不能单一利用禾本科高产草种。此外,羊的日粮中也可以利用一定数量的秸秆类饲料,添加一些谷物精料作为补充饲料。

羊属于反刍类家畜,具有反刍的重要生理消化特点。此外,大容积的瘤胃可以储存饲草,并通过数量庞大的微生物有效地利用饲草中的碳水化合物,尤其是饲草中的粗纤维,使之分解为挥发性的低级脂肪酸并参与代谢,成为羊体最重要的能量来源。因此,优质充足的饲草是保证羊生长发育的必要条件。

二、羊草配套饲草供应的一般原则

1. 必须遵循草畜配套的养殖原则

大力发展人工种草养畜,不仅要遵循“以草定畜”的原则,更应该遵循“以畜定草”的原则。依靠天然草地发展养羊业,首先要对土地、生物资源进行调查,了解水资源和植被的基本情况,提出该地载畜量,以草定畜,只有这样才不会造成草畜矛盾,影响经济效益。依靠人工种草发展养羊业,则应遵循“以畜定草”的原则,科学制订种草计划,选择适宜的牧草种类和适宜的禾豆混播比例,选择适宜的草田轮作方式,选择适宜的土地,合理整地,合理施肥,合理利用与管理草地,以保证羊生产中可以全年均衡地供应饲草料。

2. 必须根据养殖规模确定种草面积

一般情况下,每亩饲草可供2~4只成年羊全年饲用(舍饲和半舍饲)。各地应根据劳动力情况、设备条件确定养殖规模,羊的繁殖速度较快,所以牧草的种植面积要视种羊基数和发展速度而定,做到既满足供应又不浪费。

3. 必须选择种植适宜的牧草种类或品种

根据当地的气候、土壤、草地类型、耕作制度、生产条件、羊的采食特点和营养需求等因素,综合确定种植牧草的种类和品种,并且牧草应选择一年生与多年生,或禾本科与豆科,或多汁饲草与块根块茎类等多种类型,以满足不同的栽种条件和饲喂要求。

4. 必须遵循牧草合理利用的原则

适时收割,适量饲喂,搭配或处理后饲喂,调制干草或青贮料以调节不同季节的饲草供给。

三、羊养殖常用牧草

优质牧草紫花苜蓿、三叶草、黑麦草等,以及一些优质多汁饲料,如萝卜、菊苣、苦荬菜等,都是适宜于饲养羊只的优质饲草。优质牧草紫花苜蓿、三叶草、黑麦草等因富含可消化粗蛋白、碳水化合物和多种维生素,其营养价值和消化率均较高,可青饲或青贮及调制成青干草后饲喂羊只。特别注意,青干草是鲜草供应不足时羊的主要食物,与鲜草相比其粗纤维含量高、可消化营养物质较少、经济价值略低、适口性略差,但羊的消化器官适宜消化粗纤维,若青干草供应量不足会破坏其正常的消化功能,因此在羊养殖过程中应适量饲喂青干草。多汁饲料水分含量高、干物质含量少、粗纤维含量低、适口性好、消化率高,特别是对产奶母羊有催奶作用,应适量饲喂。一般成年母羊每只每天可喂块根2~4 kg、块茎1~2 kg,羔羊适当少喂。

四、羊草配套模式

1. 以天然草地为主,人工草地为辅的放牧养殖羊草配套模式

天然草原地区利用草地牧草资源优势进行轮牧饲养的同时,也利用优质栽培牧草发展人工草地,这样既可改善牲畜的营养,又可解决冬春枯草期青饲料缺乏的问题。在广大北方的草原牧区及南方中山地区,采用建设人工草地、改良天然草地和合理利用天然草地相结合的办法,这是一条切实可行的草羊配套发展羊生产的途径。

2. 以种草为主,天然草地放牧为辅的半舍饲羊草配套模式

在低山地区农林牧交错地带,耕地、草地、林地镶嵌分布,适合于发展半舍饲种草养羊,可大力推广粮草轮作,积极建设人工草地和改良草地,开展农副秸秆等副产品的加工利用。

3. 以种草为主,秸秆等农副产品饲草料资源利用为辅的圈养羊草配套模式

在我国丘陵地区农区,可通过粮草轮作、饲料轮作等方式,种植高产、优质牧草,结合农副秸秆等副产品的加工利用,以天然草地、疏林、农隙草地增加饲草来源,进行以舍饲为主的圈养羊草配套模式。

案例10-2:"秸秆+精料"能否替代优质牧草

"粮"喂多了会造成能量和营养物质的浪费,而秸秆的营养价值又太低,二者都不利于羊的健康生长。那么"秸秆+精料"是否可以替代优质牧草?

从营养方面考虑，优质牧草可以为羊提供其生长发育所需的所有营养物质。优质牧草含有丰富的赖氨酸、蛋白质、钙、磷、胡萝卜素和其他养分，同时矿物质丰富，是羊维生素的优良来源。对于羊来说，牧草是一种“全价饲料”，只要给予充分的优质牧草，就可以保证其生长、发育、产乳和繁殖等需要，而这些都是“秸秆+精料”所无法替代的。

第四节　肉兔养殖草畜配套

我国是世界第一养兔大国，近30年来，我国肉兔产业取得的成绩举世瞩目，2008年我国兔肉产量为6.6×10^5 t，占全国肉类总产量的0.91%，年平均增长率达12.54%，而同期我国肉类年平均增长率仅为2.5%。近年来，我国大力发展草食畜牧业，肉兔是草食家畜的重要一员，在国家政策的扶持下和消费需求的带动下，肉兔产业必将会有更大发展，肉兔将成为我国肉类产品中的重要组成部分。

一、兔的采食特性

兔属于小型单胃草食动物，发达而有一定消化作用的盲肠是其消化生理的主要特点。新鲜牧草中，兔主要采食牧草的根、茎、叶和种子。兔喜欢吃豆科、十字花科、菊科等多叶型牧草的幼嫩部分。在规模化养兔生产中，由于颗粒饲料的推广应用，鲜草的应用在逐渐减少；但在广大农户的养兔生产中，青绿饲料仍是兔春、夏、秋三季的主要饲料。

二、肉兔养殖常用牧草及利用要点

肉兔喜食青绿多汁类的牧草，包括豆科牧草紫花苜蓿、紫云英、白三叶、红三叶、苕子等，按干物质基础计算，粗蛋白可满足肉兔对蛋白质的需要，但生物学价值较低，而且能量含量不足，钙的含量较高。禾本科牧草主要有黑麦草、苏丹草、羊草等，同豆科牧草相比，禾本科牧草的粗蛋白含量相对不足，粗纤维含量相对较高，营养价值虽不及豆科牧草，但也是肉兔常用青绿饲料。

兔属于小型动物，不耐粗饲，饲喂新鲜青草可以保证营养物质被及时吸收。饲喂时，若青草中有泥土、杂质等应洗净、晾干且要注意仔细剔除有毒有害草。冬季饲喂干草时，应该将干草用温水浸软，沥干后饲喂；干草粉拌入粗饲料中可代替糠麸使用。另外，蔬菜瓜果类饲料、水生饲料及早春的青绿饲料因水分含量太高，用其饲喂家畜时应注意以下3点：一是控制喂量；二是切碎与麸皮或粗饲料搭配；三是晒制半干再饲喂。

三、肉兔养殖常用牧草栽培模式

通常中等体型的肉兔每天可食大约1 kg的新鲜牧草。人工种草发展肉兔养殖，一亩地可饲养20~25只肉兔。常采用的牧草栽培模式有如下3种。

(一)单播

紫花苜蓿、菊苣、三叶草、鸭茅、多年生黑麦草等多年生牧草是饲喂肉兔的优质牧草,可单播建植人工草地发展肉兔养殖。这些优质牧草可秋播也可春播,但考虑到夏末伏旱天气和春播易受杂草危害的问题,最好采用秋播。尤其是菊苣,在炎热夏季会有部分死亡,适宜秋播。

(二)混播

多年生牧草地常用的混播牧草种类包括鸭茅、白三叶、一年生黑麦草、红三叶、多年生黑麦草等。此外,也可采用菊苣与少量黑麦草或白三叶混播。实际生产中,黑麦草、白三叶不仅能抑制菊苣中的杂草生长,且能同时与菊苣一并被兔采食。

(三)轮作

1. 一年生牧草轮作

暖季型牧草如甜高粱的播种和生长期是4~11月,冷季型牧草如一年生黑麦草播种和生长季节是9月至翌年5月,可以通过条播的方式开展轮作。这种轮作模式的最大优点是具有较高的牧草产量。此外甜高粱可以在幼嫩时期为兔所采食。

2. 一年生间种多年生模式

一年生间种多年生模式即采用宽窄行,以80~100 cm宽行按一年生模式分季轮作黑麦草和苦荬菜,在3月下旬至5月上旬或9月中旬育成的菊苣苗种植于30~35 cm窄行。这主要是大田净作模式,产量略低于一年生模式。但这种模式可预防因为气候反常等因素造成的某一种草产量严重偏低等带来的影响,产量较稳定。

第五节　猪养殖草畜配套

优质牧草既是草食性畜的主要饲料,也是杂食动物的重要饲料来源。长久以来,人们一直认为猪是以消耗精饲料为主的家畜。然而,大量的研究和实践证明,大猪和繁殖母猪对粗纤维的利用率较高。利用优质牧草养猪,不仅可以节省精料,而且可以完善饲粮营养,使养猪生产获得比单喂精料更高的经济效益。如在妊娠前期,适当限饲,易引起饥饿感,母猪躁动不安,不利于胚胎着床和发育。相反,饲喂青饲料,既可很好地解决猪饥饿感的问题,又可提高繁殖性能。

一、猪养殖常用青绿牧草的利用特点

青绿牧草是猪的优质饲料,包括天然牧草、栽培牧草、蔬菜类、作物茎叶、枝叶及水生饲料等。青绿饲料产量高、来源广、成本低、采集方便、适口性好、养分比较全面,是养猪生产中不可或缺的饲料来源之一。

青绿牧草蛋白质含量较高，一般占干物质的10%~20%，豆科牧草含量更高，蛋白质品质好，且含有丰富的维生素和矿物质，钙、磷含量高，粗纤维中所含木质素少，易于消化。因此，饲喂适量的青饲料，不但可以节省精料，而且还可提高饲料营养水平，使养猪生产获得比单喂精料更高的经济效益。但是，青绿牧草水分含量高，消化能含量较低，且受季节、气候、生长阶段的影响与限制，生产供应和营养价值不稳定。为了完全满足猪生长发育的营养需要，在实际生产中采用新鲜牧草喂猪时，必须搭配其他饲料，尤其是能量饲料。

案例10-3：紫花苜蓿对猪具有较好的育肥效果

贵州省某地区某研究所在所里的猪场和某县某乡农户养殖场进行了为期120d的种草养猪试验，分别种植菊苣和紫花苜蓿，对不同牧草的育肥效果和效益进行比较分析，得出添加紫花苜蓿效果最好，净增质量平均达5kg。可见，在育肥猪试验中适当添加优质牧草，既能减少精料用量，又能增加育肥效果，降低饲养成本。

二、猪养殖草畜配套模式

猪喜欢采食青绿多汁类牧草，以优质、幼嫩的叶菜类为宜，包括叶菜类饲料作物（叶用甜菜、籽粒苋、苦荬菜、白菜等），也喜欢采食块根、块茎及瓜类饲料作物（白萝卜、南瓜等），此外，豆科牧草如紫花苜蓿、禾本科牧草如黑麦草等也是猪喜欢采食的优质牧草。种草养猪草畜配套模式可借鉴前几节中的方法，采用多年生牧草长期栽培和短季牧草轮作、套作栽培相结合的方式。其中，常用的轮作、套作方式有：籽粒苋+黑麦草、苦荬菜+黑麦草、白萝卜+籽粒苋。

喂猪宜采用新鲜牧草生喂的方式，不应熟喂，以免破坏养分。另外，为了防止因不恰当饲喂牧草及饲料作物导致的猪中毒，还应注意以下3点。

（1）防止猪亚硝酸盐中毒，注意饲料贮藏和保存得当，少存放，不喂腐烂饲料或不用大火急煮，煮料宜敞开锅盖。

（2）防止氢氰酸中毒，限制大量饲喂含氰苷的牧草，如高粱幼苗、玉米幼苗等。

（3）防止猪食用发芽的马铃薯及其茎叶而中毒。

案例10-4

云南省县某生猪养殖场，种植牧草饲喂能繁母猪，取得良好的经济效益和生态效益，该养殖场以饲养能繁母猪为主。2009年以来，该场利用周围闲置土地种植优质紫花苜蓿、鸭茅、三叶草等牧草饲喂能繁母猪，解决了繁殖母猪产前产后便秘的问题，并使母猪产后奶水充足，提高了仔猪的成活率，并且种植优质牧草以后，充分利用了养殖场的排放物，实现了养殖场的零排放。

第六节　鹅养殖草禽配套

鹅为大型草食性家禽,是利用青绿饲料较多的肉用家禽。无论以舍饲、圈养或放牧方式饲养,其生长成本均较低。特别是我国南方地区,气候温和、雨量充足,青绿饲料可全年供应,为放牧养鹅提供了良好条件。此外,通过种草养鹅生产的鹅肉基本无污染、无药物残留,属于绿色健康无公害禽产品,深受广大消费者的青睐。近几年来,种草养鹅作为一种节粮型的养殖项目,以其周期短、投资少、效益高的优点,得到迅猛发展,成为农民增收致富的新亮点。

一、鹅常用牧草及利用要点

鹅最主要、最经济的常用青绿饲料包括各种野草、牧草、叶菜类蔬菜(如莴苣叶、卷心菜、青菜等)及块根、块茎类(如萝卜、甘薯、南瓜、大头菜等)饲料。

(一)鹅养殖常用牧草

1.苦荬菜

苦荬菜是菊科苦荬菜属一年生或越年生草本植物,属于叶菜类饲草。种子弱小且轻,顶土力弱,适宜在土质疏松肥沃的地块种植,一般采用条播的方式,也可进行育苗移栽。株高40~50 cm时进行第一次刈割,留茬15~20 cm,所收牧草直接投喂,无须加工。苦荬菜如果3月播种,播种量7.5~9.0 kg/hm²,供草期为6~10月,鲜草产量可达120 t/hm²。

2.白三叶

白三叶属豆科三叶草属牧草,蛋白质含量丰富,以春季播种较适宜。一般播后3~7 d出苗。初花期收割,其后每隔25~30 d收割一次,留茬5~6 cm。3月播种,播种量7.5 kg/hm²,供草期为6~10月,鲜草产量可达45~60 t/hm²。

3.菊苣

菊苣是鹅养殖最适宜的牧草之一,以草质好、营养价值丰富闻名。以春播育苗移栽为好,3~4月进行移栽,当年生长期长,可利用5~6个月,冬季休眠,储备足够养分,第2年生长旺盛。菊苣育苗移栽用种量为750 g/hm²,如果撒播播种量为900 g/hm²,菊苣年鲜草产量可达120~180 t/hm²。菊苣为多年生牧草,除了夏季7~8月高温不宜利用外,其他月份均可提供鲜草。

4.墨西哥玉米

墨西哥玉米为一年生禾本科牧草,适应性强,茎叶柔嫩,清香可口,营养全面,是养鹅生产环节中优良牧草品种之一。

5.饲用甜高粱

饲用甜高粱为禾本科高粱属牧草,虽然成熟期植株高达3~4 m,但因其茎秆香甜,适口性好,产量高,幼嫩期适时刈割后打碎也是鹅的优良牧草。甜高粱在3月播种,播种量

22.5~30.0 kg/hm²，供草期为5~10月，鲜草产量最高可达60~90 t/hm²。

6. 多花黑麦草和多年生黑麦草

多花黑麦草和多年生黑麦草属于禾本科黑麦草属牧草，是种草养鹅当家草种。黑麦草适宜秋播，以9月中下旬播种为宜，最迟不得晚于10月中旬，一般以条播为宜。黑麦草9月播种，播种量22.5~30.0 kg/hm²，供草期为12月至次年5月，鲜草产量可达60~150 t/hm²。

（二）利用要点

在养鹅生产中，饲喂牧草应注意以下几点。

（1）放牧或刈割青饲料时，应首先了解青饲料是否喷洒过农药，以防鹅农药中毒。

（2）青饲料要现采现喂，以防发生亚硝酸盐中毒。

（3）苜蓿、三叶草等豆科牧草含皂苷较多，不宜多喂，若采食过多则会影响消化、抑制雏鹅生长，因此不能单独饲喂豆科牧草，应与禾本科牧草搭配使用。

（4）长期饲喂水生饲料易感染寄生虫，应定期驱虫。

二、鹅配套牧草栽培模式

（一）苦荬菜+多花黑麦草

一般以苦荬菜与多花黑麦草为1∶0.6的面积比种植，以1∶0.6的鲜重比饲喂，每亩可为120~150只鹅提供青绿饲草。

（二）红薯藤+多花黑麦草（或莴苣）+蕹菜（空心菜）

红薯藤是养鹅的优良饲料。在生产实践中，可以选择小个红薯采用密植以收获红薯藤的方式，5月栽植红薯，7至10月利用；10月轮作栽培多花黑麦草（或莴苣），次年3月再辅以部分土地种植蕹菜，以弥补轮作播种期间5~8月的牧草空缺期。该种植模式一般以红薯藤、多花黑麦草（或莴苣）与蕹菜面积比为1∶1∶1进行种植，全年可产鲜草约240 t/hm²左右，每公顷可为3 000~3 750只鹅提供青绿饲草，适于以水田为主的南方农区种草养鹅。

（三）籽粒苋+苦荬菜+多花黑麦草

可春、夏、秋三季播种，全年供青。一般以籽粒苋、苦荬菜与多花黑麦草面积比为1∶0.8∶0.7种植，以鲜重比为1∶0.5∶0.5饲喂，每公顷可为3 750~4 500只鹅提供青饲料。

（四）菊苣+苦荬菜

菊苣在高温季节有短暂的生长缓慢期，苦荬菜在7、8月份生长最旺盛，故两种牧草可兼种互补，满足鹅分批轮养的需求。方法是：4月中旬首批进雏50只，6月下旬上市；5月下旬第二批进雏100只，8月上旬上市；6月中旬第三批进雏50只，8月下旬上市；8月上旬第四批进雏100只，11月份上市。每公顷可养鹅4 500只左右。

(五)菊苣+多花黑麦草

菊苣种植后,在间隙地撒少量多花黑麦草种子。在2~4月,多花黑麦草能抑制菊苣中杂草的生长;同时与菊苣一起饲喂鹅,营养能互补,到5月多花黑麦草供青结束时,菊苣生长达到最旺,此时其基本能封住土面。混播可起到抑制杂草、均衡营养的作用。

以上各模式根据不同地区的条件会有所改变,在实施中,应综合考虑选出最适宜当地的栽培模式。

案例10-5:种草养鹅的效益

楚雄市某村地处冷凉高海拔山区。自1989年全村开始种植优质牧草来养牛、养鹅后,草食畜(禽)牧业发展很快,农户积累了丰富的养鹅经验。鹅能采食大量青绿饲料,生长发育快、消耗精料少、育肥能力高、生命力强、易管易养。2001年,全村种植苜蓿、白三叶100 hm²,除养牛以外,33家农户还出栏肉鹅1 157只,制售腊鹅710只,养鹅经济收入7.7万多元,户均仅养鹅一项就增收2 333元。

第七节　种草养鱼

种草养鱼可以扩大饲料来源,降低生产成本,是目前发展淡水养鱼的重要途径。种草养鱼能提高鱼品质量,增加经济效益,具有周期短、效益好的特点。通过不同季节牧草轮作或套作可以全年提供优质牧草,通过种草养鱼,每公顷土地可以增加优质鱼6 000~7 500 kg,而1 kg优质鱼的粪又可增加0.37 kg肥水鱼,其经济效益比种粮油作物提高5~10倍。一般来说,每亩鱼塘,配上0.5~0.7亩地种草,当年可获得成鱼250~400 kg,当年可使成鱼质量提高3~5倍。

一、种草养鱼中牧草的选择原则

(1)要选用适口性好的牧草品种。

(2)要将多年生牧草品种与一年生(或越年生)牧草品种搭配种植。

(3)要将豆科牧草与禾本科牧草搭配种植,以利于改进饲料的营养。

(4)选用的牧草品种不宜太多,一般以3~4种为宜。

二、种草养鱼常用牧草

水产养殖上可以应用的牧草和水草(统称渔用青绿饲料)品种很多,陆生青饲料包括:禾本科的黑麦草、苏丹草、高丹草、稗草、杂交狼尾草、大麦、燕麦等,其中苏丹草号称“养鱼青饲料之王”,是极为优良的养鱼牧草;豆科的紫花苜蓿、白三叶、红三叶等,菊科的苦荬菜等。水

生青饲料有浮水植物的水葫芦、浮萍、芜萍等，有沉水植物的伊乐藻、苦草、轮叶黑藻等，有挺水植物的蒿草等；水、陆兼生的有水蕹菜、空心莲子草（水花生）等。

三、种草养鱼常用牧草栽培模式

种草养鱼要因地制宜，根据养殖品种和单产水平以及其对牧草的总需求量，确定牧草的品种、种植模式以及种植面积，如亩产500 kg左右鲜鱼，全年需青饲料4 000~5 000 kg，约需安排0.5亩青饲料地（包括鱼池旁的空地及池坡等地）。常用的养鱼配套模式包括高丹草（杂交苏丹草）、蚕豆和黑麦草的轮作。

10月份种黑麦草，至翌年3月份，黑麦草株高30~40 cm，可割青喂草鱼、鳊鱼，刈割留茬3~5 cm，保证根部分蘖力，提高草产量；从3月上旬至6月份，可割7~8次，其间为加快草的生长，每10~20 d施肥1次，如施尿素225 kg/hm^2。10月份种蚕豆至翌年4月份，蚕豆株高1.2~1.5 m，可开始收割入池，但一次不能过多，灵活掌握水温、水色、水的肥瘦情况，余下的割青入池堆沤，待鱼塘水瘦时施入。

案例10-6：种草养鱼的效益

云南农区玉米、饼粕类能量、蛋白饲料十分缺乏，但有相当面积不宜种植粮食的坡耕地、鱼塘池埂，这些土地种草养畜（鱼），可减少或代替部分精饲料，降低饲养成本，经济效益十分可观。如嵩明县嵩阳镇部分农户利用冬闲田、鱼塘池埂和坡耕地种草养鱼取得了明显的经济效益，每一农户养鱼的年收入都在10万元左右。据测算，种植的紫花苜蓿、一年生黑麦草，一般每20 kg可生产1 kg草食性鱼类，获经济收入12元左右。

思考题:

1. 不同地区,不同牲畜的饲喂方式有所差异,养殖户在制订草畜配套的时候,应主要考虑哪些因素?

2. 青绿饲草含水量较高,牲畜采食后易拉稀,在饲喂时如何避免?

3. 如何防止因不恰当饲喂牧草导致的猪中毒?

4. 豆科牧草饲喂过多,会导致牲畜胀气、消化不良等,重则致死,因此在饲喂时应怎样合理搭配?

5. 野外刈割的杂草,有的为有毒有害草,怎样有效地进行预防?

参考文献:

1. 张健. 重庆市主推牧草栽培利用技术[M]. 北京:中国农业科学技术出版社,2010.

2. 国家统计局农村社会经济调查司. 中国农村统计年鉴2012[M]. 北京:中国统计出版社,2012.

3. 左福元. 轻轻松松学养肉牛[M]. 北京:中国农业出版社,2010.

4. 张兴隆,李胜利,孟林,等. 饲用菊苣刈割青饲饲喂泌乳奶牛的试验研究[J]. 中国乳业,2003(10):17-19.

5. 林治安,许建新,马兴林,等. 优质青绿饲草品种及其高效种植模式[J]. 作物杂志,2004(4):36-38.

6. 谢晓红,郭志强,秦应和. 我国肉兔产业现状及发展趋势[J]. 中国畜牧杂志,2011,4:34-38.

7. 胡胜平. 西南地区种草养兔模式初探[J]. 农村养殖技术,2002(18):9.

8. 张宗庆,吴萍,金深逊,等. 草畜综合配套模式育肥猪试验[J]. 饲料研究,2010(06):57-58.

9. 曾兵,张新全,张新跃,等.浅论优质牧草在肉牛饲养中的利用[J].草业科学,2005,22(8):50-54.

10. 王永. 现代肉用山羊健康养殖技术[M]. 北京:中国农业出版社,2012.

11. 张新跃. 四川新区种草养羊工程草畜配套技术初探[J]. 四川草原,1990,(3):63-69.

12. 张勇,包万福,王兴磊. 种草养羊技术要点[J]. 贵州畜牧兽医,2010,34(4):33-34.

第十一章 天然草地的可持续利用与管理

天然草地是具有生态、经济和社会多重功能和经济价值的可更新自然资源，是重要的畜牧业生产基地，是生物多样性的基因宝库，具有维持生态平衡、调节气候、涵养水源、保持水土、防风固沙等方面的独特功能，发挥着生态屏障的重要作用。然而，过度放牧，盲目开荒，重利用、轻管理的掠夺式经营已使草原地区多次出现“黑色风暴”。因此，为了人类的生存与发展，对天然草原必须实行科学管理，对退化草原必须进行全面的综合防治。

第一节　草地资源的合理利用与经营管理

天然草地是具有多种生态功能和多种经济价值的可更新资源，一方面为食草动物提供饲料，另一方面，还是许多珍贵的野生动物的栖息地，也是优良牧草、名贵中草药、食用菌藻等各类生物资源的基因贮存库。天然草地具有自身特殊的生态机制，能形成土壤肥力、保持水土、改善小气候，维持周围环境的生态平衡。要让天然草地永续地为人类创造物质财富和优美的环境条件，就必须合理利用和保护草地资源，并建立有秩序的草地经营管理制度。

一、放牧场的合理利用和经营管理

（一）放牧对草地的影响

放牧是指家畜在草原上的采食活动。放牧是草原管理的主要措施，是维持草原地正常结构和功能的必需条件，是家畜生产的主要途径。家畜在草原上采食、践踏和排泄粪尿，会对草原产生多方面的影响。

家畜对牧草的采食有选择性，当对某种牧草的采食量不超过植物体50%时，对牧草的生长影响较小,并能促进牧草分蘖、分枝和生长。但当放牧次数过多或放牧时期安排不合理时,适口性好的牧草会在草群中减少或消失,适口性差的牧草和毒害草则增多。

家畜在草原上走动、奔跑,对牧草和表土有破坏作用。长期过度践踏会使草地面苔藓和藻类破坏,原地面裸露,土壤通透性下降,造成水土流失。合理放牧适当践踏,有利于自然散落的牧草种子获得生长发育的环境条件,使枯死的植物倒伏、破碎、加速分解,提高土壤的有机质含量。

在放牧过程中,家畜粪尿是牧草的营养,一头500 kg的成年牛,一年排泄氮约7.5 kg、磷约3 kg、钾约4 kg。放牧能使牧草和家畜相互提供营养,促进草原生态系统的物质循环。如放牧家畜密度过大,过多的粪尿排泄会污染牧草,对草原利用产生不良影响。

不合理的放牧会造成草原植物群落退化,导致草原生产性能下降,引起草原逆行演替。草原逆行演替是草原环境衰退的一个渐变过程。当放牧压力超过生物的耐受限度,草原系统就会发生质的恶化,以优势种群为标志的正常演替被逆行演替取代。表11-1是温带草原放牧演替的一个简化模式,从表中可以看出,随着放牧强度的增加,不同生活型的植物种群发生有规律的更替和置换。因此,人们可以根据牧场上出现的指示植物来判定草原演替阶段和放牧适宜与否,及时发出预报,采取积极对策,防止逆行演替进一步发展。

表11-1　温带草原放牧演替系列模式表

放牧演替阶段 \ 标志植物群落 \ 顶极类型	草甸化草原	典型草原	荒漠化草原
正常放牧阶段	根茎禾草+中生杂类草(羊草、无芒雀麦、地榆、黄花苜蓿等)	丛生禾草草原(大针茅、隐子草、冰草、柴胡、防风等)	小丛生禾草草原(戈壁针茅、无芒隐子草、兔唇花、叉枝雅葱等)
轻度放牧阶段	根茎禾草+根茎苔草+旱生杂类草(羊草、寸草、野豌豆等)	丛生禾草+蒿类群落(大针茅、冷蒿)	小丛生禾草+蒿类草原(无芒隐子草、冷蒿或旱蒿、亚菊等)
重度放牧阶段	根茎苔草+根茎禾草+中旱生杂类草(寸草、羊草、披针叶黄华等)	蒿类+小禾草群落(冷蒿、隐子草、寸草、阿尔泰狗娃花)	蒿类草原(冷蒿或旱蒿、亚菊)
过度放牧阶段	耐牧杂类草+苔草(马蔺、寸草、狼毒等)	劣质杂类草+蒿类群落(阿尔泰狗娃花、黄蒿、灰菜等)	劣质杂类草群落(驼骆蓬、旋花、栉叶蒿)

(引自《西部地标:中国的草原》,徐柱主编,2008)

(二)放牧场的合理利用

1. 合理的载畜量

载畜量是指在一定的放牧时期内,在一定的草地面积上,在不影响草地生产力及保证家畜正常生长发育时所能容纳放牧家畜的数量。确定正确的载畜量对维持草地生产力,对合

理利用草地，促进畜牧业的发展都是必要的。载畜量不当，不但会造成饲草浪费，而且会导致草地植被退化演替。

载畜量包括三项因素，即家畜数量、放牧时间和草地面积。这三项因素中如有两项不变，一项为变量，即可说明载畜量。因此，载畜量有以下三种表示法。

（1）时间单位法（Animal Day）：时间单位法以"头·日"表示，计算在一定面积的草地上一头家畜可放牧的日数。

（2）家畜单位法（Animal Unit）：世界上大多数国家都采用牛单位，指一定面积的草地，在一年内能放牧饲养肉牛的头数。我国在生产中广泛采用绵羊单位，即在单位面积草地上，在一年内能放牧饲养带羔母羊的只数。如全年0.667 hm^2草地放养一只带羔母羊，载畜量用0.667 hm^2/（头·年）表示。

（3）草地单位法（Pasture Unit）：即在放牧期一头标准家畜所需草地面积数。

载畜量的测定方法有多种，根据草地牧草产量和家畜的日食量来确定载畜量较为科学。计算载畜量的公式如下：

载畜量=（饲草产量×利用率）/（家畜日食量×放牧天数）

2.适宜的放牧强度

放牧草地表现出来的放牧轻重程度叫作放牧强度。放牧强度与放牧家畜的头数及放牧的时间有密切关系。家畜头数越多，放牧时间越长，放牧强度就越大。

（1）草地利用率

草地利用率是指在适度放牧情况下的采食量与产草量之比。在适度利用的情况下，一方面能维持家畜正常的生长和生产，另一方面放牧地既不表现放牧过重，也不表现放牧过轻，草地牧草和生草土能正常生长发育。草地利用率可用下列公式表示：

草地利用率（%）= 应该采食的牧草质量/牧草总产量×100%

草地利用率为草地适当放牧的百分数，可以作为草地合理利用的评定标准，也是观测和计算载畜量的一个理论标准。利用率的计算是以采食率为基础的，所谓采食率是指家畜实际采食量占牧草总产量的百分比，计算公式为：

采食率（%）= 家畜实际采食量/牧草总产量×100%

（2）草地的放牧强度

草地利用率确定以后，可根据家畜实际采食率衡量和检查放牧强度，放牧强度在理论上的表现是：

采食率≈利用率……………………放牧适当

采食率＞利用率……………………放牧过重

采食率＜利用率……………………放牧过轻

3.适宜的放牧时间

草地从适于放牧开始到适于放牧结束的时间叫作草地的放牧时期或放牧季。这时进行放牧利用，对草地的损害最小，益处较多。放牧季是指草地适于放牧利用的时间，而家畜在草地上实际放牧时期叫作放牧日期。

(1)适宜开始放牧的时期

适宜开始放牧的时期是指不过早,也不过迟的开始放牧的时期。过早放牧会给草地带来危害。首先是降低牧草产量,使植被成分变坏。早春草地刚刚返青,刚萌发的牧草此时还不能进行光合作用制造养料,只能利用贮藏营养物质。如果这时放牧会使其有限的贮藏营养物质耗竭,丧失生机,影响放牧后牧草的再生,最终导致草地牧草产量下降。尤其是萌发较早的优良牧草先被家畜采食,这样年复一年,优良牧草因此而减少,使草地植被品质降低。其次是破坏草地,早春在水分较多的草地上放牧,由于家畜的践踏,极易形成土丘、蹄坑或水坑,成为家畜寄生虫病传播的来源。再者是影响家畜健康,有些地方早春刚解冻时,土壤水分过多,在过分潮湿的草地放牧,家畜易得腐蹄病和寄生性蠕虫病。同时,早春牧草刚返青,虽适口性好,但产量极低,这时家畜对枯草避而不食,专拣青草采食,奔走不停,只顾"跑青",又无法吃饱,结果使家畜能量消耗过多,易使家畜乏弱致死。放牧开始过迟,则牧草粗老,适口性和营养价值均会降低。同时,全年放牧次数减少,影响饲草平衡供应。

放牧开始过早或过迟都不适宜,究竟什么时候合适呢?确定始牧的适宜时期要考虑两个因素,一是生草土的水分不可过多;二是牧草需要有一段早春生长发育的时间,以避开牧草的一个"忌牧期"。一般而言,以禾本科草为主的草地,应在禾本科草的叶鞘膨大,开始拔节时开始放牧;以豆科和杂类草为主的草地,应在腋芽(或侧枝)出现时开始放牧;以莎草科草为主的草地,应在分蘖停止或叶片长到成熟大小时开始放牧。

(2)适宜结束放牧的时期

如果停止放牧过早,将造成牧草的浪费;如果停止放牧过迟,则多年生牧草没有足够的贮藏营养物质的时间,不能满足牧草越冬和翌年春季返青的需要,因而会严重影响第二年牧草的产量。试验表明,在牧草生长季结束前30 d停止放牧较为适宜。

4.适宜的留茬高度

从牧草的利用率来看,放牧后留茬高度越低,利用率越高,浪费越少。但事实证明,采食过低,在初期(1~2年)尚可维持较高产量,而继续利用,牧草产量显著降低,草地退化演替。研究表明,常见草地的适宜放牧留茬高度,森林草原、湿润草原与干旱草原以4~5 cm为宜,荒漠草原、半荒漠草原及高山草原以2~3 cm为宜,播种的多年生草地以5~6 cm为宜,翻耕前2~3年的人工草地以1~2 cm为宜。

(三)放牧场的经营管理

为防止草原因过度放牧而退化(逆行演替)或受破坏,必须采用科学的方法对天然放牧场进行经营管理。

1.以草定畜,严格控制草原载畜量

新中国成立以来,牧区大小牲畜由2 916万头发展到9 200万头,增加了3倍多,但资料显示,青海省20世纪50年代出售牦牛胴体重一般为400 kg左右,现降为100 kg左右;藏羊胴体重由原来40 kg降到了20 kg左右。可见,虽然家畜头数增加了3倍,但生产的畜产品数量有下降趋势。因此,要改变无节制地追求牲畜存栏头数和盲目提高草原载畜量的做法,实行以草定畜,严格控制草原载畜量。

2.采用先进技术，实行划区轮牧

划区轮牧也叫计划放牧，是把草地首先分成若干季节放牧地，再在每一个季节放牧地内分成若干轮牧分区，然后按照一定次序逐区采食，轮回利用的一种放牧制度。与自由放牧相比，划区轮牧具有以下优点：

（1）可以经济有效地利用草原，提高草原载畜量和畜产品数量。同样面积的草原，划区轮牧可多养牲畜30％，提高牲畜的生产力35％以上；

（2）可以改变草原植被成分，提高牧草产量和品质；

（3）便于进行草原管理和培育，有利于落实草原经营管理责任制和畜牧业生产责任制。

3.因地制宜，配置畜种

草原类型具有明显的地区性特征，也使家畜形成了适应该生态系统的生活习性和本领，例如牛、马喜食柔嫩多汁的高禾草，绵羊则喜食比较柔软、干物质较多、植株较矮的禾草和蒿属植物，骆驼和山羊专爱采食粗硬、具刺和有特殊味道的、灰分含量较高的灌木和半灌木，牦牛和藏羊则喜食稠密的矮草等。

我国温带草原适合于发展蒙古羊、蒙古马、蒙古牛，温带半荒漠草原适合饲养宁夏滩羊，建立高档裘皮商品基地，青藏高原高寒草原与高寒半荒漠草原适合发展牦牛和藏羊，干旱和极端干旱的荒漠草原适合建立养驼业基地。为充分发挥各类生态系统的最大生产潜力，需要按照生态系统的区域性及家畜适应性，将草原分区划片，做出区划，因地制宜地安排畜种（表11-2）。中国北方草原“东牛中羊西骆驼，西南高原牦牛藏羊”的分布规律，就是劳动人民根据不同自然环境经过长期努力创造出来的最佳草原生态系统。一旦生态系统遭到破坏或发生大的改变，牲畜也常常会随之发生相应变化。把产乳量高的三河牛放在青藏高原上就很难适应；同样，把牦牛放牧在内蒙古草原上也难以生活。只有合理的配置畜种，才能充分发挥草原和牲畜的生产潜力，保持草原生态系统的最佳平衡。

表11-2　我国主要天然草地资源的类型和分布与最适优良家畜

草地大类	草地大亚类	分布地区	最适优良畜种
温性草原	草甸化草原	东北平原、内蒙古高原东部	肉乳兼用牛、细毛羊
	典型草原（干草原）	内蒙古高原中部	肉用牛，细毛、半细毛羊
	荒漠化草原	内蒙古高原中西部	细毛、半细毛羊
暖温性草原	山地灌草丛	华北丘陵低山	—
	山地草丛	华北丘陵低山	—
	典型草原	华北黄土高原	细毛羊
	荒漠化草原	西北黄土高原	裘皮羊
高寒草原	草甸化草原	青藏高原东南部	牦牛、藏羊
	典型草原	青藏高原中部	牦牛、藏羊
	荒漠化草原	青藏高原中北部	牦牛、藏羊
温性、暖温性荒漠	草原化荒漠	内蒙古西北部、新疆北部	骆驼
	典型荒漠	内蒙古西部、新疆北部	骆驼
	极端荒漠	新疆南部、内部、西部	野化骆驼

续表

高寒荒漠	草原化荒漠	青藏高原中北部	藏羊
	典型荒漠	青藏高原北部	野生有蹄类野驴等保护动物
	极端荒漠	青藏高原北部及高山带	—
草甸	高寒山地草甸	西南高山	牦牛
	山地草坡	华南低山丘陵	水牛、黄牛
	低温地草甸	全国各地	牛
	沼泽	全国各地	未经改造,不适宜利用,无相关品种
疏林草地	疏林草地	森林地带	肉乳兼用牛、驯鹿

(引自《西部地标:中国的草原》,徐柱主编,2008,略删改)
"—"表示无相关最适优良畜种

4. 利用牧草生长优势时期,发展季节畜牧业

每年6~9月是牧草生长的旺盛时期,雨水充足,牧草青绿,营养丰富,牲畜膘肥体壮。充分合理地利用水草丰美的草原生长季节,多养牲畜,肥育肉畜,达到"夏壮秋肥"的目的;冷季来临之前,大量淘汰、屠宰,以减轻冬春草场压力,避免"冬瘦、春死"现象发生,这是科学经济的肉畜经营方式。对于这种经营方式,中国不少地区经过试验已初见成效。

案例11-1:草原生灵的悲歌

2001年1月,内蒙古自治区出现了40年一遇的特大雪灾,雪灾造成至少100万头(只)牲畜的死亡,其中流产仔畜70万头(只)。如果将这些死亡牲畜头尾相连一字排开,将长达600 km。2001年3月,内蒙古自治区畜牧厅厅长在介绍灾情时说,由于当前牲畜体质弱,加上家畜缺草料面临断粮的危机,牲畜死亡仍将持续一段时间,特别是母畜流产和春羔死亡量仍将增加。

该自治区的一位牧民,是方圆几百里内有名的养畜大户,共养了800多头(只)牛羊马。可是由于这场大雪灾,牲畜无法出栏,留在棚圈舍饲的牲畜,不但吃光了他下雪前准备的81 t草料,还花去了家里的8万多元的存款,这相当于白养了300只羊。大灾之年的高消耗,使牧民家的牲畜有了待遇上的区别:生羔的母羊住暖棚,吃精料,其他牲畜则啃草皮,卧露天。由于养的牲畜太多,一天下来要吃几百捆草,上百斤料,而青草下来还要等1~2个月,所以,除了产羔的母羊外,其他的牛羊马每天只能喂个半饱,以节省草料。雪灾后高投入养畜的现实,使牧民思想发生了重大变化,他说,今后不想养这么多的牲畜了,要根据草场的情况,草充足时多养几只,草料缺乏时少养一些,一定要遵照"草畜平衡"的规律,学会发展季节畜牧业。从"草畜平衡"的规律上说,今年的大雪灾是老天爷给牧民办的一次"学习班"。

提问:

1. 什么是季节畜牧业?
2. 这个案例给了你什么样的启示?
3. 如何根据牧草发育情况,确定合理放牧时期?

放牧草地从适合放牧开始到应当结束放牧这一段时期，称为放牧时期或放牧季节。此期放牧，对放牧草地损害最轻而益处较多，过早或过晚放牧，对草原和放牧家畜都不利。开始放牧过迟，适口性和营养价值降低，再生力减弱，影响再次利用的时间。结束放牧过早，不能充分利用草地，造成资源的浪费。结束放牧过迟，多年生牧草没有足够的时间贮存养分，会严重影响第二年的产量。

二、割草场的合理利用和经营管理

割草场也叫打草场，是不用于放牧而仅用于打草的草场。调制干草是割草场经营管理的重要环节之一。调制干草对贮备越冬饲草，减少因饲草供给不足造成牲畜死亡具有重要意义。目前，我国割草地面积约有 $2\times10^7\ hm^2$，虽然仅占草原总面积（$4\times10^8\ hm^2$）的5%左右，但每年都能为牧区、农区提供各类牲畜的冬季补饲或舍饲的基础饲料。

（一）割草对草地的影响

割草对草原植物及土壤有非常重要的影响。首先，割草影响草群的植物学组成和再生草产量。不耐刈割的牧草再生能力弱，常因刈割而减少其在草中的数量，再生能力强的牧草，则恰好相反。其次，割草对土壤结构和肥力也有影响。由于割草使草地枯枝落叶减少、地表裸露，夏季地温升高，土壤含水量减少，影响牧草生长。

合理的割草制度是保证优良割草地存在和发展的必要条件。不合理的割草，如多年连续割草、割草时间不当等，必然会引起草原植被和环境的逆行演替。表11-6是多年连续割草对羊草草原的影响。由表11-3可知，在同一个地段多年不间断地连续割草，草群中优良牧草的高度、盖度、质量和相对优势度普遍降低，草群区系组成的多样性下降，层片结构简化，久而久之，导致群落的逆向更替。

表11-3　多年连续割草对羊草草原的影响

利用程度	群落名称	总盖度/%	鲜草产量（kg/hm²）	植物种数/m²	优质草比例/%	羊草		杂类草	
						盖度比/%	质量比/%	盖度比/%	质量比/%
对照	羊草、贝加尔针茅、杂类草	85.0	8 400.0	16.0	77.3	60.0	59.6	35.0	26.0
连续打草轻度退化	羊草、丛生禾草、杂类草	80.0	7 950.0	22.0	60.	30.0	24.0	50.0	51.3
多年连续打草重度退化	丛生禾草、羊草、杂类草	75.0	7 920.0	18.0	36.	20.0	12.0	45.0	64.5

（引自《西部地标：中国的草原》，徐柱主编，2008）

(二)割草场合理的刈割制度和经营管理

为保护天然割草场,必须建立合理的刈割制度。制订合理的割草制度是保证割草地可持续利用的必要条件。生产中,应根据当地气候条件和牧草生长繁育的特点,确定割草场轮割年限,采取轮休与培育相结合等措施,促进牧草生长和繁育,使割草场永续利用。

1.根据当地牧草物候期,确定割草时间

割草过早牧草品质好,但产量不高;割草过迟虽可获得较多的干物质,但牧草品质下降。有研究表明,羊草草原地上生物量的高峰期在8月中旬,但牧草粗蛋白含量以6月下旬为最高。为了兼顾两者,应以单位面积的储氮量的高低,作为确定最适割草时期的依据,由此得出羊草草原最适割草时期为8月上中旬。

根据各种牧草的生长特点,禾本科牧草宜应在抽穗期割草。对于豆科牧草占优势的草场,宜在开花期割草。刈割时尽量避开阴雨天,新茬淋雨易烂茬,影响再生。

2.采取轮刈制度,刈割与放牧交替利用

和放牧地轮牧一样,割草场轮刈是将草场分成若干区,按照一定顺序逐年变更刈割时期与刈割次数,并进行休闲与其他培育措施,使牧草积累贮藏足够的营养物质和形成种子,有利于草场植物的更新和繁殖,改善植物的生长条件,实现放牧与刈割轮流交替。

3.根据牧草再生特性,确定刈割高度

留茬高低影响牧草的产量及再生。留茬过高,牧草多从茎节上产生分枝,这样的分枝没有自己独立的根系、生长细小,影响产量和草质;留茬太低,伤及牧草生长点,降低再生力。一般下繁牧草占优势的天然草原,刈割留茬高度以3~4 cm为宜,上繁牧草占优势的天然草原,刈割留茬高度以5~6 cm为宜。

4.科学施肥,促进牧草稳产、高产

割草场施肥可大幅度提高牧草产量,控制草原植被组成。如果有条件,建议施用有机肥,有机肥不但含有氮、磷、钾三要素,是完全肥料,还含有大量有机物,腐烂分解后有助于形成土壤团粒结构增强草原土壤的保水、保肥能力。有机肥后效作用可持续多年。

案例11-2:家庭牧场的利用与管理

郭姓牧民和赛姓牧民都为内蒙古某旗的牧民。郭家有2000多亩草场,夏天养了200多只羊,赛家有3000多亩草场,夏天养了300多只羊,算下来两家草场的载畜量差不多。郭家草场的利用与管理方式为夏、秋季节划区轮牧,冬春季节封育恢复,第二年开春后适当将部分羊粪饼返归到草场中作为有机肥料。赛家草场的利用与管理方式为当年10月份至来年6月份放牧利用,7、8月份禁牧,9月份割草一次,不对草场进行施肥管理,且他家的羊粪饼一部分被当作燃料,另有大部分被销往河北等地种花种菜。几年下来,赛家的3000多亩草场出现了不同程度的退化,郭家的草场基本没有出现退化。

提问:赛家草场退化的主要原因是什么,如何解决?

5. 推广机械割草，提高劳动效率及干草质量

因割草时间性强，劳动强度大，机械割草在我国牧区收贮饲草工作中具有非常重要的作用。目前生产上使用的各种割草机可使刈割及其后续工作一步完成。如干草联合收割机可使刈割、压扁、集垄、晾晒一步化。实践证明，机械割草不仅能提高劳动生产率，解决牧区劳力不足问题，做到及时收割，收获质量好的饲草，而且还能降低割草成本。

三、草地植物资源的开发利用和经营管理

天然草地是中国药用植物主要生产基地之一，草地上药用植物种类多、分布广、藏量大，自然分布具有显著的地域性。天然草地药用植物资源的开发利用是草地资源合理利用和草业产业化建设的内容之一。由于市场对药用植物的需求节节攀升，野生药用植物资源遭到严重破坏，不少产地因掠夺性采挖致使生态环境不断恶化。由于全球对中草药需求激增，约1/5的天然药用植物濒临灭绝。为此，对草地药用植物资源的开发利用，有以下几点建议。

（一）建立生态药业发展模式

以生态平衡的观点和经济规律全面指导中草药生产，避免中草药生产对草原生态平衡造成破坏。建立生态药业模式，即建立农业与药业结合、林业与药业结合、牧业与药业结合的模式，使中药业与中草药资源协同发展。

（二）建立珍稀濒危药用植物园

许多名贵药用植物资源，由于具有较高的经济价值，供需矛盾日益扩大，资源破坏严重，并有灭绝的危险，如野生人参、天麻、三七、冬虫夏草等。对草原地区珍稀濒危药用植物种进行引种驯化，迁地保存，变野生为栽培，这是有效的保护措施。通过研究生物学和生态学特性，及时推广科研成果，可以取得社会效益和经济效益，在一定程度上降低野生种的濒危程度。

（三）实现现代化的中药业资源保护和可持续利用

应用现代生物技术，进行引种驯化、人工栽培天然草原上的药用植物，扩大中药资源的种类和数量，提高中药材的质量；建立珍稀濒危药用物种及资源蕴藏量的预警系统等。实现中药生产技术与资源管理现代化，使中药资源得到科学的管理、保护与合理利用。

（四）采取综合对策，有效保护天然草原上药用植物资源

天然草原上药用植物资源是整个自然资源的一部分，要实现有效保护，必须采取综合对策，配套法律法规体系和行政管理体系，协调技术措施与经济措施，奖励野生资源的保护者，制裁野生资源的破坏者，约束野生资源的使用者。建立药用珍稀濒危物种的群居保护区。发展珍稀濒危药用物种的保存技术。收集珍稀濒危药用植物种质，系统研究种质特性评价体系、异地保存和离体长期保存技术，建立珍稀濒危药用植物种质的基因库。

除药用植物资源外,天然草地上还具有大量的花卉资源,如:花形别致,开花时似蓝色飞燕落满枝头的翠雀(*Delphinium grandiflorum*);花朵密集,花萼白色,花冠黄色的二色补血草[*Limonium bicolor* (Bag.) Kuntze];此外,还有长蕊丝石竹(*Gypsophila oldhamiana* Miq.)、北芸香(*Haplophyllum dauricum*)等。他们都是天然草地上美丽而稀有的花卉资源。在大力提倡园林绿化美化使用本土花卉的潮流下,相信这些美丽的花卉也将得到更广泛的运用。

第二节　草地资源退化现状及综合防治对策

天然草地是一种可更新的自然资源,能为畜牧业持续不断地提供各种牧草。但是,由于自然环境的恶化和人类不合理的开发利用、不科学的管理,近几十年,世界各个天然草地均呈现出退化的演替趋势。原来以优良禾草和豆科植物为主的草地植被,正在被一些次生的蒿草和杂类草取代。大规模垦荒把天然草地变为农田,因土壤贫瘠又被弃耕,使草地生态系统遭到严重破坏,正常的能流和物流秩序已经不复存在。

古今中外,历史上由于对天然草地的开发利用和管理不当而引发的全球性生态灾难,至今令人记忆犹新。历史上在古代文明发祥地尼罗河流域曾经发生过的生态环境破坏,使得誉满全球的"地中海粮仓"一下子衰落为地球上贫穷落后的一方;昔日的巴比伦是古代文明发祥地之一,由于无休止的垦荒和过度放牧,原来肥美的草原已经沦为风沙肆虐的贫瘠之地。20世纪30~50年代,美国—加拿大西部大平原,苏联西西伯利亚—北哈萨克斯坦平原,因大规模开垦草原,曾先后引发起震惊世界的黑风暴。近年来,我国北方每年频繁发生沙尘暴,波及范围包括长江南北各地区。历史和现实中,因草原退化而引发的生态灾难,已经不断地给我们敲响警钟。

一、草地资源的退化现状

草地退化在世界各国普遍存在,世界退化草原面积已达数亿公顷,美国27%的草地面积呈现退化,俄罗斯中亚荒漠区天然草地有20%左右的面积退化,我国沙化、退化的草地面积约占可利用草地面积的1/3。

二、草地资源退化的特征

草地退化是草地生态系统因受外因(主要放牧过度)超阈干扰,破坏了系统能量流动和物质循环的正常秩序,引起环境恶化,导致土地生产力下降、生态功能逐渐衰竭、结构解体,原生草地退化为次生裸地的过程。

草地退化的主要特征有:

(1)植被的高度、盖度、产量和质量下降,草群种类成分中原来的建群种和优势种逐渐减

少或衰变为次要成分，而原来次要的植物逐渐增加，最后大量非原有的侵入种变成为优势植物；

(2)草群中优良牧草的生长发育减弱，可食牧草产草量下降，而不可食部分比例增加；

(3)草地生境条件恶化，出现沙化、旱化及盐碱化，土壤持水力变差，地面裸露，生态功能衰退；

(4)家畜生产性能下降，出现鼠害、虫害。

案例11-3：美国“黑风暴”与中国“沙尘暴”

1934年，一场巨大的风暴席卷了美国东部与加拿大西部的辽阔土地。风暴从美国西部土地破坏最严重的干旱地区刮起，狂风卷着黄色的尘土，遮天蔽日，向东部横扫过去。风暴持续了3 d，掠过了美国2/3的大地，3亿多吨土壤被刮走，风过之处，水井、溪流干涸，牛羊死亡，人们背井离乡，一片凄凉。美国“黑风暴”主要是由于拓荒时期开垦土地造成森林与草地植被被破坏引起的。

无独有偶，20世纪80年代以来，由于我国畜牧头(只)数的过度增长，超载过牧加之全球气候变暖，气温升高，降水减少等原因，我国草原出现大面积退化，其后果之一便是沙尘暴频频来袭，给人民的生产生活带来了严重的影响。

提问：1. 草原退化会带来什么样的后果？

2. 草原退化的原因主要有哪些？

三、草地资源退化的原因

草地退化的原因主要包括自然因素和人为因素两方面。其中最直接、最重要的原因如下。

1. 过度放牧

草原上放牧的家畜长期超载，频繁啃食和践踏牧草，牧草光合作用不能正常进行，种子繁殖和营养更新受阻，生机逐渐衰退。中国工程院院士任继周指出：“多年来，中国草原无节制地过度放牧，片面追求牲畜头数，忽视牲畜个体生产性能，逐渐陷入草地退化和牲畜生产性能低下之间的恶性循环。”

2. 利用不合理

不适当开垦、挖药材、砍薪柴、割草、搂草等，破坏了草原植被，使风蚀、水蚀、沙化、盐渍化和土壤贫瘠化加剧。

3. 管理不当

中国的草地正在以惊人的速度退化，其最主要的原因就是对草地资源的管理失当。草原资源管理是一个系统科学，把每一片草原的生态、经济、社会衔接起来，一切和谐了，才算管理好了。防治草原沙漠化的关键问题不是现代高新技术的研究，而是草地资源的合理管理。没有完善的草地资源管理系统，会出现治理赶不上破坏的现象。

4. 草地使用、管理权限不明

家畜户有户养，而草地权属不清，无偿无限使用，造成抢牧滥牧。

5. 气候因素

近年来全球气候变暖，气温升高，降水减少也是我国草原退化的原因之一。

四、草地资源的退化分级

根据草地退化程度，一般将草地资源的退化分为轻度退化、中度退化、重度退化和极度退化4个等级，分别依次标定为绿、黄、橙、红4级草原生态预警信号，其划分标准见表11-4。

利用指示植物鉴别草地退化程度是最为简便易行的办法。我国温性草原原生状态下草原群落的建群种有贝加尔针茅、大针茅、克氏针茅、长芒草等，并有一些恒有伴生种，例如，在草甸草原有无芒雀麦、扁蓿豆等；在典型草原有草木犀状黄耆、防风等。当放牧强度增大，原生群落中这些草种的数量逐渐减少，至重度退化阶段则相继消失。而原生群落中的另一些成分，如糙隐子草、冷蒿、百里香、麻花头、星毛委陵菜等则随放牧强度增加而增多，甚至升为优势种，形成退化群落。

表11-4 草地资源退化分级标准

退化等级	植物种类组成	地上生物量与盖度	地被物与地表状况	土壤状况	系统结构	可恢复程度
Ⅰ. 轻度退化	原生群落组成无重要变化，优势种个体数量减少，适口性好的物(或群)种减少或消失	下降20%~35%	地被物明显减少	无明显变化，硬度稍有增加	无明显变化	围封后自然恢复较快
Ⅱ. 中度退化	建群种与优势种发生明显更替，但仍保留大部分原生物种	下降35%~60%	地被物消失	土壤硬度增大1倍左右，地表有侵蚀痕迹。低湿地段，土壤含盐量增加	肉食动物减少，草食性、啮齿类动物增加	围封后可自然恢复
Ⅲ. 重度退化	原生种类大半消失，种类组成单纯化。低矮、耐践踏的杂草占优势	下降60%~85%	地表裸露	土壤硬度增加2倍上下，有机质明显降低，表土粗粒增加或明显盐碱化，出现碱斑	食物链明显缩短，系统结构简单化	自然恢复困难，需加改良措施
Ⅳ. 极度退化	植被消失或仅生长零星杂草	下降85%以上	呈现裸地或盐碱斑	失去利用价值	系统解体	需重建

(引自《西部地标：中国的草原》，徐柱主编，2008)

在不同的自然地带和不同的草原类型中，鉴别退化程度的指示植物是不同的。只有了解草原的演替规律，才能用指示植物来评价草原退化的程度。对于开垦、采矿等活动引起的草原退化，评定退化程度应以土体基质稳定程度、沙土流动情况来评定。鼠虫灾害造成的退化程度，主要以鼠洞密度或虫口密度来衡量。确定黄土高原水土流失程度主要考虑侵蚀模

数等。建立草原退化指标体系是一件相当复杂的综合技术。国家为开展草原生态监测工作,已制定了技术方案,可作为主要的科学依据。

五、草地退化综合防治对策

为防止草地资源进一步退化,特提出以下8项综合防治草地退化的对策,仅供参考。

(一)固定草原使用权,落实草原有偿使用,建立草原资源的核算体系

长期以来,由于草原无价,使用权未固定,草原资源牧民随意利用,只索取不建设,这是草原退化的重要因素之一。内蒙古自治区率先实施草原承包到户,有偿使用,已收到较好效果。

(二)实施牧区草原改良工程,积极进行草原建设,增草增畜

当前,我国牧区、半农半牧区单纯依靠天然草原养畜基本上已走到尽头,牲畜头数已大大超过了天然原地的承载能力,只有增草才能增畜。因此,只有调整载畜量、进行草原改良和建设人工草地,才能缓解草原压力。内蒙古鄂尔多斯毛乌素沙地搞家庭牧场建设,已使当地牧民脱贫致富,沙化草原得到恢复。因我国草原类型多种多样,增草措施要因地制宜。在北方草原,建议重点抓水土条件较好的草甸草原,即沿大、小兴安岭,吕梁山,六盘山一线,呈带状分布,现为农牧交错地带,这一地带草原的面积约40×10^5 km^2,若像抓三北防护林那样,可望把这一地带建成我国北方牧区、半农半牧区中最大的牛羊肉和毛皮生产基地。

(三)改良牲畜品种,加快畜群周转

在有条件的地区,通过牲畜改良,提高家畜个体生产性能和产品质量,以此控制数量,提高经济效益,减轻草原压力,达到防止草原退化的目的。同时,发展季节畜牧业,加快畜群周转,选择饲养高生产性能的家畜,减少越冬家畜的数量(如淘汰老羊、产羔不好甚至不产羔的母羊和有病的羊)。

(四)加大退耕还草还林力度,增加草原建设投资,控制草原退化程度

在我国牧区和半农半牧区,种植业大都存在广种薄收现象,尤其是沙化地区和寒温地带的山区,土质沙化严重和坡度较大土质较差的地块,往往是投入多产出少。那些投入和产出比例失调的劣质地块退耕还草还林不失为有力措施。从政府的角度讲,必须加大退耕还草还林的力度,不能只顾眼前利益,忽略长远利益,应逐步扩大植被覆盖面积、增强生态防护能力。

(五)加强法制管理,认真贯彻《中华人民共和国草原法》

坚决制止滥垦、过牧、滥采等掠夺式利用形式。对草甸草原重点防止无序开垦;对于干旱、半干旱的典型草原、荒漠草原与高寒草原,要严格以草定畜,不允许超载放牧;通过改良

牲畜、改善饲养方式,实行季节畜牧业等措施,增加畜产品产量;对极端干旱的戈壁与沙漠,应以自然保护为主,留给野生动物利用;有些草地可建成国家公园或自然保护区,以满足对生物多样性保护、生态旅游、教育和科研的需要。

(六)确定合理的放牧和割草制度

合理的放牧和割草制度对于保护草原资源,维持草原生产力具有非常重要的意义。合理的放牧制度包括确定合理的放牧率以及在时间和空间上对不同草场的合理利用等。确定放牧率时,要充分考虑草场的生产力状况,使草场能够得到及时恢复,防止过度放牧导致的草场退化。在时间和空间上合理安排使用不同类型草场,也可以起到保护草场的作用。合理的割草制度包括选择最适割草时期、合理轮割和适宜的刈割强度。最适割草时期的选择应考虑两个因素,一是群落地上生物量的高峰期,二是植物营养物质含量的高低。

(七)加强草原科学研究,系统开展草原生态监测

在退化草原治理的过程中,需要加深对草原退化机制的认识和研究,控制生物、非生物因素对草地退化的影响,为退化草原的恢复与重建以及草原资源的科学管理提供理论依据。草原是动态生态系统,和陆地生态系统一样,永远处于变化之中,要及时了解变化趋势,做到防患于未然,开展系统的草原生态监测十分必要。

草原生态监测包括草原生态系统自然动态规律的监测以及人为干扰下草原生态系统演变趋势的监测。草原生态系统自然动态规律主要包括以下内容:(1)草原植被生产力与气候波动规律观测;(2)草原生物群落中植物种群动态观测;(3)草原植物化学成分及其动态测定;(4)草原生物群落中啮齿动物种群动态观测;(5)草原生物群落中主要昆虫种群动态观测;(6)草原生物群落中土壤动物种群动态观测;(7)草原生物群落中土壤微生物种群动态观测;(8)草原土壤表面枯草层及凋落物观测;(9)草原土壤物理性质及化学性质观测;(10)草原水文状况动态监测。

人类活动影响下草原生态系统观测趋势主要包括以下内容:(1)过度放牧或割草引起草原退化趋势的观测;(2)土地沙漠化过程的监测(包括开垦的影响);(3)农药、化肥、工矿废水、废气引起的草原污染监测;(4)煤炭、石油等矿藏的开采及热电站兴建对草原生态系统的影响;(5)樵采、挖取食用菌藻对草原生态系统的影响;(6)草原改良措施(封育、施肥、灌溉)对草原生态系统的影响;(7)人工种草、造林等对草原生态系统的影响;(9)改良牲畜对草原生态系统变化的影响。

在进行草原监测时,应注意以下几点:(1)草原生态监测以不同草原生态区域为对象,地面监测点布局,要突出重点,兼顾一般,获取的资料和信息有典型性和代表性;(2)草原生态监测要准确反映年度和季节的动态变化规律;(3)草原生态监测要有长远计划,持之以恒,否则,难以达到预期目的;(4)重点观测人类活动影响下,草原的变化趋势;(5)逐步实现草原生态监测工作规范化、技术装备现代化、台站分布网络化、资料数据系统化。

（八）扩大农作物秸秆的有效利用

在我国可饲性农作物秸秆资源非常丰富，可利用转化潜力很大。但丰富的秸秆资源绝大部分都被当作燃料烧掉了，用来饲养家畜的非常少。而提高农作物秸秆的利用率不仅可以提高农民收入，促进农区产业结构调整，还可以改变畜牧业发展单纯依赖草原的局面，有效地减轻牧区草原压力，防治草原退化。

第三节　天然草地的培育和改良

天然草地在外因和内因的双重作用下发生自然演替或利用演替，这些演替有的是对生产有利的进展演替，有的则是对生产不利的逆行演替（草原退化）。草地一旦发生逆行演替，牧草产量迅速降低，品质变劣，草畜供求矛盾加剧。为协调动植物生产之间的关系，维持草地生态平衡，提高草地生态和经济效益，需要对天然草地进行培育与改良。目前草地改良制度有治标改良与治本改良两种，二者都是利用现代科技措施来消除影响草地植物生长的不利因素，但所通过的途径不同，所采取的方法和措施亦不同。治标改良是在不破坏原有草地土壤和植被的情况下，采用培育和管理措施，如改善草地的水分条件、施肥、补播等来提高草场生产力和饲草品质。这种方法不包括耕翻播种，又称为简单改良。治本改良是通过耕翻播种，消灭草地原有植被，建立新的植物群落，采用先进的农业技术，建立优质高产的人工草地。这种措施多在草原严重退化，采用一般的培育和管理措施不能取得良好效果的情况下进行。在有条件的地区，用这种方法收效快而显著，但花费人力、物力较大。在干旱地区，如没有灌溉条件做保证，易产生相反的效果。

常用的天然草地培育与改良措施主要包括封育、补播、施肥和翻耕重建等。

一、草地封育

草地封育是以围封为主要手段，恢复改善草地植被，提高草地生产能力，培育天然草地的措施，即在一定时间内，以围栏等设施将草地保护起来，不加利用，使牧草恢复生长，以利种子成熟，加强有性繁殖和营养繁殖，改善草地植被，提高其产量和质量，促进草群的自然更新。

草地围栏封育在畜牧业生产实践中具有以下优越性。

（1）有利于固定草场使用权，从根本上改变了过去那种无人管理、只利用不建设、草地“三滥”的不良局面。

（2）有利于退化、沙化草地的休养生息与自然更新。

（3）便于草地家畜的饲养管理和有计划放牧，便于划区轮牧的实施和放牧强度的控制。

（4）有利于冬春饲草的贮备，对抗灾保畜和草原畜牧业稳定发展有一定的保障作用。

近年来,草地封育作为一种草地培育措施,已在我国各地普遍采用。在国外,采用封滩育草改良草地比较普遍。美国在计划放牧中均安排休闲草地和延迟放牧。俄罗斯在放牧地轮换中都包含有草地休闲的内容。

单一的草地封育措施虽然可以收到良好的效果,但若与其他培育措施相结合,其效果会更为显著。单纯的封育措施只是保证了植物的正常生长发育的机会,而植物的生长发育能力还受到土壤透气性、供肥能力、供水能力的限制。因此,要全面地恢复草地的生产力,最好在草地封育期内结合采用综合培育改良措施,如松耙、补播、施肥和灌溉等,以改善土壤的通气状况和水分状况,达到退化草地最大程度的恢复。

案例11-4:敬畏自然,释放自然力

地处北京正北180km处的某沙地,是距离北京最近的沙源地。历史上,该沙地水草丰美、风光秀丽,有"塞外江南"的美誉。20世纪80年代以后,由于过度放牧,最终导致水草丰美的"塞外江南"变成寸草不生的沙漠,直接危及华北地区的生态安全。有专家称,"刮到北京的每10粒沙子中,有3~4粒来自这里。"

为寻找该沙地退化草原恢复的途径,2000年,某植物研究所的研究人员进驻该沙地展开治沙试验。2001年,该植物研究所的研究人员提出了"自然力恢复"的理论,开始了"无为而治",依靠自然力量复壮草原的尝试。具体做法是将严重沙化的草原围封禁牧,令其自然修复;适当辅以人工干预,例如在风口处插上柳条,在流沙严重地带,用沙障将沙固住;组织专人每天骑马巡逻,防止牲畜进入。事实证明这种做法简单而有效。1年后,恢复好的区域,草原滩地草丛长到80~140cm。2年后,草原植被总盖度到达60%,与当地未封育的草场相比,沙丘低地的群落生物量提高9倍。3年后,牧民每户每年分到35t干草,从此牧草出现了富余(以前每户每年需购买干草10t)。

提问:封育为什么能够促进沙地退化草原的恢复?

二、草地补播

补播是在不破坏或少破坏草地原有植被的前提下,在草地中补播一些有价值的、能适应当地自然条件的优良牧草,以增加草群中牧草的种类与数量,达到短期内提高草地生产力,改善草群牧草品质之目的。

实行草地补播改良退化草地,补播成功与否与补播地段的选择有一定的关系。补播地段的选择需要将当地降水量、地形、植被类型和草地退化程度等因素考虑在内。一般而言,补播地段要求土壤质地能保证植物发芽生长、有一定的土层、年降水量不少于300 mm、播后有一定的保护与管理。一般在如下地段需要进行草地的补播改良:

(1)原有植被稀疏或过度放牧、退化的地方;

(2)清除了灌木、毒草及其他非理想植物的地方;

(3)原有植被饲用价值低或种类单一，需要增加豆科或其他优良牧草的地方；

(4)开垦撂荒的弃耕地。

补播是在不破坏原有草地植被的前提下进行的，因此进行补播的草种需具备生长能力、可与原有植物进行竞争的能力等。选择补播牧草种类应从以下几方面考虑。

1.牧草的适应性

补播牧草的适应性是决定补播牧草能否在不利条件下定居的关键因素。因此补播应选择适应当地气候条件、生命力强的野生牧草或经驯化栽培的优良牧草。

2.牧草的饲用价值

从饲用价值出发，应选择适口性好、饲用价值高的优良牧草作为补播草种。

3.牧草的利用方式

根据利用方式选择不同的株丛类型。如上繁草类适合刈割，下繁草类适合放牧。

三、草地施肥

施肥是提高草地牧草产量和品质的重要技术措施。合理的施肥可以改善草群成分和大幅度提高牧草产量，并且增产效果可以延续几年。

近年来，世界各国草地施肥面积不断扩大，理论上，每施0.5 kg氮肥，可以增产0.75 kg肉，现在生产实际已达到增产0.5 kg肉。试验证明，施氮、磷、钾完全肥料，每公顷增产牧草1 095~2 295 kg，草群中禾本科牧草的蛋白质含量增加5%~10%。施肥还可以提高家畜对植物的适口性和消化率。据报道，施用硫酸铵，草地干草中可消化蛋白质提高2.7倍，饲料单位提高了1.2倍。

草地在合理施肥的基础上，才能发挥肥料的最大效果。肥料的种类很多，其性质与作用都不同，如何进行合理施肥，发挥肥料的效果，这取决于牧草种类、气候、土壤条件、施肥方法和施肥制度。对草地进行合理施肥，应掌握以下施肥技术。

(1)施肥前应先了解肥料的种类、性质。草地上施用的肥料有无机肥料、有机肥料和微量元素肥料。应根据肥料的性质进行施肥，才会收到良好的效果。

(2)应根据牧草需要养分的时期，也就是牧草生长发育的不同时期进行合理施肥，在植物生长的前期，特别在分蘖期施肥效果好，能促进植物生长。

(3)依据土壤供给养分的能力和水分条件进行施肥。土壤对养分的供应能力，同气候、微生物和水分条件密切相关。如气候温暖时，土壤中硝化细菌等微生物活跃，对氮素供应就多。土壤中水分的多少，影响植物对肥料的吸收和利用。水分少时，化肥不能溶解，植物无法吸收利用。土壤中水分不足，有机肥不能分解利用。水分过多也不好，易造成养分流失。

(4)放牧场因经常有家畜的粪便等排泄物及分解的残草有机物，多数情况下放牧地不缺营养物质，一般不施肥。但利用过度、退化严重的个别放牧地需要结合其他改良培育措施进行施肥。

四、退化草地的翻耕重建

将退化严重的天然草地进行翻耕重建是保护和合理利用天然草原、恢复治理退化草地的保障措施之一。中国科学院植物所在内蒙古浑善达克试验示范研究地提出“1/10递减治理模式”,即种1亩人工草地,可使10亩天然草地得以合理利用,从而使100亩沙化退化草地得以恢复重建。

翻耕重建人工饲草料地适宜于严重退化的天然草地。对严重退化的天然草地进行翻耕重建,应掌握以下技术要点。

1.播种前的地面处理

通过耕翻耙等机械措施,平整地面、清除杂物,废矿地或石质地应采取植土办法,目的是为牧草种子萌发出苗创造良好的苗床。

2.选择适宜的牧草品种

牧草的适应性是决定草地建植成功与否的关键。应选择适应当地自然条件、生命力强的野生牧草或经驯化栽培的优良牧草进行重建。

3.选择适宜的播种时期及方式

播种时期宜选在春季或雨水充沛的夏季,播种方式最好采取豆科+禾本科混播的方式。

4.及时田间管理

要特别注意苗期的杂草防除,有条件的地方要进行施肥或灌溉。

思考题

1. 放牧对草地有什么样的影响?
2. 什么叫放牧强度、利用率、采食率?
3. 什么叫划区轮牧,有何意义?
4. 割草对草地有什么样的影响?
5. 草地退化的原因有哪些?
6. 草地退化的表现有哪些?
7. 培育和改良退化草地的措施有哪些?

参考文献

1. 董宽虎,沈益新. 饲料生产学[M]. 北京:中国农业出版社,2003.
2. 谷文英,刘大林. 巧用优质牧草[M]. 北京:中国农业出版社,2004.
3. 云南省草地学会. 南方牧草及饲料作物栽培学[M]. 昆明:云南科技出版社,2001.
4. 李博,雍世鹏. 中国的草原[M]. 北京:科学出版社,1990.
5. 中国植被编辑委员会. 中国植被[M]. 北京:科学出版社,1980.
6. 许鹏. 草地资源调查规划学[M]. 北京:中国农业出版社,2000.
7. 徐柱. 西部地标:中国的草原[M]. 上海:上海科学技术文献出版社,2008.

第十二章 人工草地建植与利用技术

人工草地(Artificial Grassland)是利用农业综合技术,在完全破坏天然植被的基础上,或在耕地上通过人工播种建植新的人工草本群落。通过综合的农业培育技术,如播种、排灌、施肥、除莠、科学的利用等建立的人工草地,可以使群落成分合理、结构优化,通过科学的管理,进而实现功能的优化。

人工草地的产草量可以成倍地高于天然草地,牧草质量也可显著提高。充足的人工草地,对减少家畜因冬、春饲料不足而掉膘或死亡损失,增加畜产品产量和提高土地利用率等均具有重要意义。

第一节　人工草地的建植和管理

人工种草近似于农田作业,有其自身的特点,涉及播前整地、播种及播后管理等多个方面。

一、播前整地

(一)场地选择

人工草地建植地段选择适当与否,直接关系到能否建立高产、优质的割草地和放牧地。为了获得高产,要求播种地段土壤疏松,土层深厚,地面平坦,坡度小于25°;原生植物最好为草本植物,最好有灌溉条件;同时,为了减少运输,节省劳力和便于管理,人工草地应尽量建在离畜舍较近的地方。

(二)整地要求

为使播种的牧草和饲料作物良好生长,播种前应对地面进行整理。在入选的种草地段,要先清除原有的杂草杂物,为牧草和饲料作物的生长发育提供良好条件。杂草杂物清除过程中,注意以下几个问题。

(1)在灌木丛生的地方,可用灌木铲除机清除地上生长的灌丛。

(2)在南方地形复杂、坡度较大(25°以上)的山坡地,为了防止水土流失,可用灭生性除草剂清除植被,并尽快播种。

(3)在地面凹凸不平(如有土丘、壕沟、蚁塔)的地方,要进行平整地面工作,以保证机械作业。

(4)草本植物比较高大繁茂时,翻耕前应割除或烧毁。烧荒应事先做好组织工作,特别要掌握风向、风力,留出防火道,严防发生事故。

(三)翻耕、施底肥

杂草杂物清除完成,接着用机械或人工翻耕。并结合翻耕施足底肥,包括农家肥、钙镁磷肥等肥料。农家肥的用量不少于15 t/hm^2。施用的农家肥必须经过腐熟发酵(发酵时间为10~15 d即可)以杀死粪肥中的虫卵并使杂草种子丧失发芽能力。施完底肥后应及时将肥料翻入土层,再进行耙地。

翻耕应掌握适当的翻耕时期和深度,这与保证耕地质量有很大的关系。一般以夏天翻耕为好,此时气温高,有利于有机质的分解,土壤中的有效养分多。夏天翻耕后,无论当年播种或第二年播种,都有比较充裕的时间。耕翻深度可根据土壤情况而定,一般深比浅好,以20 cm以上为宜。夏天翻耕可深些,春天翻耕因随即耙地播种,则不可太深。

翻耕需视实际情况而定,对于坡度较大(25°以上)的山坡地,建议雨季来临前采用化除免耕补播法建立人工草地。其好处在于化除后地表覆盖一层枯草,不仅减轻了地表径流,而且还能减轻土表水分的散失,减缓干旱的威胁。此外,对于化除免耕法建立的人工草地,播种后需适当放牧,放牧家畜的践踏使牧草种子从枯草层表面下降到土壤表面,种子与土壤得到较好的结合,保障了种子发芽后扎根。种子发芽后,枯草层又起到减轻土表水分散失的作用,减缓了干旱威胁,提高了种子出苗成活率。

案例12-1:南方草地畜牧业发展的成功典范——“晴隆模式”

贵州省晴隆县是全国特贫县之一,2000年末该县农民人均占有粮食仅335 kg。该县也是石漠化比较严重的地区之一,该县75%的耕地呈条状小块坡地。据贵州1999年遥感数据统计,晴隆县石漠化、潜在石漠化面积达到6.2×10^4 hm^2。地表破碎,石头裸露,地少土薄,水土流失严重,这是过去该县岩溶山区生态脆弱的典型表现。

2001年,国务院扶贫办批准该县为种草养羊科技扶贫试点县,在各级领导和各部门的大力支持下,拉开了治理石漠化地区恶劣生态环境与扶贫开发种草养羊有机结合

的序幕。2002以来，该县先后投资2 000多万元，大力实施退耕还林还草、免耕补播建立人工草地、发展畜牧业等项目，走上了一条综合治理的道路，仅草地畜牧业一项，先后完成人工种植牧草1×10^4 hm^2，改良草地4 500 hm^2。随着优质牧草种植规模的扩大，该县岩溶山区生态出现了根本性转变——石在草中，草在石中，牧草四季皆绿，苍山四季常青，形成了一块块图案奇丽的岩溶绿毯。

提问：

1. 化除免耕补播法建植人工草地具有什么样的好处？

2. 化除免耕补播法建立人工草地需掌握哪些技术要点？

（四）耙地

耙地是土表耕作的主要措施之一，它起着平整地面、耙碎土块、混拌土肥、疏松表土的作用。耙地在秋播或春播前进行，因为翻耕后的土壤，经过高温、高湿和冬季冻结，植物残体大部分已得到分解，促进了土壤熟化，土壤比较疏松，耙地效果较好。翻耕后尽管经过伏天和冬季，但往往还有部分植物的根或根茎没有死亡分解，仍可能萌生新的植株。为了保证播种质量，减少中耕除草难度，在经过圆盘耙耙地后，最好再用钉齿耙反复耙几遍，将植物活的根和根茎拔出地面销毁。

（五）播前整地

新开垦的土地，一般要先经过数年播种准备作物（一年生作物）才播种多年生牧草。但为了加速建立人工草地，往往在开垦后的第二年，甚至当年就播种多年生牧草，因此要求整地特别精细。多年生牧草的种子十分小，储藏的营养物质不多，种子萌发的速度缓慢，萌生的幼苗特别细弱，容易遭杂草侵害。如果土块过大，播种后种子和土壤不易紧密接触，不利于种子萌发出苗，或出苗后幼苗易被土块压死。播种前应进行耱地，有的地方叫盖地或碾地。耱实土壤，耱碎土块，为播种提供良好的条件，促进种子发芽和幼苗成长。耱地的工具为柳条、荆条、树枝或长条木板做成，机具或畜力牵引，可单独进行，也可与耙地一次性完成。

为了减少新生杂草侵害幼苗，整地后不应随即播种，而应在经过一场透雨后，使土壤中的杂草种子普遍出苗，用除草剂将新出苗杂草消灭后再进行播种。

二、播前种子准备

（一）草种的选择

一般可选用当地野生多年生牧草，或经过引种试验后适宜当地生长的优良品种。草种的选择应遵循如下原则。

1. 适应当地的气候条件和栽培条件

任何一种牧草及饲料作物对气候条件都有一定的适应范围，这是由其基因特性所决定的。在众多的气候因子中，温度是第一位的，它决定了多年生牧草能否安全越冬，这是建植人工草地成败的关键因子。降水量是第二位因子，它决定了牧草的栽培方式和生产能力。起作用的不是全年降水量的多少，而是生长季降水量的多少及其分布的均匀性。一般年降水量在500 mm以上的地区，可采用旱作的方式建植人工草地；年降水量300~500 mm的地区尽管也可旱作，但产量不稳；年降水量在300 mm以下的地区，则必须有灌溉条件才能建植人工草地；年降水量在800 mm以上的地区，则要考虑排水防涝问题。

2. 符合建植人工草地的目的和要求

对于草地畜牧业来讲，种草的主要目的是生产饲草饲料。所选用的草种，在可能的条件下，要尽可能地高产、优质。

此外，还要根据家畜的种类及其需要确定草种及其品种。家畜的种类不同，对营养的需要也不同。如泌乳牛需要蛋白质及矿物质含量高的牧草，而育成牛和肉用牛则需要碳水化合物含量高的牧草。饲养山羊则需要种植一定数量的豆科木本饲料。

根据上述原则，在南方地区，养猪可以选择菊苣、牛皮菜、饲用甜菜、光叶紫花苕和苜蓿等，用以生产青饲料或青草粉；养羊应该选择多花黑麦草、鸭茅、苜蓿、多花木蓝、胡枝子、紫穗槐等豆科饲料；养牛则应该选择多花黑麦草、苜蓿、高粱(*Sorghum bicolor*)、高丹草(*Sorghum sudan*)、杂交狼尾草、象草(*Pennisetum purpureum* Schum.)和墨西哥玉米(*Euchlaena mexicana*)等。

3. 根据草地的利用年限选择草种

一般而言，建植短期利用(1~2年)的人工草地时，应选用在建植当年或第二年内能形成高产的一、二年生牧草或短寿命多年生牧草；建植中长期利用(3~4年或更长)的人工草地，应选择中、长寿命的牧草，同时加入一定比例的短寿命牧草和发育速度快的一、二年生牧草，以便在前两年有较高的产量，并抑制杂草滋生。

另外，由于豆科牧草的寿命较短，早期发育快，3~5年后即从混播草地中迅速衰退或减少，因此其在混播人工草地建植中所占的比例应随利用年限的增加而递减。

案例12-2:种草养畜效益好

某市万亩高山草场为禾本科-豆科混播的人工草地，产草量较天然草地提高5~8倍，粗蛋白提高8~10倍。0.13 hm^2人工草地可养1只细毛羊，每只羊年产毛5 kg；或1 hm^2人工草地可养奶牛1头，年产牛奶3 000~3 500 kg；或0.66 hm^2人工草地可养肉牛1头，18个月出栏，胴体重可达400~500 kg。这些指标已接近或达到了发达国家新西兰人工草地的生产水平。

（二）种子处理

草种选定后，要进行种子品质检验，然后根据检验结果，进行适当的种子处理，包括选种浸种、测定发芽率、硬实处理、种子消毒和根瘤菌接种等以提高种子的发芽率（详见第二章第二节种子处理）。

三、播种

（一）播种方法

牧草与饲料作物的播种方法包括：撒播、条播、穴播和育苗移栽等。

1. 撒播

把种子尽可能均匀地撒在土壤表面，然后轻耙覆土。平地撒播时应先将整好的地用镇压器压实，撒上种子，然后轻耙或再用镇压器镇压。

2. 条播

每隔一定距离将种子播种成行并随播随覆土的播种方法。

3. 穴播

根据要求的间隔距离按穴种植的播种方法。

4. 育苗移栽

采用温室、温床或露地育苗法育苗，到一定时间后再移植到大田的一种栽培方法。

生产中视牧草种类、土壤条件、气候条件和栽培条件而酌情采用。劳动力充足，时间宽松，采用条播；播种任务重，时间紧迫，采用撒播；大粒种子采用穴播。条播的行距应以便于田间管理和获得高产为依据，同时要考虑利用目的和栽培条件，一般饲草田为15~30 cm，种子田45~60 cm，灌木草地50~100 cm。湿润地区，行距可宽一些；干旱地区，采用窄行条播。如采用撒播，其关键是撒种均匀。

（二）播种时期

牧草播种的时期，一般可分为春播和秋播。在有灌溉条件的地区，应严格按照牧草的生育特性来播种：春性牧草在春季播种、冬性牧草在秋季播种。在无灌溉条件的地区，无论是春性牧草还是冬性牧草，都应该在雨季播种；如果秋播，要注意牧草的安全越冬问题，因此播种不能过晚。

西南地区水分和温度条件比较好，春秋都可以播种，在海拔800 m以上的山地，也可以夏播。但在长江中下游地区必须避开夏秋之交的伏旱播种，在亚热带地区，种植热带型牧草应在春季播种，种植温带型牧草则应在秋季播种。另外，根据牧草品种不同，播种期也有所不同。

（三）播种深度

牧草播种要求有一定深度，过深过浅都不适宜。过深，幼芽无力顶出表土；过浅则因表层土壤水分不足，种子不易萌发，萌发后幼苗也扎不牢土。应遵循“大粒种子应深，小粒种子应浅,疏松土壤稍深,黏重土壤稍浅,土壤干燥稍深,土壤潮湿宜浅”的原则进行播种。一般而言,大粒的牧草种子,如高丹草、墨西哥玉米等播种深度一般为3~5 cm;小粒牧草种子,如白三叶、黑麦草等播种较浅,播种深度一般不能超过3 cm。

(四)播种量

牧草及饲料作物的播种量与种子大小、种子品质、土壤肥力、播种方法、播种季节、播种气候等因素密切相关。一般情况下,小粒种子播量小些,大粒种子播量大些;品质好、纯净度高、发芽率高的种子播量少些,气候适宜的播量少些,否则宜加大播种量。

(五)保护播种

由于多年生牧草和饲料作物苗期生长缓慢,而且持续时间长,长时间的裸地不仅容易造成水土流失,而且也容易给杂草造成滋生机会,严重时杂草还会危害牧草,从而导致种草失败。为保护多年生牧草和饲料作物正常生长,防止水土流失,弥补多年生牧草和饲料作物播种当年经济效益低下的缺陷,在种植多年生牧草和饲料作物时,往往把牧草或饲料作物种在一年生作物之下,这样的播种形式叫作保护播种。

保护播种的优点是:多年生牧草在一年生作物的保护下,能够减少杂草对牧草幼苗的危害,防止暴雨对幼苗的冲击,减少烈日的暴晒,有利于幼苗的生长,使播种当年在单位面积内即能获得较高产量。但是,采用保护播种,保护作物在生长中后期与牧草争光、争水、争肥,如果处理不当,会影响牧草当年的生长,甚至影响牧草以后的生长发育和产量。因此,实行保护播种时必须严格掌握播种技术。

1. 保护作物的种类

一般常用的保护作物有小麦、大麦和燕麦。豌豆是一种很好的保护作物,它的成熟期早,与牧草后期生长的矛盾不大。也有用苏丹草、高丹草等作物做保护作物的,但收获较迟,与牧草后期生长矛盾较大。

2. 播种时期

保护作物与多年生牧草通常同时播种,这样省工,也能保证播种质量。但是为了减少作物对牧草的抑制作用,一般以提前10~15 d播种保护作物为好。

3. 播种方法

牧草与保护作物播种,通常采用3种方法,即同行条播、交叉播种和间行条播。

(1)同行条播

多年生牧草与保护作物种子播于同一行内。这种方法的优点是省工,能起到行内覆盖作用,缺点是保护作物易抑制牧草生长。

(2)交叉播种

先按要求将牧草进行条播,然后与牧草条播方向垂直条播保护作物。这种方法的优点是保护作物对牧草的抑制作用较小,各自的播种深度适当,播种较均匀;缺点是要进行两次播种,用工多,以后田间管理工作较难。

(3)间行条播

间行条播即播种一行牧草,又相邻播种一行保护作物,牧草与保护作物相间条播。如牧草的行距为30 cm,则在牧草行间播种一行保护作物,牧草与保护作物之间距离为15 cm;如果牧草的行距为15 cm,则宜每隔2行播种1行保护作物。保护作物收获之后,牧草仍保持原来的行距。间行条播,既具有保护作物的作用,对牧草的抑制又较小,还能保证各自的播种深度,播种均匀,田间管理较方便。目前多采用这种播种方法。

4.保护作物的及时收获

为防止保护作物对牧草的抑制,应及时收获保护作物。一般情况下,保护作物应在生长季结束前一个月收获完毕,这样能供牧草储藏更多的营养物质,有利于越冬和春季萌发。如发生保护作物生长过于茂盛的情况,为防止保护作物的严重遮荫和影响,可以采取部分或全部割掉保护作物的方法来消除这种不良影响。保护作物收获后,应除去草地上的秸秆残茬,以保证牧草的良好生长。

(六)镇压

多年生牧草种子轻而细小,播种后不易与土壤紧密接触,影响种子吸收水分发芽。另外,耕后立即播种的土地,土壤疏松,种子发芽生根后易发生“吊根”现象而枯死。因此,除湿度过大的黏土外,牧草与饲料作物播种后都需要进行镇压,镇压工具一般为石磙。

四、播后管理

牧草种子播种以后想要获得高产高效,还需要进行必要的田间管理。有效的田间管理是顺利建立和维护高产人工草地的必要措施。不合理的违背科学的管理,往往会造成草地退化,导致草地生产力降低。

(一)破除土表板结

在牧草与饲料作物播种以后,出苗之前,土壤表层往往板结,影响出苗,甚至造成严重缺苗。这种土壤板结对豆科牧草以及小粒种子的禾本科牧草影响尤为严重。当土壤表面形成板结层时,萌发了的种子无力顶开板结的土层,在土中形成了长而弯曲的芽,加上种子小,储藏的营养物质有限,当储藏的营养物质耗尽后,幼苗即在土壤中死亡。所以,在种子未出苗之前,必须及时破除土表板结。

土表板结形成的原因,常常是播种后下雨。另外,在牧草未出苗之前进行灌溉,或人工草地建在低洼的地段上而表层土壤水分丧失时,也容易形成土壤板结。

牧草在出苗前出现土壤板结时,可用短齿耙锄地或用有短齿的圆形镇压器破除。圆形镇压器能破坏板结层而不翻动表土层和损伤幼苗,应用效果好。如有条件,也可以采取轻度灌溉的办法破除板结,促使幼苗出土。

(二)防除田间杂草

防除田间杂草的方法有人工除草和化学除草两种。

1.人工除草

在人工草地面积小的情况下，可采用人工除草，在牧草生长早期，即分蘖或分枝以前，因杂草苗小，实行浅锄；在牧草分蘖或分枝盛期，杂草根系入土较深，应当深锄。

2.化学除草

(1)草地常用除草剂种类及使用方法

草地常用除草剂种类很多，其分类方法也很多，一般按其用途分为下列几类。

①灭生性除草剂

灭生性除草剂又称非选择性除草剂，如克无踪、草甘膦等。该类除草剂没有选择性，能杀死所有的绿色植物，主要在荒地开垦后，牧草播种、栽植前或草地更新时使用。

②禾本科牧草选择性除草剂

此类除草剂专门用于禾本科草地防除一年生及多年生阔叶杂草。由于它除草时具有选择性，因此，在杀死阔叶杂草的同时，不会伤害禾本科植物。此类除草剂包括2,4-D、2,4-D丁酯、2甲4氯、百草敌、苯达松、使它隆等，它们的优点是对禾本科牧草有选择性，缺点是不能杀死禾本科杂草。

③豆科牧草选择性除草剂

此类除草剂用于豆科等双子叶牧草地防除一年生及多年生禾本科杂草，包括高效盖草能、精禾草克、精稳杀得、拿捕净等。

④牧草常用土壤处理剂

此类除草剂，主要用于牧草播前、栽前或多年生牧草苗前和收割后，防除尚未出苗的一年生禾本科杂草及一年生阔叶杂草，它们对已出苗的一年生杂草及尚未出苗的多年生杂草无效。这类除草剂包括乙苯胺、敌草胺、氟乐灵、塞克津、西玛津等。

(2)荒地化学除草技术

①荒地开垦前除草技术

生荒地杂草种类多，特别是以多年生杂草为主。要彻底清除这类杂草，目前虽有长效除草剂(如用于森林的环嗪酮、甲嘧磺隆等)，但施药后药剂残效期长，很长时间内不能播种牧草，目前较为安全可行的办法是使用草甘膦或克无踪等除草剂。

②荒地开垦后除草技术

荒地开垦后，土壤中仍残留有杂草种子及杂草的地下部分，仍将生长新的杂草，必须继续采取除草措施。如果多年生草类发生量大，每亩用10%的草甘膦0.75~1.50 kg，兑水35~50 L喷雾(加0.2%的洗衣粉效果更好)；施药后20~25 d，每亩用50%的乙苯胺乳油75~100 mL，兑水50~60 L喷雾，一星期后可播种。如果一年生杂草发生量大，则每亩用20%的克无踪200~300 mL，加50%的乙苯胺100 mL，兑水50 ~70 L喷雾，施药后4~5 d即可播种。

（三）施肥

建植多年人工草地，播前应施足基肥。在牧草生长期间还要做好追肥，追肥一般以速效性无机肥料为主，也可施用腐熟的有机肥。栽培草地第一次追肥应在开始生长到分蘖前进行，以氮肥为主，磷肥次之，来增加牧草的分蘖；第二次追肥应在牧草收获前，可施钾、氮肥，不必施磷肥。夏季施肥在第一次利用后进行，施入氮、磷、钾全肥，以促进株丛再生和新草群的形成；秋季施肥可施足量的钾、磷肥，而不必施用氮肥，以促使牧草地下部分积累储藏营养物质，供冬季休眠和历年再生的需要。

西南地区栽培牧草一年收获3~4次，除最后一次应施入钾、磷肥外，每次收获都应施入氮、磷、钾全肥。夏季追肥为每公顷施氮肥105~120 kg、磷肥75~90 kg、钾肥75~90 kg。秋季最后一次追施磷肥可适当减少，氮肥不必施用。

除上述基本施肥原则外，对人工草地还应掌握以下要点方能做到合理施肥。

（1）根据饲草种类及需肥量施肥

①饲草作物的种类不同，其所需要的肥料种类和数量也不一样。禾本科饲草需氮较多，氮肥肥效很强，对禾本科饲草应以施用氮肥为主，配合施用磷、钾肥料。豆科饲草只需少量氮肥而需大量磷肥和钾肥，磷肥多能提高产量，增进品质。块根、块茎作物多需钾肥。

②施肥还要根据各种饲草作物的耐肥性而决定施肥量。象草、玉米、高粱等高大的饲草作物需肥多，耐肥力强，因而需要多施氮肥。黑麦草、麦类作物茎秆细弱，肥多会引起倒伏，施肥量应减少。

③牧草在不同的发育阶段，对养分的需要也不一样，禾本科饲草吸收养料最多的时期是分蘖期到开花期，豆科饲草是分枝期到孕蕾期。

（2）根据土壤质地和土壤肥力施肥

①沙、黏适中的土壤要施足基肥，适时追肥。黏质土壤或低洼地等水分较多的土壤，前期要多施速效肥，但要防止后期贪青徒长倒伏。沙性土壤应多施有机肥料作为基肥，而化肥则应作为追肥多次少施。

②还应注意氮、磷、钾三要素的配合。南方酸性土壤速效磷比较缺乏，必须施足氮肥，更应注意配合施用磷肥，以提高施肥效果。

（3）根据土壤水分多少施肥

①土壤水分过多，微生物活动差、速效养分少，若土壤水分因过少而干旱，不仅有机质难以分解，速效养分少，化肥也因难于吸收而损失，所以旱季要结合灌水或降水施肥。

②化肥在水分少时要浅施，土壤潮湿时要深施。

（4）根据肥料的种类和特性施肥

①肥料种类不同，性质也各异，因此合理施肥必须考虑不同肥料的不同特性。

②要注意肥料的酸碱度，营养元素的含量，肥效的迟速，有机肥料则应注意腐熟程度等。

（5）各种肥料要正确混合施用，可提高肥效，并节省劳力

(四)灌溉

充足的水分是牧草正常生长必不可少的条件。我国西南地区尽管降水较多,但由于降水的季节不均以及草地坡度较大,降水得不到有效利用。特别是长江中下游地区伏旱时间长,有时数十天滴水不降,加上持续高温,往往给牧草带来毁灭性的灾害。所以,人工草地必须具备灌溉条件,确保及时灌溉。

灌溉的适宜时间因牧草种类、气候与土壤条件而有所不同。禾本科牧草从分蘖到抽穗,豆科牧草从分枝到开花需要大量水分,是灌溉的最佳时期。草地在每次刈割后应进行灌溉。在冬季积雪少而干旱的地区,在牧草生育各个时期都应特别注意适时灌水。

灌溉次数和灌溉量因牧草种类和灌溉条件而异。一般豆科牧草比禾本科牧草对水的需求更敏感,更容易出现干旱。一般灌溉次数为刈割次数的两倍,当然还得视降水情况和土壤潮湿程度而定。如果灌溉水源不足,则应在豆科牧草开始孕蕾时灌溉,一般一次灌水量为 120 m^3/hm^2。

(五)越冬管护

牧草播种当年生长状况如何,与其抵抗冬季寒冷的能力有密切关系,而且生长期间和越冬前后的合理管理,对提高牧草越冬率也具有非常重要的意义,这对以后年份牧草的有效利用有直接影响。越冬前采取下列保护措施,有助于牧草安全越冬。

1. 施草木灰

越冬前施草木灰 750~1 500 kg/hm^2,有助于减轻冻害。这是因为草木灰呈黑色,具有很强的吸热性,且含有的大量钾素可被牧草利用。

2. 撒施马粪

马粪有机质含量高,堆放过程发酵“出汗”多,产热量大,越冬前撒施马粪 750~1 500 kg/hm^2,有助于保护牧草安全越冬。

此外,在草地上加盖覆盖物,如农作物秸秆、堆肥等,均可取得类似的效果。

(六)返青期管护

返青前夕,焚烧上年留下的枯枝残茬,既能增加土壤钾肥含量,又可通过提高地温促进牧草提早返青,一般可使牧草提前 1~2 周返青,从而使牧草生长期延长,产量增加。

返青芽露出地面后,生长速度加快,对水肥比较敏感,在有条件的情况下,应通过灌水和施肥来满足牧草返青的需要。另外,返青期间禁牧对保护返青芽及其生长特别重要,应加强围栏管理。

(七)越夏管护

喜寒性的一年生牧草,如多花黑麦草、小黑麦等在夏季到来时,往往会变黄、变老,不再生长;有的多年生牧草,如鲁梅克斯常随着气温的升高和夏季的到来,会出现抽薹结籽的现象,特别在刈割后,植株和叶片增长不快,抽薹却很迅速;有的多年生牧草,如多年生黑麦草

会出现夏季休眠现象，随着夏季的到来，草层不再增高，叶片从尖部开始发黄，有时抽穗、扬花和结种。牧草在夏季表现的这些生长抑制现象，有的是由牧草自身的生物学特性所决定的，有的则是由于外部环境条件的变化所引起的。对于主要由环境因素引起的夏季牧草的休眠，可采取以下措施打破休眠，促进牧草的安全越夏。

1. 浇水灌溉

在牧草刈割后，及时浇水灌溉，可以延缓牧草的休眠。

2. 追施氮肥

对禾本科牧草和一些叶菜类牧草及时追施氮肥，可以保持和促进叶绿素的沉积，从而减少叶的变老、变黄，增加鲜绿牧草的产量和提高质量。

3. 增加牧草刈割的频率

增加牧草刈割的次数，可以减少老茎、老叶的数量，增加新芽、新枝的数目，延缓牧草因成熟而导致的枯老进程。

4. 做好杂草的防除

为避免杂草与牧草之间争肥料、争水分、争光线所造成的牧草的夏季衰老，应搞好中耕除草。

对苜蓿等株体较矮的多年生牧草，在夏季刈割后，除做好上述工作外，还应注意草地的排水，因为一旦苜蓿地积水，会造成苜蓿根部酒精发酵而出现烂根，从而影响苜蓿的生长，严重的还会造成苜蓿死亡，使生产受损失。

第二节 人工草地的合理利用和复壮更新

一、人工草地的合理利用

牧草一般具有良好的再生性，在水肥条件较好、合理利用的前提下，一个生长季可利用多次，利用方式有刈割和放牧两种。

（一）人工草地的刈割利用

1. 一年中首次刈割的时期

一年中首次刈割的时期，应以单位面积可消化营养物质达到最高为标准。一般豆科牧草宜在现蕾至开花初期刈割；禾本科牧草在抽穗前后刈割。如果水肥条件较好，一年可多次刈割利用的草地，刈割期可适当提前，这对促进牧草的再生有利。

2. 刈割高度

每次刈割的留茬高度取决于牧草的再生部位。禾本科牧草的再生枝条发生于茎基部分或地下根茎，所以留茬比较低，一般为5 cm。而豆科牧草的再生枝发生于根茎和叶腋芽处，以根茎为主的牧草,如苜蓿、白三叶可以留茬低些,在5 cm左右为宜;以叶腋芽再生为主的牧草,如草木犀、猪苋菜等,留茬要高,一般为10~15 cm,甚至更高,至少要保证留茬有2~3个再生芽。

3. 刈割次数与频率

刈割次数与频率取决于牧草的再生特性、土壤肥力、气候条件和栽培条件。在生长季长的地方,只要保证水肥条件,对于再生性强的牧草,南方地区一般每年可刈割4~6次。牧草前后两次刈割至少应间隔6周左右,以保证牧草有足够的再生恢复和休养生息的时间。

4. 一年中最后一次刈割的时间和高度

不管刈割几次,每年的最后一次刈割必须在当地初霜来临前1个月结束,而且留茬应高一些,至少10~15 cm,以保证有足够的光合时间和光合面积积累越冬用的贮存性营养物质,这是保证牧草安全越冬应遵循的基本原则。

(二)人工草地的放牧利用

1. 合理安排放牧时间

新建植的人工草地幼苗脆弱,家畜的采食和践踏会引起缺苗断垄,因此播种当年一般不能放牧,或只能轻牧;第二年返青时,一定要严格禁止放牧,当年仅能轻度利用;之后各年,一般要在春季返青20 d后,才能开始轻度放牧,入冬前30 d左右要停止放牧。

2. 放牧次数

合理的放牧次数因人工草地生产力的高低而不同,南方亚热带人工草地一年一般可放牧5~7次。

3. 放牧方式

划区轮牧是最先进的放牧方式,也叫计划放牧,就是把草地首先分成若干季节放牧地,再把每一个季节放牧地分成若干轮牧分区,然后按照一定次序逐区采食、轮回利用的一种放牧制度。分区轮牧有利于加强对草地和家畜的管理,对草地的利用较充分,减少了牧草的浪费,有利于提高牧草的产量和品质,家畜健康也有了一定的保障。因此,广大农牧区应积极采用这种先进的放牧方式。

二、人工草地的复壮更新

人工草地由于利用不合理或管理措施不当,加之气候、土壤等方面原因常发生不同程度的退化现象,表现为土层板结,株丛稀疏,产量下降,杂草入侵,根茎型禾草草地尤为突出。因此,需要及时变更利用方式,或松耙、补播,或翻耕轮种其他作物。

(一)培肥地力

对于因地力下降而导致的衰退,应及时把刈割利用变更为适度放牧利用,通过家畜粪便返还土壤有机质,以提高地力,促进牧草生长。有条件的最好结合施肥灌溉1次,复壮效果会

更好。即使没有灌溉条件,也应尽可能在冬季和早春施用有机肥,这对恢复草地生产力有一定作用。

(二)重耙疏伐

对于根系不良导致的衰退,采用重耙切割疏伐草地,可以恢复通气状况,恢复草地生产力。

(三)补播

人工草地利用几年后,牧草结构不平衡,有的局部退化,生产能力降低,应结合耙疏,施肥进行补播。

补播是在不破坏或少破坏原有植被的情况下,在草层中补充播种一种或几种适应性强的高产优质草种,对原有草地进行修补和完善的一种草地复壮措施。补播草种一般应与原有草种相同或其中某几种草种相同。有时也可以补播另外的草种,如原草地本身缺少豆科牧草时,可补播适宜的豆科草种,以提高饲草的品质和保持饲草的营养平衡。

当上述措施都达不到理想的效果时,应考虑翻耕,并建立饲料轮作体系。翻耕时间安排在夏季或秋季,以便于有机质的分解。

思考题

1. 牧草与饲料作物的播种方法有哪些?
2. 什么叫保护播种,保护播种的优缺点有哪些?
3. 如何对人工草地进行合理施肥?
4. 在喀斯特山区采用化除免耕补播法建立人工草地需掌握哪些技术要点?

参考文献

罗富成,毕玉芬,陈功. 饲料作物高产栽培技术[M].昆明:云南科技出版社,2010.